砂光机

设计、制造与应用

SHAGUANGJI SHEJI ZHIZAO YU YINGYONG

- 郭明辉　孙朝曦　编著
- 李　坚　主审

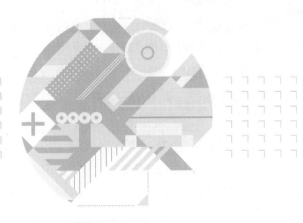

化学工业出版社

·北京·

本书是我国第一部有关砂光机的设计、制造与应用相互交叉融合之作。全书分为七章，分别阐述了砂光机的发展现状、砂光机的结构及工作原理、砂光机的设计、砂光机的制造、砂光机的应用、表面砂光机的选用与维护和砂光机的发展趋势。

本书可作为木材科学与技术、机械设计制造及自动化等领域科研院所研究人员的参考用书，亦可作为生产企业工程技术人员的学习参考用书。

图书在版编目（CIP）数据

砂光机设计、制造与应用/郭明辉，孙朝曦编著. —北京：
化学工业出版社，2017.10
ISBN 978-7-122-30560-2

Ⅰ.①砂…　Ⅱ.①郭…②孙…　Ⅲ.①砂光机（木材）-
介绍　Ⅳ.①TS64

中国版本图书馆 CIP 数据核字（2017）第 218606 号

责任编辑：邢　涛　　　　　　　　文字编辑：谢蓉蓉
责任校对：王素芹　　　　　　　　装帧设计：韩　飞

出版发行：化学工业出版社（北京市东城区青年湖南街 13 号　邮政编码 100011）
印　　装：三河市延风印装有限公司
710mm×1000mm　1/16　印张 17　字数 329 千字　2018 年 1 月北京第 1 版第 1 次印刷

购书咨询：010-64518888（传真：010-64519686）　　售后服务：010-64518899
网　　址：http://www.cip.com.cn
凡购买本书，如有缺损质量问题，本社销售中心负责调换。

定　　价：79.00 元　　　　　　　　　　　　　　版权所有　违者必究

序
PREFACE

　　砂光机是材料加工行业中重要的机械装备之一。多年来，诸多专家学者在机械设计及应用方面进行了深入研究和探索，取得了大量的科研成果并相继出版了多部教学用书，对促进我国机械设计制造及实际应用方面的进步起到了积极推广作用。但纵览这些已出版的专著和教材，都仅仅止步于砂光机的简要介绍，尚未出现既可对砂光机的生产工艺、装备技术、加工原理、基础理论和实际应用范围进行完整的统筹，又可指导从事砂光机生产技术的研发人员和相关学者的书籍或读物。东北林业大学集多年的理论和实践经验组织编写了《砂光机设计、制造与应用》一书，系统完整地阐述了砂光机的设计、制造与应用，充实了砂光机相关的知识文库。

　　本书编著者：东北林业大学郭明辉教授，踏实认真地对砂光机的设计、制造与应用方面进行研究，将砂光机的理论和企业实际生产工作紧密结合，积累了丰富的经验；孙朝曦在砂光机的设计、制造与实际应用等科学研究方面有其独到之处，相关研究深入、透彻。

　　本书着重介绍砂光机的设计、制造与应用，同时兼有较强的理论性和应用性，有助于砂光机应用技术的创新，驱动企业发展，造福社会。

　　希望今后在相关领域里能够看到更多类似的作品，以促进我国相关机械研究领域的发展。

中国工程院院士　李　坚

2017 年 5 月

前言
FOREWORD

近年来，我国的机械设计制造工业得到飞速的发展，对砂光磨削机械的需求越来越大，并且对砂光磨削技术的先进性和自动化程度的要求也越来越高。为了提高生产效率，确保产品质量，增加经济效益，先进的砂光磨削理论、技术、工具和设备是必不可少的。从某种意义上说，砂光磨削技术在工业的发展和产品的竞争中起着举足轻重的作用。

各相关的高等院校均开设了机械设计与制造专业，为丰富目前的机械加工工艺，根据相关企业存在的问题和相关院校的大纲要求，在机械切削原理及磨削技术的基础上，我们编写了本书。

本书是以基本理论为主线，以砂光机的结构与工作原理为总体框架，以砂光机的设计、制造、应用与维护为重点，综合生产工艺中的典型砂光工艺，对不同砂光机的不同结构原理、不同设计形式、选用方向、不同的加工采用怎样的工艺、在使用时的注意事项以及如何对选用的砂光机进行更好、更合理地维修与养护进行了比较详细的介绍，并简要介绍了国内外先进的砂光机砂光技术水平和未来发展趋势。

本书力求内容精简、结构严谨、注重实际；力图概括国内外砂光机的最新研究成果，将目前最前沿的砂光机设计、制造与应用介绍给读者，同时又与我国大型砂光机设计、制造企业相结合，将理论与实践完美地呈现。本书可作为砂光机生产企业、砂光机设计和研究工作的生产一线工人、设计人员、工程技术人员的培训教材或参考用书，亦可作为机械设计制造砂光机部分的相关本科生、研究生等的教学用书。

在本书的编写过程中，编者多次到正在生产的大型企业中积累经验，观摩总结，将更为实用的内容以文字的形式呈现在读者面前，尽量做到更新、更实际、更易于理解、更值得应用，并致力于编写出在砂光磨削领域能与国际接轨，既有助于设计、制造与应用，又可作为进行国际化人才培养的专业书籍。

由于编写水平有限，书中难免有不足之处，敬请广大读者批评指正。

编著者
2017 年 9 月

目录
CONTENTS

第1章　概述 1

第6章　表面砂光机的选用与维护　184

第 1 章

概　述

1.1　砂光机概述

砂光机是对工件进行表面修整处理的设备，砂光又称为磨光，属于切削加工。尤其是在板式家具的制造生产中，表面平整度、美观性很大程度上取决于打磨的质量，为了提高板式部件表面装饰效果和改善表面加工质量，需对其进行表面修整与砂光加工。在实木零部件方材毛料和净料加工的过程中，由于受到设备的加工精度、加工方式、刀具的锋利度、工艺系统的弹性形变以及工件表面的残留物、加工搬运过程的污染等不可避免的因素的影响，使工件表面出现了凹凸不平、撕裂、毛刺、压痕、木屑、灰尘和油渍等，这些都只能通过零部件的表面修整加工来解决，这也是零部件涂饰前所必须进行的加工。砂光加工不同于铣削加工和刨削加工。后者往往因逆纹理切削而产生难于消除的破坏性不平度，加之大功率、高精度宽带砂光机的发展，为大幅面人造板、胶合材料和拼板的定厚尺寸校准及表面精加工提供了理想设备，因此砂光技术及设备的应用前景非常广阔。

砂光加工与一般的切削加工不同，它是以磨粒作为刀齿切削被加工物的。它的形成也要经历弹性变形和塑性变形的过程，也有力和热的产生。其磨粒上每一个切削刃相当于一把基本切刀，多数磨粒是以负前角和小后角进行切削，切刃具有 $8 \sim 14 \mu m$ 的圆弧半径，砂光时切刃主要对加工表面产生刮削和挤压的作用，使被砂光区加工件发生强烈的变形。

砂光机是一种特殊的切削加工设备，它是用砂带、砂纸或砂轮等磨具代替刀具对工件进行加工的，目的是除去工件表面的一层材料，使工件达到一定的厚度尺寸或表面质量要求。以在木制品加工工艺中为例,砂光的功能和作用主要有两个方面。一是进行精确的几何尺寸加工,即对人造板和各种实木板材进行定厚尺寸加工,使基材厚度尺寸误差减小到最小限度。二是对木制品零部件的装饰表面进行修整加工,以获得平整光洁的装饰面和最佳的装饰效果,这其中还包括如工件表面精光砂光和工件漆膜的精磨等。前者一般采用定厚砂光加工方式,后者一般采用定量砂光加工方式。按照木制品生产工艺的特点和要求,以及成品的使用要求,确定加工工艺中使用何种砂光加工方式。定厚砂光加工方式一般用于基材的准备工段,是对原材料厚度尺寸误差进行精确有效的校正。定量砂光加工方式主要是对已经装饰加工的表面进行的精加工,以提高表面的光洁度和质量。从加工的效果上看,定厚砂光的加工用量较大,砂光层较厚,加工后表面的粗糙度较大,但其获得的厚度尺寸精确。定量砂光的加工用量很小,砂光层较薄,加工后工件表面的粗糙度较小,但板材的厚度尺寸不能被精确校准。

1.2 砂光机的发展现状

1.2.1 国外砂光机行业发展概况

现代砂光机多为机电一体化产品,数控、数显和计算机控制已普遍应用。国外较著名的砂光机厂商有:德国的 Bison 公司,意大利 DMC、IMEAS、A. COSTA 公司,荷兰 Sandi Master 公司,美国 Kimwood 公司,而早期的瑞士 Steinemann 公司,芬兰 Rauma 公司,日本菊川铁工所、丸仲铁工所等目前处于停产状态。

意大利 IMEAS 公司在中国苏州意玛斯砂光设备有限公司最近向国内市场推出了 Modula RP/130 型和 Modula P/130 型两款双砂架精砂机。该系列砂光机可以解决板件砂光后存在的表面质量缺陷问题,如波浪状振纹、砂光精度误差过大等。这些现象在薄板生产中尤其明显,严重影响了后续加工,如强化地板制造、超薄型纸贴面等。意玛斯公司的 Modula RP 型砂光机采用一对接触砂辊和压磨器组合式的砂光头,兼有定厚和精砂的功能,且两者均可单独调整,该款机型对板面砂削精度误差较大的情况十分适合;而对于板面砂削精度误差较小的情况则可以选用由一对压磨器组成的 Modula P 型精砂机。这两款砂光机均可直接安装在已有的老的砂光机生产线后面,有效提高产品表面砂光质量,增加产品附加值。作为全球知名的砂光机生产厂家之一,意大利 IMEAS 机械股份有限公司在2003 年的 LIGNA 上展出了代表人造板工业砂光技术最新发展趋势的新一代大幅面横砂砂光机。与以往的横砂砂光机机型相比,两台横砂砂光机在原理上是极其相似的。关键是为了达到当今人造板生产线工作速度的要求,新一代横砂砂光机采用了全新的设计,使其工作进给速度可以达到 60m/min。另外,砂带轴向窜动由机械控制式向光电控制式发展是一明显特征[1]。

鉴于砂光机的诸多优点,国外砂光机随着涂附磨具和机械制造业的发展而不断改进、完善起来，并且广泛应用于各行各业，可以对木材、人造板、漆面、橡胶、皮革、塑料、金属、陶瓷、石材、混凝土、玻璃等工件进行表面加工，以提高工件的尺寸精度、表面平直度和粗糙度。砂带磨削在国际上以其极高的效率和好的磨削精度而成为重要的加工手段。随着木材加工业、人造板工业、森林工业、家具工业、建筑装潢业等的发展，表面砂光的作用越来越重要。据美国ASME工程师协会介绍，美、英、德、日等先进国家每年为工业界提供近40万台砂带磨削机械，已在现代化工业600多种场合中得到广泛应用。如美国和西欧早已将砂带磨削应用于轧钢厂，用来加工带钢、卷材和板材，由此代替陈旧的抛丸和酸洗工序以提高表面质量。

随着木材加工业、人造板工业、森林工业、家具工业、建筑装潢业等的发展，表面的砂光已经成为各种木制品和板材行业的关键工序，对于各种板件的外观起着决定性的作用，据研究分析，木制品的加工时间约有30%用于表面砂削加工，可见木工砂光机在砂带磨削机床中占有的比例还是较大的。

德国、美国、意大利、荷兰、日本等国的一些木工砂光机主导厂商一般在20世纪40年代开始起步（早的如德国的Heesemann公司从30年代起就致力于机械砂磨技术的研究），到了80年代砂光机已经在质量、品种、规格、系列、控制等方面成熟起来，而且砂光机生产厂商也如雨后春笋般生长起来，其销售量也非常可观。

美国是最早研制带式砂光机的国家，第一台带式砂光机即用于砂光木材。用粘满尖锐砂粒的砂布制成一种高速的多刀多刃连续切削工具装配成砂光机后，砂带磨光技术获得了很大发展，这种砂光技术远远超过了原有的用来粗加工和抛光的陈旧概念。砂光机在木材加工车间的构成比已从1%上升到4%左右。现在砂光机的加工效率甚至超过了车、铣等粗加工工艺。数十年来，美国的带式砂光机始终处于高速发展阶段。20世纪50年代初以来，联邦德国一直致力于带式砂光机的研究。日本自1957年引进了带式磨床，1964年开始按照美国资料制造，1968年日本全国有带式砂光机400台，其中用于胶合板工业的有200台，用于木材工业的有60台。还有荷兰、瑞士、意大利等国的砂光机制造技术近年来都居世界领先地位。

1877年，美国柏尔林工厂出现了世界上第一台带式砂光机。国外对砂光机的系统研究起步于20世纪30年代（如德国的HEESEMANT公司），到了80年代砂光机已经在质量、品种、规格、系列、控制等方面成熟起来。随着人造板工业的发展和板式家具生产线的出现以及木材加工业机械化程度的提高，各种小型砂光机和窄带砂光机已不能满足大型工业化木工企业大批量生产的需求。鉴于宽带砂光机不仅能提高外观质量，而且具有变换快、生产效率高等优点，宽带砂光机已成为当今木材加工业广泛采用的加工设备。

目前，占砂光机世界市场销售量份额较大的主导厂商有德国的Bison公司，美国的 Timesavers、Kimwood 公司，意大利的 SCM、IMEAS、DMC、Quick-wood 公司，瑞士的 Steinemann 公司等。其中在人造板定厚方面代表世界先进水平的是瑞士的 Steinemann 公司和意大利的 IMEAS 公司。

以瑞士 Steinemann 公司为例，介绍国外人造板宽带砂光机的研究现状。

如图 1-1 所示为 Steinemann 公司 Nova-H 机型，采用金属焊接机架，最大加工宽度为 1700mm。

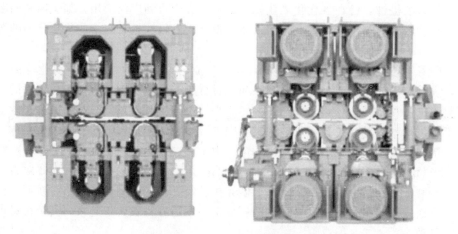

图 1-1　Nova-H 型砂光机外形图

如图 1-2 所示为 Steinemann 公司 Satos 机型，采用具有良好吸振性的矿石机架技术，加工精度与质量更高，最大加工宽度为 2800mm。

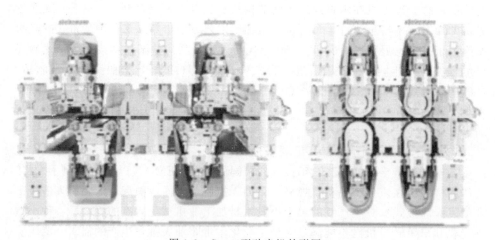

图 1-2　Satos 型砂光机外形图

国外宽带砂光机技术具备如下技术特点。

① 加工精度高达 ±0.05mm，加工幅面已达到 2850mm，进给速度高达

90m/min。

② 砂架驱动都采用接触辊直接驱动式,砂光效率高,砂光能耗低且有效保护砂带,该技术更切合于当前人造板工业规模化生产对能耗日趋严格的要求。

③ 采用高强度刚性焊接机架,机器运行时振动小,尤其是铸石机架技术,更具良好的吸振性,保证加工工件的表面质量。

④ 砂架传动系统设置有气动盘式制动装置,刹车力大,可在砂带跑偏或断裂时,4～6s 内实现整个砂架系统制动。

⑤ 国外人造板砂光机都采用滚珠丝杆机械升降方式,设备上机架通过该方式精确定位,结合触摸屏及 PLC 控制系统,易于实现加工厚度的自动调整。

⑥ 在设计方面采用模块式结构。作为砂光机,采用模块式结构设计以增加其功能是世界上知名砂光机制造厂商设计的基本手段。尤其宽带砂光机有定厚接触辊砂光头、砂光垫砂光头、横向砂光头、接触辊和砂光垫结合的组合砂光头,而模块式结构设计可以通过计算机辅助设计 CAD 很快地将以上各种不同的砂光头组合成不同结构和功能的砂光机,将砂光机组合化、系列化,以适应市场快速多变的需求,这种组合化的砂光机只要工作一次就可以完成全部的砂光作业,精简了工件的存放与运输环节,节约了时间和成本,并提高了加工精度。

⑦ 控制技术先进、自动化程度高。大多运用现场总线控制技术,集中操作、分散控制,可通过上位机控制设备的运行、监控设备的运行状态(如砂带的摆动、轴承的温度等)以及设定设备运行的参数。

⑧ 机床的外观质量、操作舒适性及安全性较高。首先,在外观方面讲求结构布局的合理性及色调的协调性。其次,在操作方面按人体功效学设计机床,以使操作方便且舒适。再次,在安全方面按国际的有关安全规则设计机床,采取安全保护措施,保证操作人员的人身安全及健康[2]。

1.2.2 中国砂光机行业发展概况

1.2.2.1 中国砂光机行业发展历程与现状

我国表面打磨是随着家具行业和板材行业的发展而成为大家共同关注的工艺流程,基于对打磨效率、品质的要求,更是基于打磨工序的对工人健康不利影响,选择机械打磨成为一种趋势。

中国砂光机最早是出现在台湾,最初台湾是仿制日本的砂光机,到了 20 世纪 80 年代初期,砂光机已经在质量、品种、规格、系列、控制等方面形成了一定的规模,特别是随着人造板工业的发展和板式家具生产线的出现,以及木材加工业机械化程度的提高,各种小型砂光机和窄带砂光机已不能满足大型工业化木工企业大批量生产的需求。鉴于宽带砂光机不仅能提高外观质量,而且具有变换快、生产效率高等优点,宽带砂光机已成为当今木材加工业广泛采用的加工设备,但是进口设备价格不菲,而且受到售后及配套件工期等限制,国内采购的量并不是太大，且后期以台湾产品为主。为了填补国内宽带砂光机制造的空白，国内一些大的木工机械制造厂家，都争先引进国外先进技术，然后再进行国产化的生产，最具有代表性的是苏福马机械有限公司、青岛木工机械厂。而苏福马和青岛木工机械厂虽然都是砂光机的制造厂家，但产品的类别和用途是完全不同的。苏福马的砂光机主要是针对人造板行业而制造的重型砂光机，主要机型是双面砂光，可一次性解决两面砂光的问题，其特点是大功率、大砂削量、高效率，适用于人造板行业的大板件的加工，占据了人造板行业砂光设备的半壁江山，其局限性在于无法满足薄板、小工件及砂光量较小工件的砂光。而青岛木工机械厂制造的是轻型砂光机，其特点是功率小、砂削量小、效率高、应用范围广，适用于实木板、密度板等的砂光，这款机型被广泛应用于家具行业和板材生产行业，这里重点讲一下这款机型的起源。

早在1987年，青岛木工机械厂还是一个以制造带锯、压刨为主打产品的大集体企业，当时正是计划经济向市场经济转型时期，老式产品的市场正在萎缩，正苦于无好的新产品替代，恰好有了一个良好的时机，于是便以购买专用技术的方式引进了意大利DMC公司的宽带砂光机。为使尽快掌握其技术精髓，意方派出了工程师进驻青岛木工机械厂现场进行具体的指导，使得工厂在短时间内快速地在设计和生产方面消化吸收了国外的先进技术，生产出了达到DMC公司验收标准的SFE130SY130型宽带砂光机，并取得了意方的许可证，允许使用欧洲四系统的标志。1990年该产品在北京国际木工机械展上引起了不小的轰动，这台设备应当是国内最早的轻型宽带砂光机。这款机型刚刚开始生产时，从生产的角度讲，许多配套件在国内采购并不容易，当时青岛木工机械厂与清华大学、中国科学院、青岛化工学院等大学合作，共同研究对控制系统进行了改进，从推广应用的角度讲，许多客户对砂光机的认知程度并不高，虽然其价格是进口机的1/3甚至1/4，但对大部分客户来讲，这个投资依然很大，而尝试购买国产砂光机的大都是之前使用过进口砂光机而需要新投入或设备更新，只有到了90年代中后期，随着市场的需求的增大及后期逐渐推广应用，配套件逐步达到100％的国产化，成本进一步降低，可以满足大中型企业的需求[3]。

从90年代末期和2000年初期开始，宽带砂光机以其更广泛的应用性被各大企业关注，产品的应用范围也逐步扩大，无论是从应用的范围和加工的宽度以及产品的结构上都有了突破性的改进和创新发展，具体表现在：

① 应用范围上：不再局限于定厚砂光，而是向木皮砂光、油漆砂光等精细砂光方面延伸，砂光的工件也不再局限于木材类，而是向金属、复合材料、人造大理石、建筑材料、合成塑料、橡胶、高光板等多元化产品延伸，而且从平面砂光向异型工件的砂光方向延伸。

② 加工幅面上：从最初的1300mm机型，发展到规格为400mm、630mm、

650mm、 950mm、 1000mm、 1100mm、 1300mm、 1500mm、 1600mm、 1700mm、1950mm、2700mm 等不同宽度。

③ 控制上：不再局限于简单的数字操控、定厚仪控制，而向触摸屏操作、PLC 控制方向发展，直到电脑控制、手机操作等自动化操控。

④ 结构上：由最初的两砂架和单砂架，发展到三砂架、四砂架；从辊式和垫式结构发展到组合式砂头、毛刷片、抛光辊、刨削与砂光组合、辊式与琴键砂垫、辊式与横向琴键垫等多种组合。

随着改革开放带来的信息技术，我国的木工机械厂家也开始研制自己的砂光机。国内最早的木工宽带砂光机研制厂家是牡丹江木工机械厂，从 1982 年起参照日本菊川铁工所的技术生产出了 BSG 系列砂光机；然后青岛木工机械制造总公司从 1987 年引进意大利 DMC 整套技术取得了成功，并逐步拓展成多种规格和功能的系列化产品；其次苏州林机厂引进德国 Bison 的技术生产出重型砂光机，主要用于人造板生产线，随后其精细类宽带砂光机也应运而生。

国内一些砂光机生产厂家如苏福马机械制造有限公司、青岛即墨木工机械厂等引进国外先进技术，借鉴国外各种宽带砂光机技术装备，消化吸收当今国外 PC 控制、交流变频无级调速、红外光电砂带、控制保护、可调恒压浮动、薄膜操作面板、数字光柱显示等先进成熟技术。其电控制系统和液压系统采用进口元件，控制水平和可靠性有较大提高。国产宽带砂光机外形简洁，结构紧凑，操作方便，性能可靠，价格便宜，适合我国人造板生产的需要。

目前生产该种宽带砂光机的有苏州林机厂、青岛第二轻工机械厂等。苏州林机厂于 1984 年引进德国比松公司技术，1988 年自行制造的 BSG2713 型四砂架双面宽带砂光机通过了中、德专家的联合验收，其后相继研制了 BSG2713Q 型四砂架双面定厚宽带砂光机与 BSG2613 型双砂架双面定厚宽带砂光机。这些产品均已通过了由中国林业机械总公司组织的专家鉴定。

1.2.2.2　国内与国外砂光机之间存在的差距

国产砂光机技术主要以苏福马机械有限公司的 Q 型砂光机为代表，与国外设备相比其存在的技术差距表现在：

国外砂光机结构紧凑，而国产砂光机相对显得笨重，且外形尺寸较国外砂光机大 20%～25%，设备重量提高 20%。

① 国产 Q 型砂光机的加工幅面不及国外砂光机。国外常见砂光宽度规格为 1300mm、1600mm、1900mm、2200mm 和 2850mm，而国内只有加工幅面在 1300mm 以内的砂光机制造技术较为成熟。国外普遍采用大幅宽砂光机，能满足大幅面板砂光工艺要求，采用先砂后裁工艺提高板材利用率。国外常见砂光宽度

规格为 1300mm、1600mm、1900mm、2200mm 和 2650mm；而国内仅为小幅面砂带，砂带宽度统一为 1300mm，若需宽幅砂带只能采用横拼法。国内深圳光大木业公司和广东番禺珠江甘化厂生产 6ft（1ft＝0.3048m）宽幅刨花板，使用国产砂光机尚有一定的难度。尽管大宽幅砂光机造价较高，但目前在欧洲应用已很普遍。

② 进料速度主要影响设备生产率和加工质量，目前国外砂光机进给速度已显著提高，一般为 45～60m/min，最高甚至达到 90m/min，而国内最高进给速度为 50m/min。

③ Q 型砂光机砂架系统采用张紧辊驱动方式，国外大都采用接触辊直接驱动技术，其砂光机加工效率高，且能有效保护砂带。

④ Q 型砂光机上机架升降方式（图 1-3）采用液压方式，不能对上机架精确定位，砂光厚度只能靠手工放置厚度规的方式来设置，自动化程度较低；而国外砂光机都采用滚珠丝杆机械升降方式，设备上机架可通过该方式精确定位，结合触摸屏及 PLC 控制系统，易于实现加工厚度的自动调整。

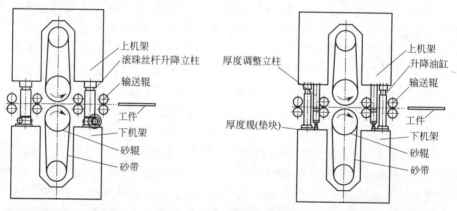

图 1-3　两种升降方式原理

⑤ Q 型砂光机安全性不及国外砂光机，在砂带出现跑偏或断裂现象时，该砂光机通过反接制动的方式制动整个砂架传动系统，制动时间长，易造成砂带报废；而国外砂光机设置气动盘式制动装置，刹车力大，为防止砂带突然断裂，其碎片可能损坏机构及伤人，国外厂家除了采取电气制动措施外，还在接触辊轴一端装有气动盘式制动器，可在 4～6s 内实现制动。

⑥ 由于国内基础制造水平的限制，国内砂光机的制造精度不及国外砂光机，砂辊外圆的圆柱度和径向跳动会使磨削表面产生节状波纹。我国国家标准径向跳动值要求＜0.04mm，比松公司砂光机辊筒径向跳动值仅为 0.01～0.02mm。此外，砂辊动平衡精度直接影响磨削表面质量和整机可靠性。我国砂辊动平衡实际上是在低于工作转速下进行的，而国外砂光机制造厂家要求在实际工作转速下进

行动平衡，以确保平衡效果。

1.2.3 砂光机的主要技术特点

① 各种研磨产品的发展给砂光机的发展带来了新的技术革新，提高了砂光机的性能和质量。如美国 3M 公司生产的木工用砂带采用特别涂附方式，减少了木屑堵塞砂带的情况，并配合防水树脂添和剂，可进行湿式砂光，砂带磨料选用均匀而锋利的氧化铝砂，提高了生产效率，砂带以棉布及聚酯材料为基材，防止砂带的断裂。再如抗静电砂带能有效地排除机床和砂带上粉尘的静电聚集，从而提高了排气系统的工作效率，还可进一步提高粉尘爆炸的安全性；超涂层涂附磨具在附胶以后，再涂附一层具有特殊功能的超涂层材料，可对腻子、家具漆面、钢琴台板面、皮革、塑料等材料进行有效的砂光。

② 品种规格多。由于现代家具设计造型复杂，外形轮廓和表面装饰千变万化，砂光机只有在品种和规格方面做出快速的转换和调整才能适应这种变化。如宽带砂光机其宽度就有 600mm、800mm、900mm、1000mm、1100mm、1300mm、1600mm、1700mm、1900mm、2200mm、2500mm、2650mm、2700mm 等规格；在品种方面如德国 Heesemann 公司为了高档表面和周边的加工需要，就有以下多种产品：纵横自动砂光机、纵向自动砂光机、漆膜自动砂光机和抛光机、普通宽带砂光机、表面成形自动砂光机、单板自动砂光机、万能异型边和型材自动砂光机、平面和型材自动抛光机。

③ 功能多，灵活性大，更新换代快。在早期，世界上知名砂光机制造厂商就已开发了多种普通型的宽带砂光机以适应不同的加工任务，包括上砂式、下砂式以及适合大批量生产的砂光流水线，从单砂架到多砂架并已形成完整的型号系列。到 20 世纪 80 年代末，随着市场需求的变换，用户的理想设备是高精度多功能且灵活性好的自动化设备，这种设备比单功能的多台设备组合而成的砂光流水线能大大节约投资和占地面积，以及节约多台设备的操作人员。定量砂光机的研制实现了用户的愿望，这种砂光机在功能方面既能对人造板和实木进行定厚砂光，又可以对饰面单板和漆膜进行初砂光和精细砂光，还可以对不同形状和尺寸的工件同时进行均匀的砂光；在砂辊的布置上，由横向发展到斜向，降低了功率的消耗；在机器的灵活性方面，由于采用了先进的电子技术和可调的压力系统，加工任务的转换和产品品种的调整瞬间就可以完成，极好地适应了小批量多品种生产的特点和要求；此外增加砂架的数目，可利于砂光功能的快速转换，大大提高了生产效率。

④ 在设计方面采用模块式结构。作为砂光机，采用模块式结构设计以增加其功能是世界上知名砂光机制造厂商设计的基本手段。尤其宽带砂光机有定厚接触砂光组、砂光垫砂光组、横向砂光组、接触辊和砂光垫结合的组合砂光组，其

中接触辊又分为钢辊和硬度不同的橡胶辊，砂光垫又分为标准弹性砂光垫、气囊砂光垫和分段式电子砂光垫等，各种不同的接触辊和不同的砂光垫可以组合成多种砂光组件。而模块式结构设计可以通过计算机辅助设计 CAD 很快地将以上各种不同的砂光头设计成不同结构和功能的砂光机，将砂光机组合化、系列化，形成多工序集中，实现一机多用，以适应市场快速变换的需求，这种组合化的砂光机在工件一次过后就可以完成全部的砂光作业，减少了工件的存放与运输，节约了时间和成本，并提高了加工精度。

⑤ 在控制方面广泛采用现代电子技术和计算机数控技术。计算机对砂光机的控制一方面是对砂光机本身各功能参数的控制，如控制电子变频器可对砂带运转速度和工件送料速度进行宽范围内的速度调整，使砂光机能适应不同的加工条件，增强了机器的灵活性；再如，可以控制定量砂光机中的分段电子砂光压垫的升降、定位及压力的大小，以对不同的工件进行精确、均匀的砂光。另一方面，计算机可以实现对整个与砂光机连接的生产作业线的控制，如人造板生产线中的砂光堆垛工序、各种家具生产线中的饰面砂光工序、上漆生产线中的漆面砂光及抛光工序等。计算机数控系统可使砂光机与生产线中的其他工序一起连用，且采用终端显示器使操作区配置一目了然，操作极为简单，控制终端可存储多种不同的砂光程序，砂光机可根据预先存储的数据及生产线的反馈信息自动连续地工作，提高了生产的自动化程度，并将最易出现的故障点进行检测，显示在操作屏上，更利于故障的解决，保证整个工序的流畅运转，大大节省了人工，降低了管理成本。

⑥ 不断优化产品，提高产品质量。采用新结构、新材料、新工艺，进一步提高木工机械产品的质量，才能保证企业的产品在国际市场的竞争能力。产品质量是关系企业成败的决定性因素。在这一点上，国外的砂光机制造厂商都给予了充分的重视，这也正是砂光机知名公司产品经久不衰且永占市场的奥妙所在。

⑦ 机床的外观质量、操作简易性及安全性不断提高。首先，在外观方面讲求结构布局的合理性及色调的协调性。其次，在操作方面按人体功效学设计机床，以使操作简单、方便且舒适。再次，在安全方面按国际的有关安全规则设计机床，采取安全保护措施，保证操作人员的人身安全及健康。

1.3 砂光机的分类

砂光是木材切削及家具加工中广泛采用的工序之一。砂光可用来消除前道工序在木制品表面留下的波纹、毛刺、沟痕等缺陷，使零件表面获得必要的表面粗糙度和平直度，为后续的装饰工序建立良好的基面。

砂光机的种类很多，按照其加工方式的不同和结构的不同，其分类和叫法也不同，但主要分为以下几种（见表1-1）。

表 1-1 砂光机的分类

砂光机	辊式砂光机	卧式辊式砂光机	
		立式辊式砂光机	
	盘式砂光机	卧式盘式砂光机	
		立式盘式砂光机	
	带式砂光机	窄带式砂光机	卧式窄带式砂光机
			立式窄带式砂光机
		宽带式砂光机	宽带式平面砂光机
			宽带式型面砂光机
	刨砂机		

根据产品用途不同，加工要求也不同，按照功能也可以将砂光机分为以下几种。

① 宽带式定厚砂光机：适用于任何类型的木质板材定厚砂光，可以进行强力砂光。

② 接触式宽带砂光机：适用于木板和胶合板或单板饰面制品构件的表面精加工。

③ 宽带式柔性砂（底漆砂光机）光机：适用于聚酯漆制品的表面柔光，以及任何树种的木制品构件的表面精加工和聚酯漆表面的柔光。

国外部分木工宽带砂光机制造企业首台产品问世年份见表 1-2。

表 1-2 国外部分木工宽带砂光机制造企业首台产品问世年份

序号	公司名称	国别	砂光机形式	年份
1	DMC	意大利	家具砂光机	1956
2	Steinemann	瑞士	木材加工单面砂光机	1960
3	Kimwood Corporation	美国	胶合板双面定厚砂光机	1963
4	BISON	联邦德国	刨花板双面定厚砂光机	1963
5	Timesavers	美国	木材加工单面砂光机	1963
6	Heesemann	联邦德国	先横砂后纵砂木工砂光机	1963
7	IMEAS	意大利	板材双面定厚砂光机	1967
8	菊川铁工所	日本	引进 Timesavers 技术	1968

砂光是一种特殊的切削加工工艺，它是用砂带、砂纸或砂轮等磨具代替刀具对工件进行加工，目的是除去工件表面一层材料，使工件达到一定的厚度尺寸或表面质量要求。砂光加工在木材加工工业中常用于以下几方面。

① 工件定厚尺寸校准砂光：主要用于刨花板、中密度纤维板、硅酸钙板等人造板的定厚尺寸校准。

② 工件表面精光砂光：用于消除工件表面经定厚粗磨或铣、刨加工后较大的表面粗糙度，获得更光洁的表面。

③ 表面装饰加工：在某些装饰板的背面进行"拉毛"加工，获得要求的表面粗糙度，以满足胶合工艺的要求。

④ 工件油漆膜的精磨：对漆膜进行精磨、抛光，获取镜面柔光的效果。砂光砂光加工不同于铣削加工和刨削加工。后者往往因逆纹理切削而产生难于消除的破坏性不平度，加之大功率、高精度宽带砂光机的发展，为大幅面人造板、胶合成材和拼板的定厚尺寸校准和表面精加工提供了理想设备，因此砂光的应用前景非常广阔。

砂光所用的工具是砂布、砂纸和砂轮，是指用黏结剂把磨料黏附在可挠曲基材上的磨具，其中砂布、砂纸又称柔性磨具。

按磨具形状不同砂光可分为如图 1-4 所示的几种。

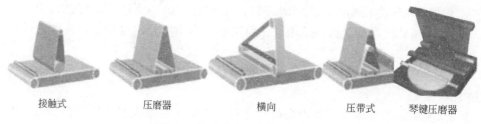

接触式　　　　压磨器　　　　横向　　　　压带式　　　琴键压磨器

图 1-4　轻型砂光机的砂光头种类

1.3.1　盘式砂光

盘式砂光利用表面贴有砂纸（布）的旋转圆盘砂光工件。盘式砂光可分立式、卧式和可移动式三种（图 1-5）。

立式　　　　　　　　卧式　　　　　　　　　　可移动式

图 1-5　盘式砂光示意图

盘式砂光可用于零件表面的平面砂光或角磨箱子、框架等。这种方式结构简单，但因磨盘不同直径上各点的圆周速度不同，所以零件表面会受到不均匀的砂光，砂纸（布）也会产生不同程度的磨损。磨盘除绕本身轴线旋转外，还可平面移动，以砂光较大的平面，如图 1-5 中所示的可移动式砂光。

1.3.2 带式砂光

带式砂光是用一条封闭无端的砂带绕在带轮上对工件进行砂光。其按砂带的宽度，分为窄带磨削和宽带砂光。窄砂带可用于平面砂光、曲面砂光和成型面砂光，如图 1-6(a)～图 1-6(d) 所示；宽砂带则用于大平面砂光，如图 1-6(e) 所示。

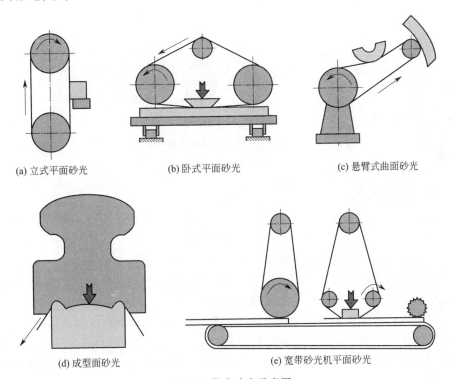

(a) 立式平面砂光　　　(b) 卧式平面砂光　　　(c) 悬臂式曲面砂光

(d) 成型面砂光　　　(e) 宽带砂光机平面砂光

图 1-6　带式砂光示意图

带式砂光因砂带长，散热条件好，故不仅能精磨，亦能粗磨。通常，粗磨时采用接触辊式砂光方式，允许砂光层厚度较大；精磨时采用压垫式砂光方式，允许砂光层厚度较小。多头砂光配置见图 1-7。

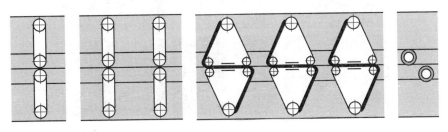

图 1-7　多头砂光配置

1.3.3　辊式砂光

辊式砂光分单辊式砂光和多辊式砂光两种。单辊砂光用于平面加工和曲面加工，如图1-8(a)所示；多辊砂光用于砂光拼板、框架以及人造板等较大幅面，如图1-8(b)所示。砂光时，砂光辊除了做旋转运动外，还需做轴向振动，以提高加工质量。

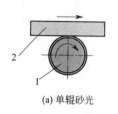
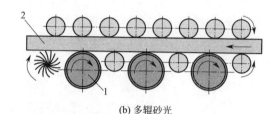

(a) 单辊砂光　　　　　　　　　　　　　　(b) 多辊砂光

图1-8　辊式砂光示意图

1—砂光辊；2—工件

1.3.4　刷式砂光

这种类型的砂光适合于砂光具有复杂型面的成形零件。磨刷上的毛束装成几列（图1-9）。当磨刷头旋转时，零件靠紧磨刷头。由于毛束是弹性体，因此能产生一定的压力，使砂带紧贴在工件上，从而砂光复杂的成形表面。

切成条状的砂带绕在磨刷头的内筒上，通过外筒的槽伸出。随着砂带的磨损，可从磨刷头内拉出砂带，截去磨损的部分。

另一种刷式砂光采用将砂带条粘在一薄圆环上，在做旋转运动的滚筒上叠压若干个这样的薄圆环，在滚筒做旋转运动的同时，滚筒还要在轴向上做振动，砂带条即可对木材工件的表面进行砂光。此种形式的砂光适合于平面成形板件的砂光加工。

图1-9　刷式砂光刷头

1.3.5 轮式砂光

轮式砂光在木材加工中的应用是近十余年才发展起来的。砂轮可用于木制品零件表面的精磨，亦可用于将毛坯加工成规定的形状和尺寸。砂轮的特点是使用寿命长，使用成本低，制造简单，更换比砂带方便。但因砂轮散热条件差，易发热而使木材烧灼。

此外在木材加工工业中应用的砂光加工方式，还有滚辗砂光和喷砂砂光。滚辗砂光主要用于木质小零件的精磨加工，如螺钉旋具手柄、短小的圆榫、雪糕棒等。此法是将磨料（浮石）、木质零件一起放入一个可转动的大圆筒内（圆筒转速为 $20\sim30r/min$），靠圆筒的转动和同时产生的纵向振动，使零件得到充分的辗磨。

喷砂砂光用于砂磨压花的刨花板表面和实木雕刻工件的表面。喷砂利用高压空气把砂粒喷到工件表面。其砂光效率和质量受空气压力、喷嘴形状、喷射角度和砂粒种类等因素的影响。

1.4 砂光技术的基本原理

为了研究磨具的砂光性能，首先必须了解磨具的特性。

砂纸（布）由磨粒、基体和黏结剂三种成分组成，如图 1-10(a) 所示。另外还可使用基体处理剂等作为次要原料。砂轮由磨粒和黏结剂组成，如图 1-10(b) 所示。

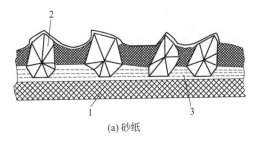

(a) 砂纸

(b) 砂轮

图 1-10 磨具的结构
1—基体；2—磨粒；3—黏结剂

1.4.1 磨料

磨具的主要成分是磨料，它直接担负着砂光工作。因此磨料必须具有足够的强度、硬度、耐磨性、耐热性和一定韧性，并具有锋利的几何形状；同时亦要具有一定的脆性，以保证切刃的自生。

用于砂光木材的磨料有刚玉类、碳化物类和玻璃砂。

① 刚玉类 主要成分为氧化铝，又分为白刚玉（GB）、棕刚玉（GZ）等。

氧化铝的硬度较大、强度高，是一种坚实的磨料，采用树脂黏结剂粘接，它具有较大的抗破坏能力，因此常用于需要砂光压力较大、强力砂光的场合。

② 碳化物类　主要成分是碳化硅，又分为黑色碳化硅（TH）和绿色碳化硅（TL）。此类磨料硬度和锋利程度比刚玉类高，但强度低、脆性大、抗弯强度低，故一般用于轻磨的场合。

③ 玻璃砂　主要成分为氧化硅。玻璃砂作为磨粒，切刃锋利，自生能力好，由于砂光木材时的砂光力较小，因此尽管其强度低，但仍采用较多，尤其适于制造砂轮。

1.4.2　粒度

粒度即磨料的粗细程度。粒度是衡量磨料颗粒大小、粗细程度的指标，用粒度号表示。选择粒度应考虑被磨材料种类、性能、初始状态、生产等多种因素，粒度号有两种表示方法：

① 磨料颗粒大的用筛选法来区分，以每英寸（1in＝25.4mm）长度上筛孔的数目来表示。例如，46 号表示该号磨粒能通过每英寸长度有 46 个孔眼的筛网，而不能通过下一挡，即每英寸长度上有 60 个孔眼的筛网。

② 磨料颗粒较细的，用沉淀法或显微测量法来区分，用测量出的颗粒尺寸来表示它的粒度号。如，W28 就表示颗粒尺寸为 20～28μm。磨料粒度号及其尺寸见表 1-3。

表 1-3　磨粒粒度号及其尺寸

粒度目数	磨粒尺寸/μm	粒度目数	磨粒尺寸/μm
12	2000～1700	180	85～75
16	1400～1200	220	75～63
24	800～700	240	63～53
36	600～500	280	53～42
46	420～355	W28	28～20
60	300～250	W20	20～14
80	210～180	W14	14～10
100	150～125	W10	10～7
120	125～105	W7	7～5
150	105～85	W5	5～3.5

磨具不可能完全用同一粒度的磨料来制造。所谓某粒度的砂轮或砂带，是指其中的磨料大多数是该粒度的，而其余少部分磨料颗粒的粒度可能较大或较小。

粒度的选择通常是按被加工表面原有的状态、要求磨出的表面粗糙度以及木材的材性来确定。例如，粗磨时为提高生产率，宜选用粒度较小的磨料，对人造板、木材宜选用粒度为 40～100 目的磨具；精磨时选 120～180 目；磨漆膜时，头道工序选 280～320 目，抛光时选用 380～400 目或 600～800 目的。

多道工序砂光时，相邻两道工序选用的粒度号之差应不超过两级。采用砂轮粗磨时可选用 16～24 号粒度，而用于成形砂光时，因要求磨轮外形保持的时间长些，故应选用粒度号较大的砂轮。为了提高生产率，木材工件砂光加工一般可以采用多头磨床，分几次砂光。

1.4.3 基体

基体材料分纸基和布基两类。基体应具有较好的抗拉强度和抗伸展性，吸湿率小。纸质基体价格低廉、表面平整，可使加工表面粗糙度低于布质基体。但它的承载能力低，故大都用于速度较低的砂盘砂光和砂带砂光。布质基体具有较大的强度和柔软性，可用于高速强力机械化砂光。如粗磨、边磨和宽带砂光等。由于布质基体有易伸展性的缺陷，因此不适用于滚筒砂光机上。

纸基按单位面积质量由轻到重分 A、B、C、D、E 五级。除 E 级（230 g/m²）用于砂光机外，其他用于手磨砂纸。布基按单位面积质量由轻到重分为：轻型布（L）、柔性布（F）、普通布（J）、重型布（X）和聚酯布（Y）五种。聚酯布强度最高，延伸率最小，用于人造板表面定厚砂光等重型砂光；重型布用于宽带砂光机粗磨；普通布用于宽带砂光机轻磨；其他两种用于制造一般砂带、砂布。现在还有一种用纸和布经特殊加工而成的复合基材，具有纸基延伸率小和布基强度高、柔性好的优点，主要用于强力砂光。

1.4.4 黏结剂

黏结剂用来将磨粒牢固地粘接在基体上，或将磨粒粘接成一定形状的砂轮。磨具的强度、耐冲击性和耐热性主要决定于黏结剂的性能。

用于木材砂光的涂附磨具（砂纸、砂带），黏结剂多用动物胶（G）和树脂胶（R）。动物胶强度一般，但韧性好、价廉，缺点是遇高温易软化，不耐水，故适用于轻磨、干磨。树脂胶强度高，耐热、防水，但价格昂贵，多用于强力砂光或湿磨。目前制造涂附磨具一般都用两层胶。上层浮胶和底胶都用动物胶的（G/G），多见于手磨砂纸；上层为树脂胶下层为动物胶的（R/G），兼有两者的优点，用于制造砂带和一般木材磨削；两层皆为树脂胶的（R/R）宜用作强力砂光。湿磨时，黏结剂只用树脂胶且基体要做耐水处理。

1.4.5 组织

磨具的组织反映了磨粒、黏结剂、空隙度三者之间的比例关系。磨粒在磨具总体中所占比例越大，则磨具的空隙度越小，组织就紧密。

磨具组织分为紧密、中等和疏松三种。对于砂轮，组织号分紧、中、松三等 12 级。组织号越大，表示空隙比例越大，砂轮不易堵塞，多用于粗磨。国产涂附磨具，按植砂疏密程度分为疏植砂（OP）和密植砂（CL）两类（图 1-11）。

在基体表面植砂 90% 左右的砂布组织为紧密的；植砂 70% 左右为中等的；

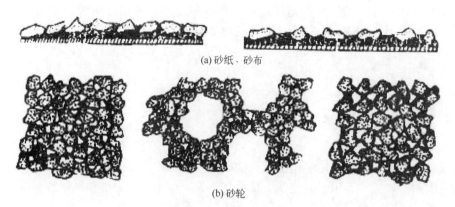

(a) 砂纸、砂布

(b) 砂轮

图 1-11　磨具的组织

植砂 50％左右为疏松的。

当磨粒疏松分布时，磨具不易被磨屑堵塞，空气易带入砂光区，因而散热好，砂光效率高，砂带的挠性也好。通常，对于软材、含树脂材以及大面积粗磨时宜选用疏松的；而砂光力大、表面粗糙度要求较高以及砂光硬材时，选用组织中等或紧密的为宜。砂轮一般具有中等组织，因为过松不易保持砂轮的形状。

疏植砂磨具柔软性好，散热条件也好，效率高但不耐用。一般砂光工件质硬或表面质量要求高时，宜选密植砂磨具。

1.4.6　硬度

硬度是指黏结剂粘接磨粒的牢固程度。磨具的软硬和磨粒的软硬是两个不同的概念，必须分清。

磨具太硬，磨粒变钝仍不脱落，砂光力和砂光热增大，不仅使砂光效率降低，表面粗糙度显著恶化，并易使木材烧焦；磨具过软，磨粒则会在尚未变钝时很快脱落而不能充分发挥其切削作用。适宜的硬度是在磨粒变钝后自行脱落，露出内层新磨粒（即自生作用），使砂光继续正常进行。

该指标只对砂轮有意义，涂附磨具因磨粒层很薄，此指标意义不大。磨具硬度分超软（CR）、软（R）、中（Z）、硬（Y）、超硬（CY）五等 15 级。一般磨硬材选较软的磨具，这样变钝的磨粒易脱落，露出新的锋利的磨粒（即自锐作用或自生作用），否则，加工表面易发热烧伤。

选择何种硬度为宜，应视具体情况而定。对于材质硬的工件，应选择较软的磨具，使磨粒变钝即行脱落，以免发热烧焦；当砂光面积大或采用的磨粒粒度号大时，为避免磨具堵塞亦应选择较软的磨具。砂光软材或精磨时均应选用较硬的磨具。砂轮用于成形砂光时应选用硬度较高的，以保持砂轮轮廓在较长时间内不变形。

1.4.7 磨具的产品代号及标志

涂附磨具代号的书写顺序为：产品形状→名称→尺寸→磨料分类→粒度。

形状代号：页状（Y）、卷状（J）、带状（D）、盘状（P）。

名称代号：干磨砂布（BG）、耐水砂布（BN）、干磨砂纸（ZG）、耐水砂纸（ZN）。

砂轮的标志法与涂附磨具类似。

1.4.8 磨具保存

砂轮保存条件要求不严，只需注意不要磕碰。

涂附磨具最好保存在温度为 $18\sim22℃$、相对湿度为 $55\%\sim65\%$ 的仓库中，保存期不超过一年。时间太长，黏结剂易老化。不用时不要开箱，需用时提前一天取出悬挂室内，使其含水率与大气均衡并使形状舒展。安装时注意运动方向与标志方向一致。保存良好、使用正确的砂带可大大延长其使用寿命。

1.5 砂光工艺过程

砂光与一般的切削加工一样，不过它是以磨粒作为刀齿切削木材的。磨屑的形成也要经历弹性变形和塑性变形的过程，也有力和热的产生。

1.5.1 砂光特点

砂光过程比一般切削过程复杂，因为它有以下特点。

① 磨粒上的每一个切削刃相当一把基本切刀（图1-12），但由于多数磨粒是以负前角和小后角切削，切刃具有 $8\sim14\mu m$ 的圆弧半径，故砂光时切刃主要对加工表面产生刮削、挤压作用，使砂光区木材发生强烈的变形。尤其是在切削刃变钝后，相对于甚小的切屑厚度（一般只有几微米），致使切屑和加工表面变形更加严重。

图1-12 单个磨粒切削示意图

② 磨粒的切削刃在磨具上排列很不规则，虽然可以按磨具的组织号数及粒

度等计算出切削刃间的平均距离，但各个磨粒的切削刃并非全落在同一圆周或同一高度上，因此各个磨粒切削情况不尽相同。其中比较凸出且比较锋利的切削刃可以获得较大的切削厚度，而有些磨粒的切削厚度很薄，还有些磨粒则只能在工件表面摩擦和刻划出凹痕，因而生成的切屑形状很不规则。

③ 砂光时，由于磨粒切削刃较钝，砂光速度高，切屑变形大，切削刃对木材加工表面的刻压、摩擦剧烈，因此导致了砂光区大量发热升温。而木材本身导热性能较差，故加工表面常被烧焦。磨具本身亦很快变钝。

减少砂光热的方法是合理选用磨具。磨具的硬度应适当，太硬，变钝磨粒不易脱落，它们在加工面上挤压、摩擦，会使砂光温度迅速升高。组织不能过紧，以避免磨具堵塞。另外还要控制砂光深度，深度大、砂光厚度增大，也将使砂光热增加。为了加速散热，在宽带砂光机中，采用压缩空气内冷或在砂辊表面开螺旋槽，当砂辊高速转动时，通过空气流通冷却。

④ 砂光过程的能量消耗大。如上所述，砂光时，因切屑厚度甚小、切削速度高、滑移摩擦严重，致使加工表面和切屑的变形大。这种特征表现在动力方面，就是砂光时虽然每份木材砂光量不大，但因每粒切削刃切下的木材体积极小，且单位时间内切下切屑数量较多，所以磨去一定重量的切屑所消耗的能量比铣去同样重量的切屑所消耗的能量要大得多。

1.5.2 砂光机磨砂量的控制主要因素

1.5.2.1 砂轮（或砂辊）砂光

为了研究方便，假设砂轮上磨粒前后对齐，并均匀地分布在砂轮的外圆表面上。在图 1-13 中，砂轮上 A 点以线速度 v 转到 B 点的同时，工件以速度 u 从 C 点移动到 B 点，则：

$$\frac{\overset{\frown}{BC}}{\overset{\frown}{AB}} = \frac{u}{60v} \tag{1-1}$$

图 1-13 中面积 ABC 就是 $\overset{\frown}{AB}$ 弧长内所有磨粒磨去的木材层。此时磨去最大厚度为 BD。

设砂轮圆周上每单位长度内有 m 颗磨粒，那么，参加切削的磨粒数为 $\overset{\frown}{AB} \times m$。则单个磨粒的最大切削厚度 a_{max} 应为：

$$a_{max} = \frac{BD}{\overset{\frown}{AB} \times m} \tag{1-2}$$

由于砂光深度 h 和进给量 BC 都极小，所以可将 BDC 近似看成为直角三角形，于是：

$$BD = BC \sin\varphi \tag{1-3}$$

因为

$$\cos\varphi = \frac{OE}{d/2} = \frac{d-2h}{d}$$

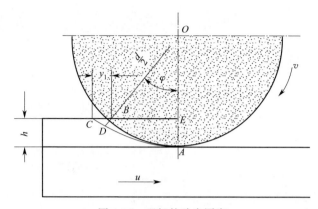

图 1-13　理想的砂光厚度

所以

$$\sin\varphi = \sqrt{1-\cos^2\varphi} = \sqrt{1-\left(\frac{d-2h}{d}\right)^2}$$

由于 d 远大于 h，因此可忽略，得：

$$\sin\varphi = 2\sqrt{\frac{h}{d}} \tag{1-4}$$

将式(1-1)、式(1-3) 和式(1-4) 代入式(1-2)，得：

$$a_{\max} = \frac{u}{30vm}\sqrt{\frac{h}{d}} \tag{1-5}$$

$$a_{av} = \frac{a_{\max}}{2} \times \frac{u}{60vm}\sqrt{\frac{h}{d}} \tag{1-6}$$

式中　$a_{\max}$——单个磨粒的最大切削厚度，mm；

　　　a_{av}——单个磨粒的平均切削厚度，mm；

　　　v——砂轮的线速度，m/s；

　　　u——工件的速度，m/min；

　　　m——砂轮圆周上单位长度内平均磨粒数；

　　　h——砂光深度，mm；

　　　d——砂轮直径，mm。

1.5.2.2　砂带砂光

假设磨粒均匀等高地分布于基体上，如图 1-14 所示。设砂带的速度为 y。工件水平进料速度为 u，则相对运动速度为 v。如果把每一磨粒视为带锯条的一只齿刃，则与带锯锯切比较可知，每一磨粒的垂直进刀量 U_z 为：

$$U_z = \frac{u_v}{v}L \tag{1-7}$$

磨削厚度 a 为：

$$a = U_z\cos\varphi \tag{1-8}$$

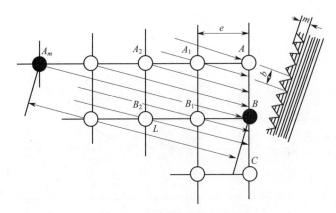

图 1-14 磨粒在砂纸上的排列

因为 v 远大于 u，所以 $\varphi \to 0$，故式（1-8）可写为：

$$a = U_z = \frac{U_v}{v}L \tag{1-9}$$

式中　a——砂带砂光厚度，mm；

　　　U_v——垂直方向进料量，m/s；

　　　v——砂光相对运动速度，m/s；

　　　L——砂光时磨切刃间距，mm。

磨粒切刃间距 L，可按下述方法求得。在图 1-14 中，设磨粒 A、A_1、…、A_m，B、B_1、…，C、C_1、…均按等距离 e 排列。由于实际砂光方向是由 $A_m \to B$，因此砂光时磨粒切刃间距应为 $A_mB = L$。若图 1-14 中 AB 间有 m_0 个磨粒通过，则：

$$L \approx m_0 e \tag{1-10}$$

因为

$$m_0 = \frac{e}{b}$$

所以

$$L = \frac{e^2}{b} \tag{1-11}$$

式中　b——砂光表面上刻痕的宽度，可实测得到。

若实测求得单位面积上的磨粒数为 N，那么单位长度上的磨粒数 m 为：

$$m = \sqrt{N}$$

则

$$e = \frac{1}{m} = \frac{1}{\sqrt{N}} \tag{1-12}$$

将式（1-12）代入式（1-11）中，便可求得：

$$L = \frac{1}{bN} \tag{1-13}$$

必须说明，以上求得的切削厚度公式都是理想的近似公式，实际上因为磨粒在磨具表面上分布极不规则，所以各磨粒的切削厚度相差悬殊。但上述公式可定性地分析各因素对切削厚度的影响：

① 砂光厚度随工件进料速度的增大而增大；

② 砂光厚度随磨具速度的增大、砂轮（砂辊）直径的增大而减小；

③ 磨具的粒度号愈大，砂光厚度愈小。

当砂光厚度愈大时，磨粒负荷愈重，砂光力愈大，磨具磨损愈快，磨出工件的表面质量愈差。

砂光机作为生产以现代家具为代表的多种产品必不可少的加工设备，科学的根据拟砂光零部件表面的具体要求，选择合适的砂光机类型，并合理地利用砂光机的各种功能，掌握其各项技术条件，是提高劳动生产效能、提高零部件的加工精度和表面性能的有效途径。

参考文献

[1]　董仙. 国外木工砂光机基本情况[J]. 木工机床,1999,(01):43-51.

[2]　徐迎军,李道育. 人造板宽带砂光机发展历程、现状与发展趋势[J]. 中国人造板,2012,(09):26-28.

[3]　马岩. 砂光机新产品的开发战略与前景[J]. 木材加工机械,2012,(01):14-21.

第 2 章

砂光机的结构及工作原理

在实木家具的生产中，由于零部件的形状差别较大，因此就要使用不同结构和类型的砂光机以满足各种类型的零部件的加工。砂光机的类型和结构决定了零部件的砂光质量和表面光洁度。

砂光机的类型和品种很多，从广义上讲，砂光机包括带式砂光机、盘式砂光机、辊式砂光机、刷式砂光机、刨砂机、曲面异型砂光机等。本章编写的砂光机结构及工作原理也主要包括以上几大类。砂光不仅可以大大减少刨刀造成的木材撕裂、节疤撕裂和表面损坏现象，也可以减少坯料尺寸，而且克服了刨床不安全、噪声大等缺点。如将其和铣床、车床等组合，可连续完成成形和砂光加工。因此砂光机成为木材加工中重要的机床之一。

2.1 盘式砂光机

盘式砂光机的生产效率低，如今在生产中应用较少，盘式砂光机就是在其可回旋的砂盘上粘贴上砂纸或砂布，有单盘和双盘之分。如图 2-1 所示，双盘的砂光机一般为垂直配置，一个进行粗砂加工，另一个进行细砂加工。单盘砂光机按其砂盘位置的不同又分为立式单盘砂光机和卧式单盘砂光机，如图 2-2 所示，此设备主要由床身、工作台、电动机、导尺和砂盘组成。

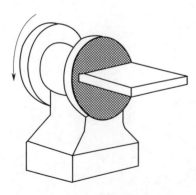

图 2-1　立式双盘砂光机

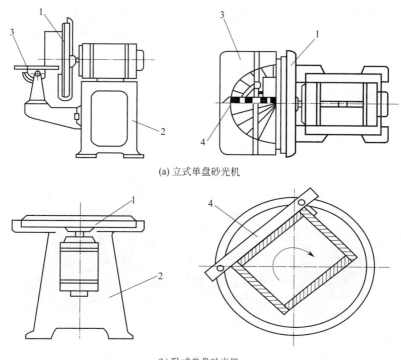

(a) 立式单盘砂光机

(b)卧式单盘砂光机

图 2-2　盘式砂光机结构图

1—砂盘；2—床身；3—工作台；4—导尺

　　盘式砂光机的工作原理十分简单，电源的接通使得机床内部产生回路，电动机工作，带动主轴旋转，将工件手动送至回转运动的砂盘，进行磨削，完成对零部件的砂光加工。

　　盘式砂光机适合于砂削表面较小的零部件，这是由于盘式砂光机在不同的圆周点内各点的线速度不同。如需要砂削的零部件表面较大时，由于砂削速度不等，使砂削的工件表面不均匀。在实际生产中，盘式砂光机常常用于零部件的端部以及角部砂光，特别在椅子生产过程中，常常将卧式盘式砂光机用于椅子装配后腿部的校平砂光。

2.2　带式砂光机

　　带式砂光机是目前最常用的砂光机械，是在机床的 2～4 个带轮上套上无端砂带的设备，其中一个轮作为主动轮，其他的是导向轮和张紧轮等。

2.2.1　窄带式砂光机

　　窄带式砂光机是采用带宽一般为 80～300mm 宽的无端砂带作为磨削工具的砂光

机械，其砂带张紧在两个带轮上，张紧的砂带分为平面部分、圆弧部分和带轮部分三部分，其中的每一部分都可能参与砂光机加工，即能够对全部表面、部分工作表面和被加工工件相接处进行加工。如图 2-3～图 2-8 所示，随着木工机械的不断发展，窄带式砂光机的功能越来越多，结构越来越复杂，种类也越来越多，根据不同的分类方式可分为许多种砂光机，根据用途不同有边部砂光机、曲型砂光机和曲面砂光机，还有双带平台砂光机、手压砂光机和振荡砂光机等；根据砂带位置不同，可分为上窄带式砂光机、下窄带式砂光机、垂直窄带式砂光机和自由位置窄带式砂光机，但总的来讲，窄带式砂光机可分为立式窄带式砂光机和卧式窄带式砂光机两种。

图 2-3 手压（卧式窄带）砂光机
1—手轮；2—手压柄；3—横梁；4—砂带；5—工件；6—移动工作台

图 2-4 振荡（立式窄带）砂光机
1—砂带；2—大工作台；3—小工作台；4—手摇柄；5—手轮

图 2-5 边部砂光机
1—工作台；2—模具；3—工件；
4—仪表盘；5—砂带

图 2-6 曲面（立式窄带）砂光机
1—工件；2—出料辊；3—进料辊；
4—砂带；5—控制面板；6—升降手轮

图 2-7 曲型（立式窄带）砂光机
1—砂带；2—工作台；3—控制面板；4—手轮

图 2-8 下窄带式砂光机

　　这些窄带式砂光机中最传统的便是手压式砂光机和振荡砂光机，这两种设备结构简单，不像现代的宽带式砂光机有摆动系统防止砂带跑偏甚至脱带，它们的砂带辊通常是鼓型结构，这使得砂带机的砂带不会轻易跑偏。在长时间工作后，砂带跑偏不可避免，如图 2-9 所示，此时需要旋动砂带辊上方的螺钉对砂带进行张紧力调节，直至砂带的松紧程度合适为止。振荡砂光机具有偏心结构，因此在电动机转动时可以使得砂带做垂直的上下往复运动。

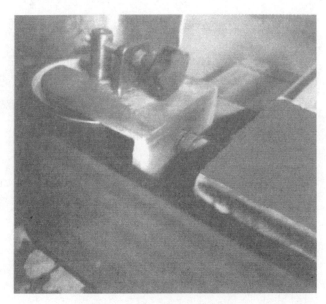

图 2-9　振荡砂光机的调辊装置

　　窄带式砂光机的工作原理是在设备接通电源产生回路后，电动机工作使带轮高速旋转，此时带轮带动砂带运动，在工件进给的同时移动压紧器，使砂带与工件接触产生砂削运动，实现对工件的砂光加工，其工作原理如图 2-10 所示。

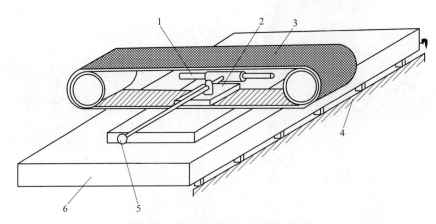

图 2-10　窄带式砂光机的工作原理

1—导杆；2—压板；3—砂带；4—导轨；5—操纵杆；6—移动工作台

2.2.2　宽带式砂光机

　　宽带式砂光机是现代实木家具生产中的主要加工设备，宽带式砂光机的砂带宽度大于工件的宽度。宽带式砂光机的分类方式有很多，根据砂光的精度不同，分为实木拼板砂光机、木皮贴面砂光机、油漆表面砂光机等。通常宽带砂光机为单面砂光机。大型宽带砂光机还有双面砂光机，重型砂光机一次性砂削量可达 2mm，轻型砂光机一次砂削量为 0.05～1mm。宽带砂光架按照砂架结构形式的不同可分为接触辊式和压垫式。按照接触辊的硬度不同又可以分为软辊和硬辊两种形式。按照压垫不同的结构形式又可将压垫式分为整体压垫式、气囊压垫式和分段压垫式三种形式。按照砂架布置形式的不同可以将宽带砂光机分为单面上砂架、单面下砂架和上下双面砂架式三种形式。按照砂光机上砂架的数量不同，宽带砂光机可以分为单砂架、双砂架和多砂架等形式。按照砂架相对工件的磨削方向可以将宽带砂光机分为纵向磨削式和纵横磨削式两种形式。大方向上看，根据所砂光的表面形式可将宽带式砂光机分为平面砂光机和型面砂光机，其中型面砂光机也被称为琴键式砂光机，如图 2-11 所示。

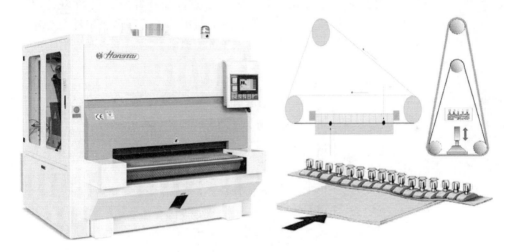

图 2-11　琴键式砂光机及主要构件

宽带式平面砂光机的宽带宽度是大于工件宽度的，一般砂带宽度为 630～2250mm，因此对板材的平面砂磨只需工件做进给运动即可，且允许有较高的进给速度，故生产率高。宽带式砂光机的使用寿命长，砂带的更换较方便、省时。由于上述种种优点，在平面磨削中，宽带式砂光机几乎替代了其他结构形式的砂光机，在现代木材工业和家具生产中，用于板件大幅面的切削加工，尤其是家具工业以刨花板、中密度纤维板基材的表面磨削。

宽带式砂光机的顶部通常都有粉尘处理口，在此口上方可接车间的除尘系统，通过抽尘使得粉尘经过管道到达其旁边的粉尘收集器内，其上面有褶皱的纸芯式过滤器，可以相对大量地储存粉尘。

宽带式平面砂光机有两种进给方式,一种是滚筒进给的宽带砂光机,主要由于刨花板和中密度纤维板等的砂光;另一种是履带进给的宽带砂光机,主要用于木制品零部件、硬质纤维板、细木工板和胶合板的砂光。

2.2.2.1 履带进给的宽带砂光机

常规的履带式进给砂光机一般具有两个砂架,安放在机床的上部,接触辊式的砂架放在前方,用以定厚粗砂;后面紧跟着的砂架为压垫式,用以精磨工件表面。该砂光机可以进行两种工艺加工,其一是按调整好的厚度进行定厚尺寸校准,其二是表面的修整砂光。前者可以获取同批工件相同的厚度尺寸,后者则不要求达到均匀一致的厚度尺寸,只是起到提高工件表面质量的作用。

典型的履带进给式宽带砂光机由下列主要部分组成(图2-12):用来对工件上表面进行磨削加工的砂架1和2与三个规尺10~12,电动机6和7分别带动砂架1和2。砂带3由张紧辊4张紧,其张力可通过改变压缩空气的压力进行调节。工作时砂带由接触辊和压垫压到工件表面上对工件进行砂光。工件在工作台上,由驱动轮带动循环运行的进料输送带实现进给运动。当工作台调好高度或处

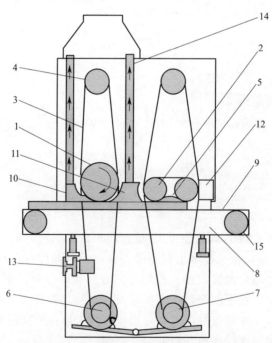

图2-12 履带进给式宽带砂光机结构示意

1,2—砂架;3—砂带;4—张紧辊;5—压垫;6,7,13—电动机;8—工作台;
9—进料输送带;10~12—规尺;14—除尘管;15—进料驱动轮

于浮动状态时，工件被压向规尺10～12，按照规尺下表面与砂带的相对高度来限定加工余量的大小。四根丝杠上支撑着工作台，利用电动机或手轮来调节工作台的高度。除尘的作用则是抽走被磨削的粉屑。

在宽带式砂光机中最重要的是砂架。砂架是通过气动装置来使砂带张紧的，图2-13为宽带式砂光机中砂架的实物图。

砂架的结构形式是多种多样的，如接触辊式砂架的结构如图2-14所示，其中接触辊的种类也有很多种，最常用的是钢制的硬接触辊和橡胶制的软接触辊。砂带被套装在接触

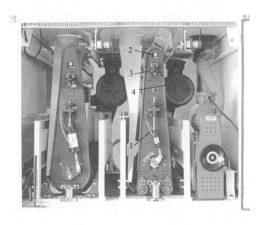

图 2-13　两组砂架和一组抛光辊
1—砂头自动升降气缸；2—调压阀；
3—压力表；4—砂带张紧阀

辊1和张紧辊2上，用气缸3使其张紧，气缸运动用开关4来控制。张紧辊2上升的极限位置由螺栓5上的限位螺母来控制。

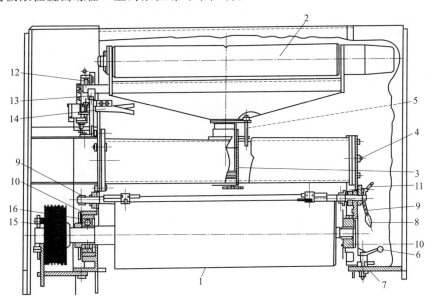

图 2-14　接触辊式砂架结构

1—接触辊；2—张紧辊；3—气缸；4—开关；5—螺栓；6,8,11—手柄；7—垫块；
9—链传动；10—轴承套；12—调压阀；13—压力表；
14—V形架；15—气动制动阀；16—带轮

在更换砂带时，松开砂带张紧阀，松开手柄 6，取出垫块 7，即可从缝隙中拉出砂带。调整接触辊 1 的高度时，转动手柄 8，通过链传动 9，转动偏心轴承套 10 来实现，并用手柄 11 固定。用调压阀 12 来调节张紧砂带的压缩空气压力，压力表 13 则用于显示该压力的数值。砂带工作时轴向的往复摆动是由装在 V 形架 14 上的气动信号传动传送器控制的。

发生故障时，例如脱带或断裂等时，砂带作用于安全开关上，切断各台电动机的电源，同时，接触辊端部的气压制动闸 15 立即制动，则可在 2～3s 内使接触辊停止转动。制动闸 15 装在带轮 16 内。

如图 2-15 所示为压垫式砂架的结构。它与接触辊式砂架的不同之处在于，砂带被张紧在三个辊筒上，在两个下辊 1 的中间装有压垫 18，它借助销轴 9 装在吊架 10 上，用手柄 8 转动偏心轴 19 便能调节压垫 18 的高度。在主动辊的轴端装有制动阀 15。两个砂架所用砂带的规格相同，但砂带的粒度号不同。当表面修整砂光（如胶合板砂光）时，两个砂架砂带的粒度分别为 80～100 号和 120～150 号；当为定厚砂光时，砂带的粒度分别为 60～100 号和 120～150 号。

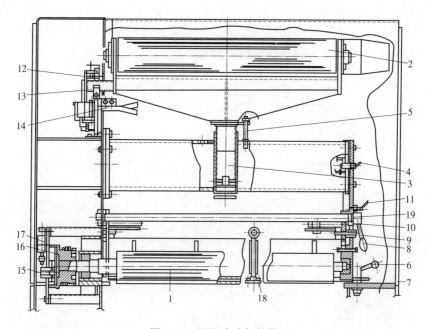

图 2-15 压垫式砂架结构

1—下辊；2—张紧辊；3—气缸；4—开关；5—螺栓；6,8,11—进料辊；
7—垫块；9—销轴；10—吊架；12—调压阀；13—压力表；14—V 形架；
15—制动阀；16—带轮；17,18—压垫；19—偏心轴

如图 2-16 和图 2-17 所示，为了更好地砂光工件，且不让砂带跑偏甚至脱落，宽带式砂光机配有砂带轴向窜动控制装置，当砂带靠近光眼时，光眼向轴向

控制装置发出信号，使得上砂架做摆动运动，在砂带做匀速回转运动的同时，在滚筒两端间做往复轴向运动，此轴向运动是由气动控制装置实现的。

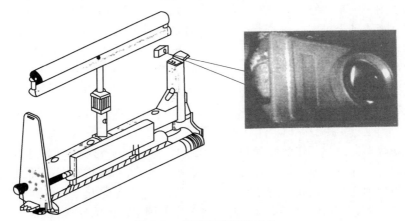

图 2-16　砂架结构图及光眼

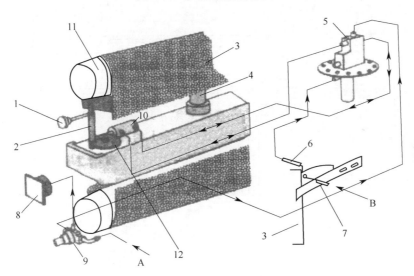

图 2-17　砂带轴向窜动控制装置

1—手柄；2—偏心轴；3—砂带；4—张紧气缸；5—换向阀；6—接受器；
7—传送器；8—压力表；9—减压阀；10—气缸；11—张紧辊；12—圆盘

　　轴向控制装置是偏心轴带动张紧辊，以张紧气缸为轴心在水平内往复运动，张紧辊与砂带相互作用，张紧辊的摆动方向控制着砂带的窜动方向，砂带的位置控制着张紧辊的摆动。当砂带在左边位置时，来自气路 B 的控制气流由右边的传送器到接收器的通路被打开，气流进入气控二位四通换向阀，此时，主气路 A 的气流经减压阀减压，进入换向阀直到气缸右腔。伸出活塞杆，圆盘转动时通过偏心轴带动张紧辊摆动，此时砂带向右窜动。当传送器至接受器的喷气口被砂带的边缘阻断后，换向阀的薄膜失去了气压作用，使得左气路的气流被改到气缸的右腔，活塞杆缩回，圆盘反转，偏心轴将张紧辊带动摆动到另一边。砂带振动的幅度可以用手柄来调整。如上所述，不断地重复此过程完成工作。

在宽带式砂光机中，输送带是进给工件的机构，如图 2-18 所示为进给机构与工作台的结构，输送带是绕装在工作台两端上辊筒上的。输送带由电动机经变速箱和主动轮带动，并沿工作台运动，其张紧程度借助螺栓改变张紧辊的位置来调整。整个工作台部件安装在四根升降丝杠上，可以按工件的厚度调节它的高度。当仅为表层修整砂光，而不要求达到相等厚度尺寸时，需把工作台调整到浮动状态。当进行定厚砂光时，工作台应固定到一定高度上。完全放松手轮，即可达到浮动状态，此时工作台可有 3mm 的浮动范围。当手轮放松可沿床身三面滚动的导轨时，导轨和横梁即可有相对位移，则工作台的重量及其载荷便通过转臂和横梁作用到弹簧上，弹簧的弹性使工作台浮动，弹簧拉力的大小用手轮调节。拧紧手轮，将导轨和横梁锁紧时，便可将工作台固定而消除浮动。

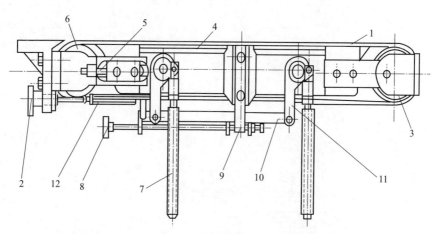

图 2-18　进给机构与工作台

1—输送带；2,8—手轮；3—主动轮；4—工作台；5—螺栓；6—张紧辊；
7—丝杠；9—导轨；10—横梁；11—转臂；12—弹簧

2.2.2.2　滚筒进给的宽带砂光机

滚筒进给的宽带砂光机不像履带进给的宽带砂光机那样常用，其结构与履带进给的有相似的地方，都是以砂架为主要的结构，滚筒进给的以接触辊砂架为主，接触辊分为金属接触辊和包覆橡胶辊两种，一般直径为 $200\sim300\text{mm}$，其中金属接触辊主要用于定厚砂光和粗砂。金属辊和包覆橡胶的辊按其表面形状不同可分为光辊和螺旋辊，其中的螺旋辊就是表面开螺旋槽，其作用是为了使砂带通风冷却更好，预防了砂光粉在辊面上压实。另外还可以提高磨削力，增加拉拽能力，从而提高砂光质量。图 2-19 为滚筒进给的宽带砂光机的实物图。

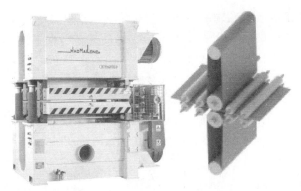

图 2-19　滚筒进给的宽带砂光机

　　如前文所述，砂架是宽带砂光机的重要结构，滚筒进给的也不例外，下面主要介绍接触辊式砂架结构，如图 2-20 所示，钢制的接触辊 4 通过滚动轴承 5 和 8 装在轴 3 上，轴 3 的两端通过键分别固定在偏心套 6 和 11 中，且通过螺钉使得偏心套 11 和齿轮 10 相连。偏心套分别装在支座 2 和 7 的孔内。将手轮 13 转动，经蜗杆减速器 12、齿轮 9 和 10，带动偏心套和轴一起转动，使接触辊微量升降，可以精确调整接触辊与进给辊间的相对位置。

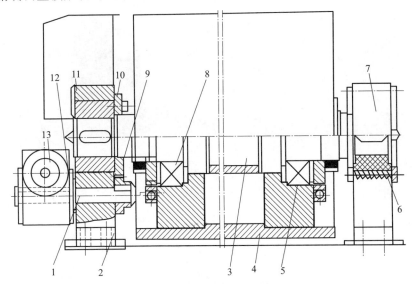

图 2-20　接触辊式砂架结构

1,3—轴；2,7—支座；4—接触辊；5,8—滚动轴承；6,11—偏心套；
9,10—齿轮；12—蜗杆减速器；13—手轮

　　宽带式平面砂光机的工作原理并不复杂，按动开关接通电源后，设备内部产生回路，电动机开始运转，使得高速旋转的带轮带动张紧的砂带工作，接触工件进行磨削，完成对零部件的砂光。

　　宽带砂光机随着砂架结构的不同，砂光的工作原理略有不同，主要分为接触辊式砂架、压垫式砂架、组合式砂架、压带式砂架和横向砂架。如图 2-21 所示为接触辊式砂架的工作原理，砂带张紧于上下两个辊筒上，其中一个辊筒压紧工件进行磨削。由于靠辊筒压紧工件，其接触面小压力大，因此多用于粗磨或者定厚砂磨。一种接触辊为钢制的，表面常有螺旋槽沟或人字形槽沟，以利散热及疏通砂带内表面粉尘，有的接触辊表面包覆一层一定硬度的橡胶。另一种为软质胶辊，可进行漆膜砂光，且辊的直径越大，其砂光的精度越高。

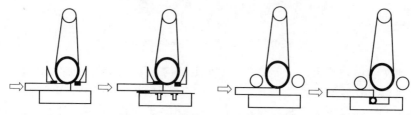

图 2-21　接触辊式砂架的工作原理

　　如图 2-22 所示为压垫式砂架的工作原理，工作时压垫（也叫砂光垫）紧贴砂带并压紧工件对其进行砂光加工，此砂架接触面积大、压力小，故多用于精磨和半精磨。

图 2-22　压垫式砂架的工作原理

在实际生产中常用的宽带式砂光机所用的压垫如图 2-23 和图 2-24 所示，主

图 2-23　砂架压垫

材料为铝板，中间垫有羊毛材料的工业毡，最下面与砂带接触的是光滑的石墨垫，可减少与砂带摩擦所产生的热量。

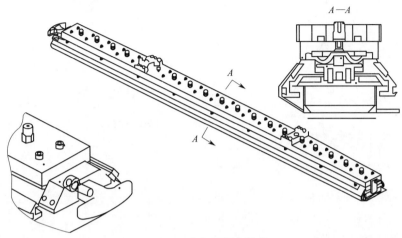

图 2-24　砂架压垫的结构

如图 2-25 所示为组合式砂架的工作原理，它是压板式砂架和接触辊式砂架的组合形式，因此它可以同时具有两种砂架的功能或具有配合使用的功能，调整后此砂架可实现三种工作状态：一是压板和导向辊不与工件接触，只靠接触辊压紧工件磨削；二是接触辊和砂光垫同时压紧工件磨削，接触辊起粗磨作用；三是只让砂光垫压紧工件磨削。组合式砂架较灵活、适合单砂架砂光机，也可与其他砂架组成多砂架砂光机。

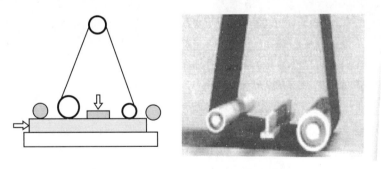

图 2-25　组合式砂架的工作原理

如图 2-26 所示为压带式砂架的工作原理，其砂带被三个辊筒张紧成三角形，装有用两个或三个辊张紧的毡带，压垫压在毡带内侧，通过压带来压紧砂带。砂带和毡带以相同速度同方向运行，砂带与毡带之间无相对滑动，故可采用高的磨削速度，减少压垫与砂带之间的摩擦生热。此外，这种砂带磨削区域的接触面积要比压垫式砂架大，所以它适用于对样板表面进行超精加工。

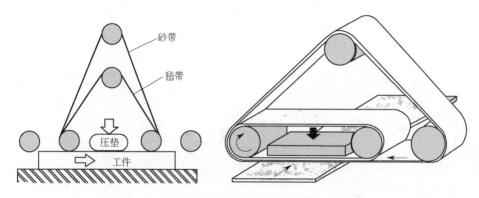

图 2-26　压带式砂架的工作原理

如图 2-27 所示为横向砂架的工作原理，转动 90°布置压板式砂架，砂带运动方向与工件进给方向垂直，即可构成横向砂架。此类砂架通常与其他砂架配合使用对工件进行砂光加工。

图 2-27　横向砂架的工作原理

如图 2-28 所示，宽带式型面砂光机又叫琴键式砂光机，宽带式型面砂光机与宽带式平面砂光机的外形基本没有什么差别，结构也大致相同，都是由砂架、砂带、张紧辊、电动机、工作台、进给机构、除尘器和规尺组成，但型面砂光机还带有感应器，而且其压垫（也被叫作砂靴）是分段压垫，砂架依旧是重要的部分（图 2-29），因此二者的砂光效果和适应范围均不同，型面砂光机可以进行不同型面的砂光。

宽带式型面砂光机的工作原理与平面砂光机不同，在电源接通使得设备产生回路后，主动辊跟随电动机旋转带动张紧辊的砂带运动，电动机带动进给机构传送工件，使得砂带与工件充分接触，通过压力感应工件厚度分布，再通过其计算机计算输送速度，调整砂靴压力分布，实现同时对不同厚度工件的砂光加工。宽带式型面砂光机的工作原理如图 2-30 所示。

图 2-28 宽带式型面砂光机

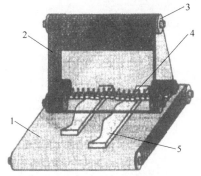

图 2-29 宽带式型面砂光机砂架的结构
1—输送带；2—砂带；3—辊筒；
4—分段电子压垫；5—工件

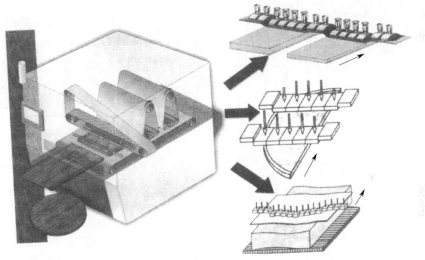

图 2-30 宽带式型面砂光机的工作原理

2.3 刷式砂光机

刷式砂光机是将若干刷子和砂纸交错地分布在圆筒的圆周上，砂纸的另一端卷绕在套筒上。当圆筒高速回转时，砂纸利用本身的离心力和刷子的弹力压向工件表面进行砂光。刷式砂光机可用于砂削成形表面。

图 2-31 是一个条状刷式砂光机，条状刷式砂轮用于砂光的砂带被裁成条状，提高了对复杂型面砂光的适应性，条状刷式砂轮的背面是对砂带有支撑作用的剑麻。

条状刷式砂轮砂带正、背面如图 2-32 所示。

在实际生产中，刷式砂光机多用于异型表面的砂光，例如木门。

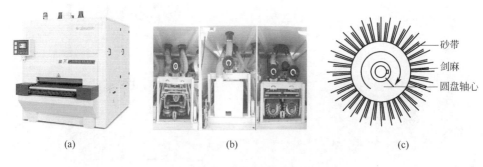

图 2-31 条状刷式砂光机

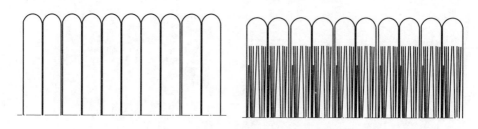

图 2-32 条状刷式砂轮砂带正、背面

2.4 辊式砂光机

辊式砂光机在砂光时，其砂削面近似于圆弧，不适合零部件大面的砂光。在实际生产中，常常用于直线型零部件的边部、曲线形零部件和环状零部件的砂光。

辊式砂光机又称为鼓式砂光机，是一种原始的砂光设备，它是在圆柱形辊筒上缠绕砂纸或砂布的砂光机械，主要由机身和砂辊（也叫磨削辊）组成，如图 2-33

(a) 立辊式砂光机   (b)卧辊式砂光机

图 2-33 辊式砂光机

所示，根据其位置不同可分为立式辊式砂光机和卧式辊式砂光机（简称立辊式砂光机和卧辊式砂光机），卧式的还根据其辊轮的多少分为单辊和多辊两种，单辊的辊式砂光机无论立式或卧式的，一般都是手动进给工件，砂辊直径较小，通常为50～150mm，高出台面150mm，只随电动机做旋转运动，不做轴向往复运动。

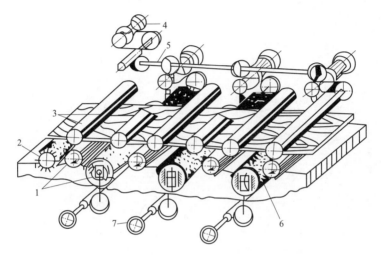

图 2-34　三砂辊式砂光机结构

1—下进给滚筒；2—工作台；3—上进给滚筒；4—电动机；5—通轴；6—砂辊；7—手轮

　　卧式多辊砂光机以三个砂辊为主，都是机械进给的，可分为履带进给和辊式进给两种，砂辊的安装方式比较自由，可以在工作台的上面或者下面安装，也可以在工作台的上下面都安装。如图 2-34 所示，在工作台下面安装砂辊，为采用辊筒进料的三辊式砂光机。工件在工作台上定基准，下进给辊筒安置在工作台的凹槽处。辊筒高出工作台的凸出量可以调节。砂辊由单独电动机带动做旋转运动，辊筒还同时做轴向摆动运动。三个辊筒上各与一个偏心机构相连，三个偏心机构装在通轴上。由电动机通过蜗轮蜗杆传至通轴而实现辊筒的轴向往复运动。转动手轮可直接调整每一个滚筒在高度方向的位置以保证磨削掉所要求的加工余量。上进给辊筒保证有足够的进给并把工件压向砂光辊筒，起进给和压紧作用。进给辊筒安装在框架上。为了保证有足够的空间来更换磨损严重的砂带，框架可以进行升降调节。

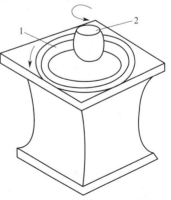

图 2-35　立辊式砂光机工作原理

1—工件；2—砂辊

　　辊式砂光机的工作原理非常简单，接通电源后，产生回路，电动机运转，带动砂辊定轴旋转

（多辊的磨削辊还做轴向的往复运动），将工件接触运行中的砂辊，使其辊筒上的砂纸对工件进行磨削作用，完成对零部件的砂光加工。立辊式砂光机的工作原理如图2-35所示。卧辊式砂光机工作原理见图2-36。

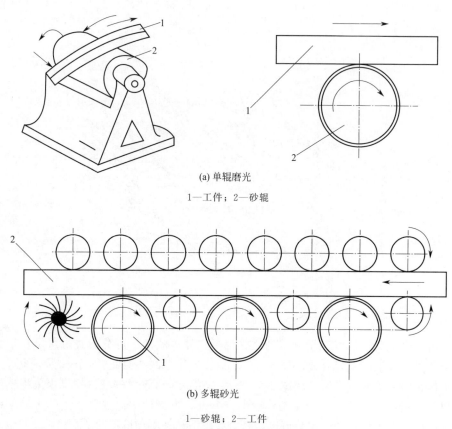

(a) 单辊磨光

1—工件；2—砂辊

(b) 多辊砂光

1—砂辊；2—工件

图 2-36　卧辊式砂光机工作原理

2.5　刨砂机

刨砂机是砂光机中较特殊的一类，其实也属于宽带砂光机，只是前部多了一个刨砂头。刨砂机的工作主要依靠设备前方的刨砂头旋转对工件进行刨砂加工，如今螺旋刀头应用较多，其具有强度高、质量轻、寿命长、噪声低的特点，大部分的刨砂机在刨砂头后面会安装有砂架对工件进行精磨。图 2-37 所示为刨砂机常用的砂架形式，图 2-38 所示为刨砂机实物，图 2-39 所示为不同种类的刨砂头。

刨砂机的工作原理为：电源接通后，按动按钮产生回路，使得电动机带动刨砂头旋转，当接触到进给的工件时对其进行刨砂砂光，随后在不同的砂架组合下完成不同精度的砂光，如图 2-40 所示。

图 2-37　刨砂机

图 2-38　刨砂机刨刀后面
常用的砂架形式

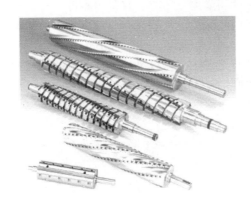

图 2-39　不同种类的刨砂头

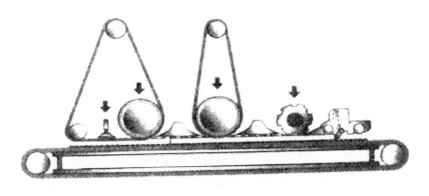

图 2-40　刨砂机的工作原理图

2.6　砂光机的工作原理

砂光机所打磨的板件有多种，一般可进行单面打磨和双面打磨，根据加工用途可分为定厚砂光、精细砂光和底漆砂光，以单头的双面定厚砂光为例，其工作原理是：当机器按正常程序启动并正常运转后，被磨板坯从机器前端经过限板装置，在输送带或输送辊的带动下首先喂入第一组砂头（一般情况是钢辊或硬度较高的胶辊，配备较粗砂带）通过电机运行带动辊轮旋转，砂带同时磨削板坯的上、下两面，实现定厚磨削，最后经出料端由清洁毛刷辊清除残存在板件表面的粉尘并送出机器；各砂辊和清扫辊均有强力吸尘装置，磨削粉尘由吸尘口吸走，磨削后的板坯最终获得表面平整、光滑、厚度尺寸符合要求的成品。砂光机主要由机架、砂架、进给机构、吸尘装置和电控系统五大部分构成。其砂架部件主要由接触辊、张紧辊、导辊、压磨器、张紧气缸、砂带窜动装置、横梁、砂带和轴承座等零件组成。

2.6.1　磨削原理

磨削是一种特殊的切削加工工艺。它是用砂带、砂纸或砂轮等磨具代替刀具对工件进行加工，目的是除去工件表面一层材料，使工件达到一定的厚度或表面质量要求。磨削在木材加工中常用在以下几方面：

① 工件定厚磨削　主要用在刨花板、中密度纤维板、硅酸钙板等人造板的定厚磨光，起以磨代刨的作用。

② 工件表面精光　用于消除工件经定厚粗磨或铣、刨加工后表面较大的粗糙度，获得更光洁的表面。

③ 人造板表面装饰加工　某些装饰板的背面需"拉毛"，获得要求的粗糙度，满足胶合工艺的要求。

④ 工件油漆装饰　对漆膜进行精磨、抛光，获取镜面效果。

用磨削加工木材时，不会像铣削、刨削那样往往因逆纹切削而产生难于消除的破坏性不平度，加之大功率高精度宽带砂光机的发展，为大幅面人造板、胶合成材和拼板的定厚表面精加工提供了理想设备，因此磨削在木材加工方面的应用前景非常广阔。

⑤ 凸显工件纹理　一些实木板件、木皮等表面需拉丝、浮雕，凸显了板件自然、生长的纹理，便于后期做开放漆，达到仿古效果。

2.6.1.1　磨削类型

木材加工中常用的磨削类型有：砂盘磨削、砂带磨削、砂辊磨削、砂轮磨削、磨刷磨削等。

（1）砂盘磨削

砂盘磨削是将砂纸或砂布粘贴在可旋转的圆盘上对工件进行磨削。如图2-41所示，砂盘可做成立式、卧式和可移式几种，可用于磨削工件上不大的平面、端头、边棱、转角等部位。砂盘结构简单、造价低、使用灵活方便，但砂盘越向中心磨削速度越低，往往只能使用砂盘边部，不适合大面积磨削。此外，其生产率也低。

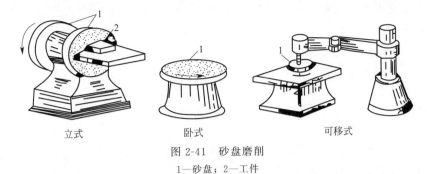

立式　　　　　　　　卧式　　　　　　　　可移式

图 2-41　砂盘磨削
1—砂盘；2—工件

（2）砂带磨削

砂带磨削是将无端砂带绕于两个或三个带轮上由电机带动一个主动轮使砂带运动对工件进行磨削。习惯上将带宽小于 650mm 的带式砂光机称作窄带或带式砂光机，而将带宽大于 650mm 的称为宽带砂光机（目前宽带砂光机的带宽以 1300mm 居多）。如图 2-42 所示，一般带式砂光机可做成立式、卧式和悬臂式三种，都以手工辅助操作，可磨不大的平面、弧形曲面，配以成形压块或气囊或导轮还可磨削成形表面或细长的回转体工件。而宽带砂光机都用于大幅面工件的定厚或表面精磨。

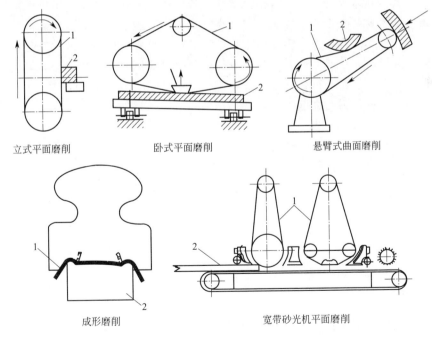

立式平面磨削　　　　　卧式平面磨削　　　　　悬臂式曲面磨削

成形磨削　　　　　　　宽带砂光机平面磨削

图 2-42　砂带磨削
1—砂带；2—工件

砂带的磨削机理如下：砂带磨削是由大量垂直定向排列在砂带表面上的磨粒切削刃来完成的。由于砂带表面磨粒分布均匀、等高性好、尖刃外露、切刃锋利、切削条件好，使得砂带磨削过程中，磨粒的耕犁和切削作用大，因而材料切除率大、效率高。由于砂带的弹性接触状态，使得砂带磨粒对工件表面材料的挤压和摩擦作用大，因而磨粒有很强的研磨、抛光作用，磨削表面质量好。由于砂带磨粒容屑空间大，磨屑堵塞造成摩擦加剧的可能性减小，由此产生的热量少。由于砂带与工件接触弧长较大，单颗磨粒受力较小而且均匀；砂带磨粒切刃锋利，磨削时材料变形小，所产生的热量相应也小；再加上砂带周长长，散热性好，因而砂带整个磨削过程中产生的磨削力和产生的磨削热相对较少，磨削温度低，故有"冷态"磨削之称。

（3）砂辊磨削

砂辊磨削是将砂布或砂纸包在钢制辊筒表面对工件进行磨削，如图 2-43 所示。其中单辊砂光机都用于磨削弧形或弯曲的工件，手工辅助操作；多辊砂光机主要用于拼板、框形构件和人造板的平面磨削。辊式砂光机刚性好，可用于强力磨削，但较带式砂光机散热条件差，需常更换砂带，且更换费事。因此，多辊砂光机有被宽带砂光机替代的趋势。

（4）砂轮磨削

砂轮磨削在木材加工中的应用只有几十年历史。现在主要是应用成形砂轮在条状或框形木质坯件上直接加工出成形表面，或对铣削出的成形表面进行精磨和对已油漆的成形表面抛光。砂轮由于耐用，磨钝后可修整再用，因此寿命长、成本低。另外，砂轮由于刚性好，故在成形磨削时较应用成形块和砂带磨削能获得更高尺寸精度。砂轮与砂带磨削相比，散热条件差、易堵塞，因此易烧伤木材，故不宜用于大面积强力磨削。

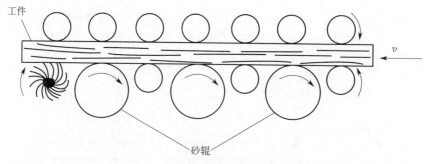

图 2-43　砂辊磨削

2.6.1.2　其他磨削类型

其他磨削类型包括磨刷磨削、弹性砂辊磨削、滚辗磨削和喷砂磨削等。如图 2-44 所示，磨刷是将成排的刷毛和砂带条一端间隔地紧固于磨刷转鼓上，靠刷毛束的弹性将砂带条压紧在工件表面上进行磨削。主要用于磨光不规则曲面。弹性砂辊是将磨料颗粒用黏结剂粘接在弹性的辊筒上构成的，主要用于磨削或抛光弯曲的零件表面。滚辗磨削是将球形磨料和诸如椅子腿、背、沙发扶手等弯曲木质零件，一起放入一个可转动的大圆筒内（转速为 20～30r/min），靠圆筒转动使球形磨料与工件碰撞、摩擦而磨光工件。喷砂磨削利用压缩空气将磨粒以一定压力高速喷射在工件表面上来达到磨削目的，主要用于雕花或模压成形的工件表面磨削。

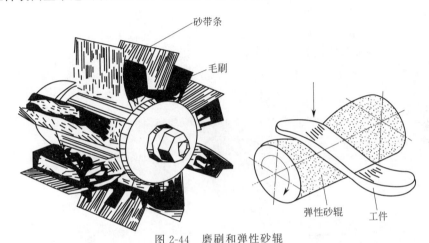

图 2-44　磨刷和弹性砂辊

2.6.2　柔性磨具

砂纸砂带砂布卷是指用黏结剂把磨料黏附在可挠曲基材上的磨具，如图 2-45 所示。过去俗称的砂布、砂纸，是磨具三大系列之一，又称柔性磨具。但砂带是砂纸砂带砂布卷家族的一个大的成员，砂带磨削有着不可比拟的高效率高经济性以及广泛的应用范围，砂带磨削有"万能磨削"之称。

图 2-45　砂纸砂带砂布卷

2.6.2.1 砂纸砂带砂布卷的应用和发展历史

由于其产品的多样性，涉及使用的范围到各行各业，如航空、铁道、汽车、机床、木材及木器、玻璃、造船、建筑、建材、自行车、不锈钢制品、漆器和轻工产品等，是工业和民用的常用易耗工具，各类制品的表面磨削、修饰、抛光，均大多选用砂纸砂带砂布卷。

砂纸砂带砂布卷独占三大磨具之首，1995 年，砂纸砂带砂布卷、固结磨具（图 2-46）、超硬磨具（图 2-47）三者销售额比例在美国已达 48：36：10。这证明砂纸砂带砂布卷在市场占有率在上升，部分产品代替了固结磨具。这个结构性的变化，已被我国砂纸砂带砂布卷同行业人士所接受。今天，事实已证明，在我国砂纸砂带砂布卷也正与世界接轨，逐步成为砂纸砂带砂布卷行业中新的增长点。

图 2-46　固结磨具

图 2-47　超硬磨具

我国生产和使用砂纸砂带砂布卷的历史悠久。20世纪40年代旧中国张页式砂布砂纸、耐水砂纸仅有生产作坊，当时采用双辊子单机上胶、手工植砂、箱式固化和单台辊复胶。新中国成立后，逐步发展为平跪式连续生产线，50年代中期第二砂轮厂从当时的民主德国引进了悬挂式连续生产线，但产品仍为动物胶为主的张页式砂布和浸渍纸醇酸树脂为主的张页式耐水砂纸，这些产品只限于机械维修钳工打磨使用和家具、木器加工手工打磨用。砂纸砂带砂布卷的品种很多，如张页式砂纸、砂带、页轮、钢纸磨片、叠盘、磨头等。60年代以前为满足国内军工部门的需要，试制和生产了用圆筒布为基体的无接头砂带，当时而言，是在自力更生精神的感召下，试制生产了低档水平的砂带，填补了国内砂带生产的空白，但由于设备圆筒布基和技术工艺的限制，只能生产宽度在600mm以下、长度在3000mm以内的小型无接头布基砂带，品种与规格的单一和局限，极大地影响了砂带的发展，其产量长期徘徊在五六万平方米的水平上，而且一直局限在少数航空和军工部门使用。到了80年代根据国外砂布发展的趋势和国内磨削加工的实际需要，首先由现在白鸽（集团）股份责任公司从德国全套引进高档砂纸砂带砂布卷生产线（包括棉布处理生产线、砂纸砂带砂布卷制造线和砂带转换线），才使我国砂纸砂带砂布卷品种和质量都提高到一个新的水平。之后上海砂轮厂除原布生产线外还引进了德国、瑞士的成套生产设备和专用技术。随后济南、武汉、北京砂布厂等引进了转换设备，从而使中国砂纸砂带砂布卷经崭新的面貌进入了国内外市场，产品也从单一的张页式扩大到砂带、砂卷、砂盘、页轮、页片式砂盘、砂圈等。但是我国的砂纸砂带砂布卷特别是砂带的生产水平、产量、产值与国外工业发达国家相比，差距很大。在欧美国家，砂带的产量占砂纸砂带砂布卷总产量的30％～40％，而我国砂带的产量只占砂纸砂带砂布卷的10％，产值不及砂纸砂带砂布卷总产值的25％，所以我国砂带无论是实际需要，还是与国外相比，其发展都是广阔的，前景看好，任重道远，任务艰巨，还要通过相当长的时间才能进入国际先进行列。

2.6.2.2 砂带

砂带是砂纸砂带砂布卷的一个很重要的大品种，作为一条砂带，一般由四大要素组成，即基体、黏结剂、磨料和结构形成。这些基本要素的互相搭配以及各种不同的形式和不同的加工对象，形成了数以千计的砂带品种。

（1）基体

基体是作为黏结剂和磨料的承载体，也是磨削过程的支撑体，是砂带的基础部分。因为作为砂带的基体必须具备一定的拉伸强度、很好的可挠性、较小的延伸性，所以在砂带制作时要求必须有一些工艺特性以及砂带在使用时有一些特殊要求。由于砂带朝着高速、重负荷、高效率方向发展，因此对基体方面提出了许多科学技术要求，以加强现有各种基体的研究，适应磨削的需要。

a. 布。布基体以所用的原材料分类，有天然纤维、合成纤维、改性纤维等类；以布的组织结构分，有平纹组织、斜纹组织和缎纹组织；以布的单位质量（g/m²）分有重型布、中型布、和轻型布。对于布的不同分类，各个国家与各个大型公司各有各自的分类的具体指标和规定，这些指标一般在砂带的技术指标中均有明确的规定，选用时我们必须注意有关的规定。如通常使用的砂带，不论是加工金属材料还是加工木材等非金属，大多采用中型布或轻型布基砂带。如果需要多接头的阔型砂带，则选用棉纤维缎纹组织的中型或重型布的基体。用以重型磨削（负荷重的磨削）时，则采用重型布或聚酯纤维的砂带，大部分木质的各类板材的习惯采用重型布或聚酯纤维的基体。需要延伸率特别小的砂带，往往需要用麻纤维作基体材料。布基体砂带一般情况下使用在金属加工方面较多。近十年来大力发展合成纤维的聚酯布，而聚酯布经处理后的径向断裂强度高，适用于大面积的磨削或强力磨削。因此合成纤维的聚酯布基是成为砂纸砂带砂布卷的发展趋势。聚酯布分 100％ 短纤维聚酯布基与 65％ 短纤维聚酯纤维和 35％ 棉混合布两种，织法有纺织和针织两种。纺织布基强度是靠纬砂和经砂上下交替穿梭产生的，从微观看基材是弯曲的；而针织采用径砂与纬砂相互编缝的方法较多，所以能达到强度高延伸率低的效果。

b. 纸。纸基体一般以质量来分类，即以每平方米的质量（g）来表示，其单位为 g/m²。按目前世界上比较通用的标准来分类，一般分六个等级，即 A、B、C、D、E、F 六类。A、B、C 这三种纸单重小强度低，一般不作砂带用，只用作卷状或页状产品，C 级有时只用作超涂层砂带用于仪器仪表、手风琴的漆面抛光；D、E、F 这三种纸单重大强度高，可作砂带用纸，而 E 级（单重 225g/m²）的纸是最常用的纸种，D 级纸一般用以轻型磨削。砂带用纸基的另一个特点，是采用耐水纸。而往往有纸基称"耐水"不是真正意义上的耐水，不是说这种纸基可以在水中进行磨削，而是说这种纸具有很好的耐潮性，在环境湿度变化时，不会使砂带吸潮而发生变形影响使用。真正在以水作冷却剂或砂带在水中磨削时，所用纸砂带的原纸要作耐水处理，以其真正达到在水中冷却或在水中磨削的耐水作用。另外纸砂带对纸基体的厚度的均匀性要求很高，因为这是影响黏结剂涂层厚度的直接因素。目前我国砂带用纸基体大部分依赖进口，国产纸的强度、均匀性、耐水性等均达不到砂带生产的要求。纸砂带一般用作木材加工的宽砂带较多。

c. 复合基。所谓复合基是指纸和布用黏合的办法复合在一起组成的特殊基体。复合形式有两种：一种是纸、布的复合，用的纸一般为 D 级或 E 级纸，布则采用轻型而柔软的平纹布，一般在布面上涂胶植砂适用于粗粒度的产品；另一种是纸-布-纸复合，即三层复合，也通过黏合的办法把三者复合在一起，这种基体一般适用于中等粒度产品使用。目前大量使用的是纸、布复合的方法，而三层复合使用较少。复合基砂带综合了布与纸的优点，强度大、延伸率小、变形小、耐皱折，砂带耐用度高，磨削效率高，磨削质量好等。如加工中密度纤维板，用一条复合基砂带，可连续使用一周左右时间，这是我国目前耐用度最高的一种砂带。当前这种砂带制作较为复杂，接头要求高，要采用专用结构的设备来制作。复合基砂带以用于木材加工为主。

d. 无纺布。无纺布（图2-48）又称不纺布，西方国家称纤维，它是用棉质纤维或合成纤维经梳理而成的。无纺布几乎没有什么拉力强度，所以不能单独制作砂带，而是与其他基体复合在一起制成砂带，所以这又是另外一种形式的复合砂带。用无纺布作砂带时，是在无纺布上浸以磨料和黏结剂，经干燥固化后制成"无纺研磨布"，再将"无纺研磨布"用黏结剂粘贴在布基或纸基上，然后制成砂带。这种砂带的表面弹性好，具有很好的抛光特性，故常用于金属表面的研磨和抛光，可以获得极高的光洁度。国外成卷的不锈钢板的连续抛光即用此法。

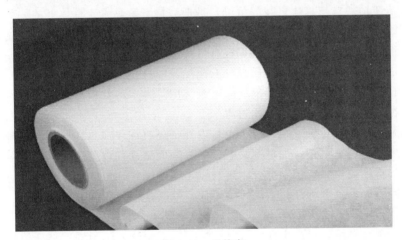

图 2-48　无纺布

以上纸、布或复合基等基材是砂带最常用的基材，除了高效强力砂带磨削拓宽用途之外，砂纸砂带砂布卷还朝专用、精密方向发展，因此轻型柔软基材和聚酯透明薄膜基材已相继问世，特别是适用于汽车、航空、内燃机、机器加工等行业的精密加工，这类产品在中国市场被美国3M公司几乎全部垄断。

（2）磨料

磨料是砂带四大基本要素之一，是砂带在磨削中的主体。砂带用磨料从材质上来说与固结磨具是一样的，在选择磨料时具有与固结磨具同样的规律与原则。但由于砂带与固结磨具的砂轮组织上的不一样，以及砂轮磨削与砂带磨削在机理上的差异，因此对磨料的某些性能方面有着不同的要求，归纳起来有如下的不同点：

a. 磨料粒度系列不一样。砂纸砂带砂布卷用磨料采用 P 系列标准，即粒度号前加一个"P"字母。而固结磨具采用 F 系列标准，是不一样的。

b. 粒度号的设置不一样。砂纸砂带砂布卷 P 系列磨料设了 30 个粒度号：即 P8、P10、P12、P14、P16、P20、P24、P30、P36、P40、P50、P60、P70、P80、P100、P120、P150、P180、P220 及微粉设 P240、P280、P320、P400、P600、P800、P1000、P1200、P1500、P2000、P2500 等；固结磨具 F 系列标准设了 35 个粒度号：即 F4、F5、F6、F7、F8、F10、F12、F14、F16、F20、F22、F24、F30、F36、F40、F46、F54、F60、F70、F80、F90、F100、F120、F150、F180、F220，另设微粉有 F230～F1200 等。

c. 粒度组成不一样。一是砂纸砂带砂布卷用 P 系列磨料中各号基本粒含量高；二是粒度群的分布较宽。此外，在砂纸砂带砂布卷的专门用途上要进行磨料的处理。

（3）砂带黏结剂

黏结剂是磨料与基体之间的桥梁，是把磨料紧紧黏着于基体上的一种特殊物质，所以它既要考虑与基体的附着力，又要保持对磨料的较好把持力，能抵抗在磨削过程来自各方面的冲击力，保证有极高的磨削比。

砂带常用的黏结剂从其性质来分有两类：一种是天然的，如动物胶，包括皮胶、明胶和骨胶；另一种是合成树脂，最常用的是水溶性酚醛树脂。这种黏结剂常使用在底胶、复胶和超涂层的过程中。

黏结剂的组成比较复杂，除了主料以外，还有许多辅料，以改善主料的某些性能，如填料、固化剂、促进剂、着色剂、表面活性剂以及溶解剂等。根据不同的用途、不同的树脂、不同的要求选择以上这些辅料，使砂带达到预计的质量要求。按照不同黏结剂的互相搭配，就形成目前砂带四种类的黏结剂产品。

a. 全动物胶产品，代号为 G/G，底胶及复胶全部采用动物胶。这种产品的成本低，制造简单，但由于动物胶黏结性差、不耐热、不耐潮，是一种档次比较低的产品，常用于一般的木器和轻金属的研磨和抛光以及半手工的加工方式。

b. 半树脂黏结剂产品，代号为 R/G。它是以动物胶为底胶、树脂胶为复胶的一种产品，改进了动物胶产品黏结性差、不耐热、不耐潮的缺点，因而一方面保持了价格低廉（比动物胶略贵）和性能柔软的特点，另一方面又提高了抗潮和耐磨的性能。这种产品主要用于卷辊式机械磨削加工，更多的是制成各种砂带在木材加工中使用，也用于皮革、塑料、橡胶等非金属材料的抛光和精磨。国外有些复合基砂带，也是用半树脂黏结剂制作的。半树脂砂带在国外占有很大的比重，它是一种物美价廉而又比较通用的产品。

c. 全树脂黏结剂产品，代号为 R/R。此类产品的底胶与复胶全是用树脂黏结剂制成的，常用的是水溶性酚醛树脂，它的黏结性和耐热性较好，是目前砂带制造过程中常用的一种黏结剂，用中型和重型布基可制成性能极好的砂带，对难加工材料、强力磨削和重负荷磨削是一种理想的选择。例如国外采用锆刚玉为磨料磨削不锈钢铸件的强力磨砂带就是用全树脂制成的。全树脂砂带是一种高档产品，它对木材、难加工金属材料均有较好的磨削效果，是一种用途较广的砂带。这里特别指出这类产品虽然是标明是耐水的，但仍只限于干磨或者在油类配制的冷却剂中磨削，因为虽然有一定的耐水性，但这种产品都未进行特殊防水处理，所以一旦在有水的条件下长期作业，就会因为吸水膨胀而导致产品的磨削性能下降，因此这种产品虽然具有抗潮的能力，但不能作为耐水产品来对待。全树脂产品要比动物胶、半树脂产品的抗潮性好。

d. 耐水产品，代号为WP。这种产品除了底胶与复胶均用耐水的合成树脂外，基体也必须经过耐水处理。即所用的原布处理胶有较好的耐水性，使砂带在水中或者在乳化液中仍能保持良好的磨削性能和较小的砂带变形。与全树脂砂带相比，耐水砂带更有独到的耐水性能，所以全树脂产品不一定是耐水的，而耐水产品必须是耐水的，除了底胶和复胶采用耐水树脂以外，原布处理的胶也必须是耐水的，这是真正意义上的全树脂耐水产品。这种产品应用于难加工材料及机械零件上的磨削和抛光。

（4）砂带的结构形式

以材料力学机理来分析，一个物件的整体机械强度是均质的，理化性能应该是相似的，而材质相同由两个以上单位所组成的物体，其机械强度要不小于整体的机械强度。对于一条砂带也是这样，接头部位是砂带在外力作用下最薄弱的环节。在生产工艺上砂带的接头是工艺技术工作的重点，因为它直接关系到砂带的使用。因为要充分考虑到砂带接头处的柔性，而且要考虑到接头处的接头强度，主要是接头抗拉强度，即在接头处在接触轮或压板上所受到的冲击，使工件留下因周期性的磨削振动而产生的振纹，直至发生断裂。在接头时所采用的接头胶粘接不牢或因热对介质产生的敏感，也可能因此失效而断裂。因此砂带接头必须具备如下性能：抗断裂性，即抗拉强度和抗剪切强度；高的耐热性和耐介质的浸蚀能力；接头处的厚度与非接头处的相差不大或有负公差时（接头处比非接头处低）保持必需的机械强度，特别是细粒度砂带更应注意它的机械强度。对接头质量的评价主要用两项指标，即强度和厚度。接头强度主要取决于接头胶的质量及接头工艺，同时基体本身的强度也有一定的影响。接头厚度与接头厚度的允差必须视胶的质量与基材的质量而定，特别是有负公差要求时更应慎重。接头的形式决定了砂带的结构形式。

砂带的结构形式如下。

a. 无接头砂带。无接头砂带是采用筒布为基体，经过原布处理、涂胶、植砂、固化等一系列工序后，所制成的一种没接头的砂带。这种砂带是早期产品，时至今日，只有在日本及我国（包括台湾在内）仍保留着这种产品（少量）。由于这种砂带所用筒布基体、生产设备与工艺的限制，不能满足当前市场上众多规格特别是宽砂带的要求，而且生产效率较低，工艺复杂，因此在近代砂带生产中被淘汰，而被有接头的砂带所取代。

　　b. 接头砂带。在国内外砂带标准中"砂带"一词，实际上是指接头砂带。接头砂带又分搭接接头和对接接头两大类，从过去的搭接为主转为对接为主的接头。欧美砂带中对接砂带占 75% 以上，对接砂带的最大优点是避免搭接砂带使用时规定的方向性；搭接砂带是在两个接头处，根据确定的宽度要求，分别磨成倾斜边涂以接头胶后，互相叠合压合而成。叠合后的厚度即接头厚度不能大于非接头厚度的 0.1mm，接头宽度根据砂带的大小宽窄在 8~15mm 之间进行调整，接头角度在 45°~85°的范围内调整，一般窄砂带取用较小的接头角，这样可以增加搭接面积，从而提高搭接强度。宽砂带一般选用较大的接头角，便于接头操作。这种接头方法目前在国内外被广泛地采用，无论是布基和纸基乃至于复合基均可采用。对接砂带是将两个接头边对拼后，砂面或布基面垫以一条衬垫材料经压合后制成的砂带。在接头前，先将两个接头边的正面（砂面）或背面（布面或纸面）进行磨边，磨去厚度与接头垫衬的厚度相当，这样保证接头厚度与非接头厚度相当，在用户需要时接头厚度还可薄于非接头厚度（负公差）。接头的垫衬材料是一种增强的聚酯薄膜，这种薄膜不但强度高而且延伸率极小。接头的角度是根据聚酯薄膜中增强纤维的取向来定的，增强纤维取向角度又是根据砂带接头角度在 45°~85°范围内选定的。

　　对接也是一种应用较广泛的一种接头方法，它比搭接法在工艺上要简单，当前我国对接法的高强度聚酯薄膜全依赖于进口，所以在使用上受到了很大的影响。

　　对接法又分两种形式：一种是一般对边对接，即两接边的直接拼合（或称平口接）；另一种是 S 形对接，即将两接头加工成 S 形的边，然后两个 S 形边缘向齿轮一样互相咬合在一起，加上垫衬聚酯薄膜后压合成砂带。

　　嵌接法是对接法的另一种形式，从形式上看很相似，其不同点在于所用的衬垫材料的材质和形式不一样，另外嵌接法适用于基体材料特别厚的砂带，正因为基体特别厚所以用搭接法和对接法是难以完成的。嵌接法是把衬底材料边缘和砂带接头边缘都加工成同角度的斜面，并涂以接头胶，经压合嵌接成为砂带的方法。这种方法一般适用于特厚的砂带如复合基砂带。

　　c. 单接头与多接头砂带。单接头砂带：当砂带的宽度不超过砂布（纸）大卷的幅面宽度，则一般采用单接头的方法，可用以上搭接和对接。

　　多接头砂带：当砂带的宽度超过砂布（纸）卷的幅面宽度，就需要采用多接头的方法来制作砂带。所谓多接头砂带是指一条砂带上出现两个或两个以上接头。多接头砂带的出现是砂带制作技术上的一次新的突破，使有限的砂布（纸）的幅面宽度，可以制成比砂布（纸）卷幅面宽几倍的宽砂带，从而解决了用窄的生产设备制作宽砂带的难题。

　　多接头砂带的制作程序是：第一步，根据长、宽尺寸和砂布大卷的幅面宽度按照多接头砂带的数学计算公式，计算出应有多少个平行四边形块组成砂带和每一个平行四边形的具体尺寸；第二步，裁取平行四边形块；第三步，在两个平行四边形的两个上下边进行磨边；第四步，依次将若干个平行四边形搭接成一个宽砂带。

d. 螺旋形接头砂带。螺旋形砂带与多接头砂带具有同样的功能，即把比较窄的砂带（布和纸）幅面接成宽于幅面数倍的砂带，但与多接头砂带的接头方式是有所不同的。螺旋形接头砂带是由两个部分组成的，即衬底和砂布，它是通过螺旋形卷绕把衬底与砂布结合在一起制成一条任意宽度的砂带。在砂带的表面上有一条螺旋形的接缝，所以称为螺旋形接头砂带。这种砂带由于有双层组织，因此强度高，延伸率极小，具有很好的磨削性能。但这种砂带所使用的接头设备是比较复杂的，工艺上的难度较大，所以这种砂带应用起来并不普遍。

植砂方法与植砂密度是砂带大卷制造上很重要的一个程序，植砂采用什么方法和植砂的密度控制与磨削密切相关，又是砂带基本结构构成的间接相关的因素，因此，此处有必要阐述一下。

植砂的方法分密植砂、半密植砂与稀植砂三种。所谓植砂是指将磨料植于砂带上的一种工序，植砂密度是指在每平方米的砂布（纸）上植入磨料的重量。植砂密度的大小与磨削有密切的关系。

密植砂：指每平方米砂布（纸）块上所植入的磨料很密。绝大多数磨削领域中均采用密植砂，除了有特殊要求处，应尽量提高植砂密度，因为磨料是在磨削过程中起磨削作用的主要材料，因此如不发生阻塞，应积极延长磨料在砂带上的寿命，这对使用者来说也是这样想的，这样有利于提高磨削加工的加工效益和经济效益。

半密植砂：所谓半密植砂顾名思义就是比密植砂所植的磨料要稀，对于磨削中怕热或一些被磨材料怕阻塞的情况适用。

稀植砂：是指比半密植砂所植的磨料还要少，加工软材料，如松香量比较高的木材、橡胶制品、铝及铝合金、铜及铜合金、皮革等比较适用。除用稀植砂解决磨削中的阻塞之外，还可以将砂带磨料层上涂上一层特殊的物质，以增加在磨削过程中抗阻塞的作用，并保持良好的磨削与抛光功能。这种砂带特别是在细粒度中使用较广，即超涂层砂带。

（5）砂带的制作

制作砂带一般包括原布处理、大卷制造、大卷的后处理和转换等四个过程。

① 原布处理　砂带使用的基体有布、纸和复合基。纸除耐水纸外一般是不需要处理的。复合基属于纸与布的复合，有时在分供方处直接采购，或者在砂带生产厂的原布处理线上或大卷制造线上完成。这里说明布基处理刮毛、烧毛、脱蜡、染色、浸渍、刮浆、拉伸、压光等主要工序，根据不同的要求选定不同的工序：

a. 刮毛、烧毛。刮毛、烧毛是去除原布表面的棉绒、棉结、杂质等缺陷，通过一种螺旋形的刮刀把坯布表面刮净，然后经过高温火焰烧掉坯布表面的毛绒，使坯布表面光洁平整。

b. 退浆脱脂。退浆脱脂是指除去棉纱条干上的浆料和棉纤维中的蜡质，它是通过碱液的浸泡来清除的。退浆和脱脂后的棉布，易于浆料的吸收和渗透。

c. 染色浸渍和刮浆。由于砂带对基体色泽的要求比较低，因此染色、浸渍与刮浆合在一起进行，即把染色用的染料直接浸渍和加入浆料之中，以达到染色的目的。耐水产品的处理，必须用树脂料来浸渍；而一般非耐水产品，则用动物胶来浸渍。

d. 拉伸。拉伸包括纵向拉伸和横向拉伸：纵向拉伸可拉掉一部分的延伸率和减少成品的延伸；横向拉伸有定型和拉幅作用，保证处理后的布幅宽度控制在一定的范围之内。

e. 压光，压光是原布处理的最后工序，目的在于使布既平整又光滑，对涂胶的均匀一致起了保证作用。

② 大卷制造　大卷制造包括商标印刷、涂胶、植砂、干燥等主要工序，这些工序均在一条生产线上完成，它是一条联动作业的生产线。

a. 商标印刷。此工序系完成在布基或纸基背面印刷工厂商标、磨料粒度、型号及有关工厂的规定，印刷必须清晰、清楚、美观及便于用户识辨产品的有关数据，例如采用搭接时使用砂带的方向等。

b. 涂胶，包括涂底胶与复胶。如上涂量（底胶与复胶）、植砂量在近代生产线上均采用自动扫描并将其信息反馈到自动调整控制装置。以前许多大企业都采用 β 射线穿透式测量，但其稳定性、安全性和精确度差，近期一些著名的砂纸砂带砂布卷企业已做了较大的技术改造，成功地采用了美国 NDK 公司的 γ 射线式线上测量，其测量精度在 0.25mm 时测量误差为 $\pm 0.25\%$，测量精度及稳定性、安全性均较以前的测量系统优越，再配以触摸式监控显示和自动反馈控制，加上干燥线上温度自动控制，形成完整的砂纸砂带砂布卷测量质控系统，可以保证每批产品的稳定质量。底胶和复胶在生产上其厚度是通过两个对辊之间的间隙控制来实施的。

c. 植砂。植砂有两种方法，一种是重力植砂，另一种是静电植砂。重力植砂是靠磨料自身重力植入胶层上面，所以磨料在胶层上的排列比较杂乱，没有一定的方向性。静电植砂是用静电磁场电力把磨料极化后吸引到胶层上，因而磨料的排列有序，而且磨料的棱角和尖端朝外，显得十分有利，由于磨料的轴线方向必然与基体构成一定的角度，基体表面磨料的取向形成锯齿状的结构，磨削能力必然会增强，由于静电植砂对粗粒度（P40以上）并不适用，因此这部分的磨料要用重力植砂来完成。

d. 干燥。大卷在植砂时必须要进行干燥，干燥设备有全封闭干燥和具有调湿功能的封闭干燥的特点。全封闭干燥的干燥温度高、时间长，为了减少扩散热和热量循环充分使用提高热的效率，以及有害废气的集中处理减少环境污染，采用全封闭干燥的形式有利于砂带的生产，而且一般都有千米以上的容量，有利于树脂胶干燥温度高和时间长的特点。为避免砂带在高温和长时间烘烤物理水分损失而导致砂布发脆，在砂布的引出区域内增加增湿装置，使干燥设备具有调湿功能，从而使砂布的含水量与常态保持平衡。

③ 大卷的后处理　砂布从干燥室卷出之后，要经过一系列的处理后才能进入转换工序。大卷的后处理包括后固化、存放、增湿、揉曲等。经过这些处理工序，砂布（纸）的性能与质量才能达到预定的目标。

a. 后固化。从干燥室转出的大卷砂布（纸），由于干燥室中的温度较低，时间较短，只是完成了预固化的阶段磨料达到了定位，但从酚醛树脂固化反应方面来说，只是达到了B阶段，如要达到完全真正的固化，还需要更高的温度和时间，才能变成不溶不熔的C阶段的树脂，其质量才能得到理想的效果。

b. 存放。大卷经过几小时高温固化后，酚醛树脂黏结剂在发生固化反应时，由于高分子链上形成交链的不对称性，因此产生内部应力的不平衡，形成所谓"内应力"引起砂布表面变形凹凸不平或者扭曲。经过一定时间存放后，这种内应力会慢慢地自行消失，砂布表面变得平整。大卷的存放最好在恒温恒湿的仓库中，存放效果更会好。

c. 增湿。无论是砂布卷还是砂纸卷，在常态下必须含有一定的物理水分，当这种水分损失到一定程度时，砂布或砂纸就要发脆。大卷砂布在固化炉中长时间地高温烘烤，水分的损失也比较严重，产生一定的脆性，所以需要通过增湿来恢复砂布中所含的水分，提高砂布的柔性和韧性。

d. 揉曲。砂带又称柔性磨具，为达到所需的柔性，一是选用基体材料和黏结剂均是柔性较好的材料，则制成产品本身很柔软，这种产品不需要进行柔曲，这是比较困难的事情；二是进行揉曲。为了要对付难磨材料，大磨削量加工和重负荷磨削必须选用厚度和重量较大的基体，黏结强度大、耐热性高的热固性树脂，这样本身的柔性就会改善，但总体上砂带是柔软的而从微观上仍是坚硬的，这就是机械揉曲要完成的任务。机械揉曲的作用，简单地说，是使砂带表面产生微小的小裂纹，从而获得整条砂带的柔软。

④ 转换　所谓转换是指将砂布大卷转换成砂带或盘状、页状以及其他形状的产品的过程。

（6）砂带在使用过程中易发生的问题与保管注意事项

a. 砂带在使用过程中易发生的缺陷可分为两类：一是磨具本身质量不好；二是使用不当、选择不对路或设备上的故障引起的问题。具体问题应作具体分析，采取相应的措施。当加工一些型面、弯曲或凹凸的工件时，往往希望砂带十分柔软，以便使用；砂带十分脆硬时，容易使磨具的效果不理想。砂带发脆的原因，除了糅曲不好，还有气候过于干燥。

解决的办法如下。

砂带在使用前，尽量不开包，避免过度干燥，有条件的话宜放在温度为15～200℃、相对湿度为50％～60％的环境之中，砂带就不会太脆。当没有上述的存放条件时，则应在使用前短时间放在湿度较大的地方，并尽量将砂带摊开，以增加与潮湿空气接触的机会，一般一天左右即可恢复一定的柔性。如有条件的场合，还可以用揉曲的方法达到使其柔软的目的。方法是把砂带的布基面斜面放在钢板上，上下往返揉搓，一个方向揉搓完，将砂带的另一个方向用相同的方法上下揉搓完毕，也可达到使其柔软的目的。当然在生产砂带大卷时已进行了机械揉曲，这种方法只是做临时性的补救。

b. 砂带的配比。如砂带配比过大，极易引起前砂砂痕太深，后砂无法弥补前砂留下的砂痕。后砂砂磨过重易出现啃头包边现象，建议前砂和后砂的砂带配比粒度为且超过P80，比如前砂用P100，后砂用P180。

c. 磨料的选择。磨料（砂带）的好坏直接影响到板衬的砂光质量，常用的有纸基、布基、复合基，接头分为搭接、对接。如使用布基砂带建议粒度大于P120用对接接头；纸基砂带不管粗细都用搭接的。砂带质量不好和砂带接头太厚时，易出现有规律的槽向波浪。砂带表面砂粒铺装不均匀时，会出现纵向S形砂痕；砂带大小关（喇叭口）出现砂带跑偏、砂带摆动对中调整不过来的现象。

更换砂带时一定要注意检查砂带的接头处是否有胶水，如果不清理，则易出现胶水把石墨面划伤的现象，使加工的板件表面不平整。建议用好一点的砂带。

参考文献

[1] 张博. 人造板宽带式砂光机工作原理[J]. 中国人造板,2013,20(3):29-32.

[2] 杨秉国. 砂带磨削与砂光机[J]. 木工机床,1981(3):32-38.

[3] 唐忠荣，喻云水，陈哲. 人造板磨削机理及磨削缺陷分析[J]. 林业机械与木工设备，2003，31(10):18-21.

[4] 郭明辉，侯清泉，佟达. 木工机械选用与维护[M]. 北京：化学工业出版社，2013.

[5] 唐忠荣，喻云水，陈哲. 人造板磨削机理及磨削缺陷分析[J]. 林业机械与木工设,2003,31(10):18-21.

[6] 习宝田,李黎. 木材磨削与磨削设备(一)[J]. 木材工业,1997(3):26-27.

[7] 宋魁彦，朱晓东，刘玉. 木工工作手册[M]. 北京：化学工业出版社，2012.

第 3 章

砂光机的设计

砂光机的设计部分属于机械设计过程，其内容与方法符合一般机械设计要求的内容、方法。在此，本章按照机械设计的方法介绍砂光机的设计与计算。

机械设计（machine design），是根据使用要求对机械的工作原理、结构、运动方式、力和能量的传递方式、各个零件的材料和形状尺寸、润滑方法等进行构思、分析和计算，并将其转化为具体的描述以作为制造依据的工作过程。

机械设计是机械工程的重要组成部分，是机械生产的第一步，是决定力学性能的最主要的因素。

机械设计的主要内容是：在各种限定的条件（如材料、加工能力、理论知识和计算手段等）下设计出最好的机械，即做出优化设计。优化设计需要综合地考虑许多要求，一般有：最好的工作性能、最低的制造成本、最小的尺寸和重量、使用中最可靠性、最低的消耗和最少的环境污染。这些要求常是互相矛盾的，而且它们之间的相对重要性因机械种类和用途的不同而异。设计者的任务是按具体情况权衡轻重，统筹兼顾，使设计的机械有最优的综合技术经济效果。过去，设计的优化主要依靠设计者的知识、经验和远见。随着机械工程基础理论和价值工程、系统分析等新学科的发展，制造和使用的技术经济数据资料的积累，以及计算机的推广应用，优化逐渐舍弃主观判断而依靠科学计算。

砂光机的结构及工作原理根据分类与用途不同而不同，因而设计是不同的。以宽带式砂光机为例，其结构包括砂架、主传动机构、进给传动机构、砂带、除尘装置、控制系统等，本章将从以上几个方面对砂光机进行简单的设计介绍。

3.1 砂光机设计的一般要求

砂光机是人类进行生产活动的工具之一，必然需要满足使用者的需求。对砂光机设计而言，不仅需要满足用户使用功能与使用性能要求，而且需要依据当前需求量和制造技术条件，使其具有更好的经济性。一般来说，无论砂光机型号如何，砂光机设计都需要满足使用功能要求、可靠性和安全性要求、经济性要求、人机工程学要求等。

① 使用功能要求。机器应具有预定的使用功能，砂光机是一种对工件表面进行磨削的机械，设计砂光机应本着满足使用功能的原则，因此设计出来的砂光机应满足对工件表面进行磨削的要求。

所谓功能是指用户提出的需要满足的使用上的特性和能力，它是机械设计的最基本出发点。在机械设计过程中，设计者一定要使所设计的机械达到功能的要求。为此，必须正确地选择机械的工作原理、机构的类型和拟订机械传动系统方案，并且所选择的机构类型和拟订的机械传动系统方案要能满足运动和动力性能的要求。运动要求是指所设计的机械应保证实现规定的运动速度和运动规律，满足工作平稳性、启动性能、制动性能等要求。动力要求是指所设计的机械应具有足够的功率，以保证机械完成预定的功能。为此，要正确设计机械的零件，使其结构合理并满足强度、刚度、耐磨性和振动稳定性等方面的要求。

② 可靠性和安全性要求。机械的可靠性是指机械在规定的使用条件下，在规定的时间内，完成规定功能的能力。安全可靠是机械的必备条件，为了满足这一要求，必须从机械系统的整体设计、零部件的结构设计、材料及热处理的选择、加工工艺的制订等方面加以保证。

③ 经济性要求。在产品设计中，自始至终都应把产品设计、销售（市场需要）及制造三方面作为一个整体考虑。只有设计与市场信息密切结合，在市场、设计、生产中寻求最佳关系，才能以最快的速度回收投资，获得满意的经济效益。

砂光机设计的总体原则应符合以下几点。

① 应考虑木材砂削工艺方面的各种因素，以适合于不同工件加工的工艺灵活性，保证较高的加工精度和稳定的加工质量。

② 操作方便舒适，易于维护、修理和调整。

③ 最大限度地降低振动、粉尘和噪声，提高机床的整体强度，保证其可靠性和安全性。

④ 降低成本，经济实惠、耐用，电能、压缩空气消耗适中。

⑤ 结构布局及色调要和谐，保证其外观质量。

⑥ 整个机床的几何精度、工作精度、制造与验收条件、安全防护等均应符合国家规定的宽带砂光机的标准。

3.2 砂光机设计步骤

机械产品的设计与制造是一个复杂而繁琐的过程，必须按照一定的步骤执行，才能保证所设计的机械产品符合预期要求，砂光机也不例外。机器从市场需求分析到通过装配调试出厂需要经过一个完整的设计制造过程，统称为机器制造，即机器的设计与制造是两个不同阶段，也可以说设计是为了制造，而制造是设计蓝图的实现过程。

一般而言，机械产品的设计包括以下几个方面（图 3-1）。

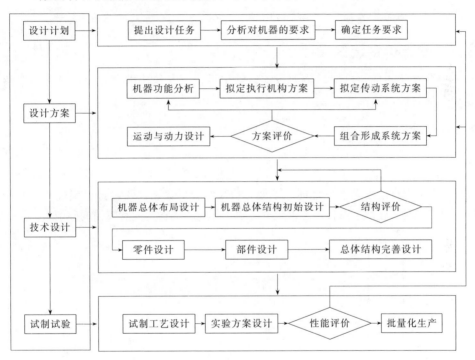

图 3-1　机械产品设计一般流程

① 设计计划。其主要工作是提出设计任务，分析对机器的要求，确定任务要求。

② 设计方案。在满足设计说明书中设计的具体要求的前提下，由设计人员提出多种可行性方案进行分析比较，从中选出一种满足要求、工作可靠、结构设计可行及成本低廉的方案。其主要工作是进行机器功能分析，拟定执行机构方案，拟定传动系统方案，组合形成系统方案，进行方案评价，进行运动与动力设计。

③ 技术设计。在选定设计方案的基础上，完成机械产品的总体设计、部件设计、零件设计等，设计结果以工程图和计算书的形式表达出来。

④ 试制试验。经过加工、安装及调试制造出样机，对样机进行试运行，将试验过程中的问题反馈给设计人员，经过修改完善，最后通过鉴定。

机械设计的方法很多，但大多经过以下几个步骤。

① 根据零件的功能和使用要求，选择零件的类型和结构形式。

② 根据机器的受力条件，分析零件的工作情况，计算作用于零件上的载荷。

③ 根据零件的工作条件，合理选择材料及热处理的方法，并确定许用应力。

④ 分析零件的主要失效形式，按照相应的设计准则，确定零件的基本结构。

⑤ 根据零件的工艺性及标准化的要求，设计零件的结构。

⑥ 绘制零件工作图，拟订技术要求。

上述设计步骤，对于不同的零件和工作条件，可以有所不同。在设计中，有些步骤可能是相互交错、反复进行的。

3.3 砂光机系统性设计

本节将从砂架、机架、传动系统、除尘系统及其他构件等方面系统性地介绍砂光机的设计。

3.3.1 砂架形式

根据砂削部分的结构不同，砂光机有三种基本形式的砂架：辊式砂架（如图 3-2所示）、压磨式砂架（如图 3-3 所示）和组合式砂架（如图 3-4 所示）。砂光机砂架设计主要应保证刚度及抗振性能，砂架与机架结合应紧密，使之与机架成一牢固整体。只有满足上述两个条件才能保证砂光机工作过程的稳定性和较强的砂削力。

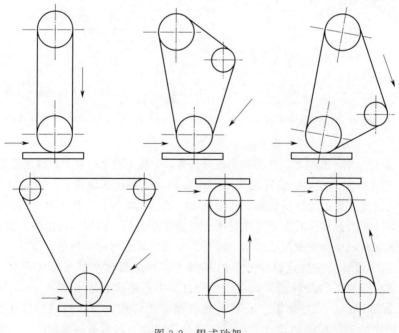

图 3-2　辊式砂架

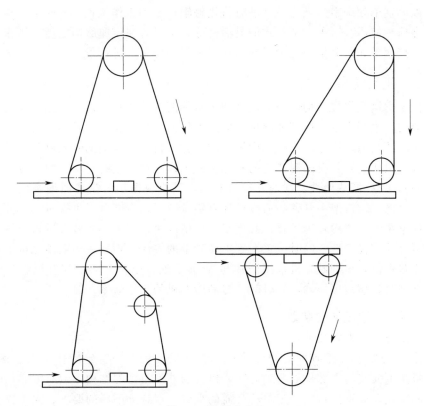

图 3-3 压磨式砂架

相应地，砂带磨削方式也有三种：接触辊式、压磨垫式和组合式。

接触辊磨削 从理论上讲，砂带与工件的接触是线接触，接触面小，分配到单个磨料上的压力非常大，因此有利于去除大的砂光余量，用于对板材进行厚度方向的几何尺寸的精确校准加工，以获得所需的均匀一致的板材厚度，适用于定厚磨削工序。相应的砂光头上需安装粗粒度的砂带。

压磨垫磨削 工作区的面积比较大，为平面磨削，参与磨削的磨料较多，单个磨料受到的压力较小，有很多磨料同时参与工作，适用于磨削量小、需要增加光洁度的抛光工序，用于去除粗砂砂痕和砂光波痕，以获得手感细腻光滑的砂光表面。相应砂光头上需安装细粒度的砂带。

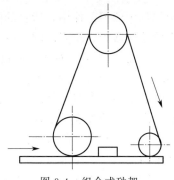

图 3-4 组合式砂架

组合磨削 接触辊与压磨垫的组合，兼有定厚和精砂的功能。定厚辊和压磨器可以分别单独调整。当定厚砂削时将接触辊调整到工作位置，此时定厚辊作为过渡导向辊使用。这种砂削方式的灵活性好，常设置在定厚磨削之后、抛光磨削之前，接触辊和压磨垫磨削量不同的比率根据具体情况进行设置。

3.3.2　机架类型

机架为钢板焊接结构，分上机体和下机体两部分，具有足够的刚性并去除了焊接应力，主要用于支撑其他部件。借助液压系统可以升降上机架而改变上、下砂带之间的间隙，以适应不同厚度板材的砂光。目前，我国的砂光机基本采用这种形式的机架。国外有的制造商的砂光机的工作平台采用石材（国内也有采用大理石的），具有高减振性，据国外资料介绍，其机身振动值是普通钢制机身振动值的十分之一。机架中悬臂的前端设计有锁紧装置，当旧砂带更换时，松开此装置。锁紧装置的作用较为重要，其重复定位精度决定了更换新砂带后再次锁紧时砂光板尺寸的稳定性，同时也关系到更换砂带的方便与否。大多数砂光机采用双锥式锁紧定位，个别砂光机采用圆柱与 V 形块配合定位方式；其发展趋势将采用自动锁紧，缩短更换砂带的时间，提高砂光机的工作效率。

3.3.2.1　机架设计的准则

机架设计的准则如下：

① 工况要求　任何机架的设计首先必须保证机器的特定工作要求。例如，保证机架上安装的零部件能顺利运转，机架的外形及内部结构不致有阻碍运动件通过的突起；设置执行某一工况所必需的平台；保证上下料的要求、人工操作的方便及安全等。

② 刚性要求　在必须保证特定外形的条件下，对机架的主要要求是刚性。例如机床的零部件中，床身的刚性则决定了机床的生产率和加工产品的精度；在齿轮减速器中，箱壳的刚性决定了齿轮的啮合性及运转性能。

③ 强度要求　对于一般设备的机架，刚性达到要求，同时也能满足强度的要求。但对于重载设备的强度要求必须引起足够的重视。其准则是在机器运转中可能发生的最大载荷情况下，机架上任何点的应力都不得大于允许应力。此外，还要满足疲劳强度的要求。

对于某些机器的机架尚需满足振动或抗振的要求。例如振动机械的机架、受冲击的机架、考虑地震影响的高架等。

④ 稳定性要求　对于细长的或薄壁的受压结构及受弯-压结构存在失稳问题，某些板壳结构也存在失稳问题或局部失稳问题。失稳对结构会产生很大的破坏，设计时必须校核。

⑤ 美观　目前对机器的要求不仅要能完成特定的工作，还要使外形美观。

⑥ 其他　如散热的要求；防腐蚀及特定环境的要求；对于精密机械、仪表等热变形小的要求等。

特别提出注意的是，设计和工艺是相辅相成的，设计的基础是工艺，所以设计要遵循工艺的规范，要考虑工艺的可能性、先进性和经济性。

在满足机架设计准则的前提下，必须根据机架的不同用途和所处环境，考虑下列各项要求，并有所偏重。

① 机架的重量轻，材料选择合适，成本低。

② 结构合理，便于制造。

③ 结构应使机架上的零部件安装、调整、修理和更换都方便。

④ 结构设计合理，工艺性好，还应使机架本身的内应力小，由温度变化引起的变形应力小。

⑤ 抗振性能好。

⑥ 耐腐蚀，使机架结构在服务期限内尽量少修理。

⑦ 有导轨的机架要求导轨面受力合理，耐磨性良好。

3.3.2.2 设计步骤

① 初步确定机架的形状和尺寸。根据设计准则和一般要求，初步确定机架结构的形状和尺寸，以保证其内、外部零部件能正常运转。

② 根据机架的制造数量、结构形状及尺寸大小，初定制造工艺。例如非标准设备单件的机架、机座，可采用焊接代替铸造。

③ 分析载荷情况，载荷包括机架上的设备重量、机架本身重量、设备运转的动载荷等；对于高架结构，还要考虑风载荷、雪载荷和地震载荷。

④ 确定结构的形式，例如采用桁架结构还是板结构等再参考有关资料，确定结构的主要参数（即高、宽、板厚与材料等）。

⑤ 画出结构简图。

⑥ 参照类似设备的有关规范、规程，确定本机架结构所允许的挠度和应力。

⑦ 进行计算，确定尺寸。

⑧ 有必要时，应进行详细计算并校核或做模型试验，对设计进行修改，确定最终尺寸。对于复杂重要的机架、要批量生产的机架，有时候用计算机数值计算且与实验测试相结合的办法，最后确定各部分的尺寸。

⑨ 标明各种技术特征和技术要求，例如机架的允许载荷、应用场合等的限定，制造工艺和材料的要求，制造与安装偏差，热处理要求，运输、吊装的特殊要求，检测或探测的规定，除锈和上漆要求，以及其他各种特殊的要求等。

3.3.3 传动系统

3.3.3.1 传动系统的总体设计

传动装置的总体设计，主要包括拟订传动方案、选择原动机、确定总传动比和分配各级传动比以及计算传动装置的运动和动力参数。

（1）拟订传动方案

机器通常由原动机、传动装置和工作机三部分组成。传动装置将原动机的动力和运动传递给工作机，合理拟订传动方案是保证传动装置设计质量的基础。在设计中，应根据设计任务书，拟订传动方案，分析传动方案的优缺点。现考虑有以下几种传动方案如图 3-5 所示。

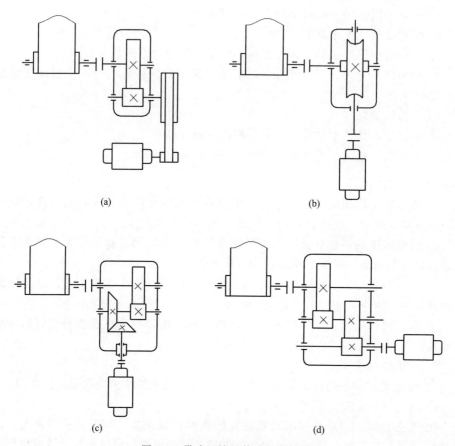

图 3-5 带式运输机传动方案比较

传动方案应满足工作机的性能要求，适应工作条件，工作可靠，而且要求结构简单，尺寸紧凑，成本低，传动效率高，操作维护方便。

设计时可同时考虑几个方案，通过分析比较最后选择其中较合理的一种。下面为图 3-5 中所示几种方案的比较。

图(a) 所示方案：宽度和长度尺寸较大，带传动不适合繁重的工作条件和恶劣的环境；但若用于链式或板式运输机，有过载保护作用。

图(b) 所示方案：结构紧凑，若在大功率和长期运转条件下使用，则由于蜗杆传动效率低，功率损耗大，很不经济。

图(c) 所示方案：宽度尺寸小，适于在恶劣环境下长期连续工作，但圆锥齿轮加工比圆柱齿轮困难。

图（d）所示方案：与图（a）所示方案相比较，宽度尺寸较大，输入轴线与工作机位置是水平位置，宜在恶劣环境下长期工作。

故选择图（a）所示方案，采用 V 带传动（传动比 $i=2\sim4$）和一级圆柱齿轮减速器（$i=3\sim5$）传动。传动装置如图 3-6 所示。

（2）选择原动机——电动机

电动机为标准化、系列化产品，设计中应根据工作机的工作情况和运动、动力参数，根据选择的传动方案，合理选择电动机的类型、结构形式、容量和转速，提出具体的电动机型号。

① 选择电动机类型和结构形式　电动机有交、直流之分，一般工厂都采用三相交流电，因而选用交流电动机。交流电动机分异步、同步电动机，异步电动机又分为笼型和绕线型两种，其中以普通笼型异步电动机应用最多，目前应用较广的 Y 系列自扇冷式笼型三相异步电动机，结构简单、启动性能好、工作可靠、价格低廉、维护方便，适

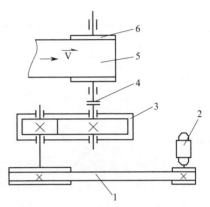

图 3-6　带式运输机传动装置
1—V 带传动；2—电动机；3—圆柱传动减速器；
4—联轴器；5—输送带；6—滚筒

用于不易燃、不易爆、无腐蚀性气体、无特殊要求的场合，如运输机、机床、农机、风机、轻工机械等。

② 确定电动机的功率　电动机功率选择直接影响到电动机工作性能和经济性能的好坏：若所选电动机的功率小于工作要求，则不能保证工作机正常工作；若功率过大，则电动机不能满载运行，功率因数和效率较低，从而增加电能消耗，造成浪费。

设计砂光机的目的为长期连续运转、载荷平稳的机械，确定电动机功率的原则是：$P_{ed} \geqslant kP_d$

$$P_d = P_w / \eta$$
$$P_w = FV / 1000\eta_w = Tn_w / 9550\eta_w$$
$$\eta = \eta_1 \eta_2 \eta_3 \cdots \eta_n$$

式中　　　　　　　P_{ed}——电动机的额定功率；

P_d——电动机的输出功率；

P_w——工作机的输入功率；

η——电动机至工作机间的总效率；

η_1，η_2，η_3，$\cdots$，η_n——分别为传动装置中各传动副（齿轮、蜗杆、带或链、轴承、联轴器）的效率，设计时可参考表 3-1 选取。

F——工作机的工作阻力；

V——工作机卷筒的线速度；

T——工作机的阻力矩；

n_w——工作机卷筒的转速；

η_w——工作机的效率。

表 3-1   机械传动和轴承效率的概略值

类型	开 式	闭 式
圆柱齿轮传动	0.94～0.96	0.96～0.99
V 带传动	0.94～0.97	—
滚动轴承（每对）	0.98～0.995	
弹性联轴器	0.99～0.995	

计算传动装置的总效率时需注意以下几点。

a. 若表 3-1 中所列为效率值的范围时，一般可取中间值；

b. 同类型的几对传动副、轴承或联轴器，均应单独计入总效率；

c. 轴承效率均指一对轴承的效率。

③ 确定电动机的转速   同一类型、相同额定功率的电动机低速的级数多，外部尺寸及重量较大，价格较高，但可使传动装置的总传动比及尺寸减小；高速电动机则与其相反，设计时应综合考虑各方面因素，选取适当的电动机转速。

三相异步电动机常用的同步转速有 3000r/min，1500r/min，1000r/min，750r/min，常选用 1500r/min 或 1000r/min 的电动机。

常用传动机构的性能及适用范围见表 3-2。

表 3-2   常用传动机构的性能及适用范围

传动机构选用指标		平带传动	V 带传动	链传动	圆柱齿轮传动
功率（常用值/kW）		小（≤20）	中（≤100）	中（≤100）	大（最大达 50000）
单级传动比	常用值	2～4	2～4	2～5	3～5
	最大值	5	7	6	8
传动效率		查表 3-1			
许用的线速度/(m/s)		≤25	≤25～30	≤40	6 级精度≤18
外廓尺寸		大	大	大	小
传动精度		低	低	中等	高
工作平稳性		好	好	较差	一般
自锁性能		无	无	无	无
过载保护作用		有	有	无	无

传动机构选用指标	平带传动	V带传动	链传动	圆柱齿轮传动
使用寿命	短	短	中等	长
缓冲吸振能力	好	好	中等	长
要求制造及安装精度	低	低	中等	高
要求润滑条件	不需	不需	中等	高
环境适应性	不能接触酸、碱、油、爆炸性气体		好	一般

设计时可由工作机的转速要求和传动结构的合理传动比范围，推算出电动机转速的可选范围，即：

$$n_d = (i_1 i_2 i_3, \cdots i_n) n_w$$

式中　　　　n_d——电动机可选转速范围；

　i_1，i_2，$\cdots$，i_n——各级传动机构的合理传动比范围。

由选定的电动机类型、结构、容量和转速查手册，查出电动机型号，并记录其型号、额定功率、满载转速、中心高、轴伸尺寸、键连接尺寸等。

设计传动装置时，一般按电动机的实际输出功率 P_d 计算，转速则取满载转速 n_m。

（3）传动装置总传动比的确定及各级传动比的分配

由选定电动机的满载转速 n_m 和工作机主动轴的转速 n_w 可得传动装置的总传动比 $i = n_m/n_w$。对于多级传动 $i = i_1 i_2 \cdots i_n$ 计算出总传动比后，应合理地分配各级传动比，限制传动件的圆周速度以减少动载荷，分配各级传动比时应注意以下几点：

① 各级传动的传动比应在推荐的范围之内选取。

② 应使传动装置结构尺寸较小，重量较轻。

③ 应使各传动件的尺寸协调，结构匀称合理，避免相互干涉碰撞。一般应使带的传动比小于齿轮传动的传动比。

（4）计算传动装置的运动和动力参数

为进行传动件的设计计算，应首先推算出各轴的转速、功率和转矩，一般按由电动机至工作机之间运动传递的路线推算各轴的运动和动力参数。

① 各轴的转速（r/min）：

$$n_1 = n_m/i_0$$
$$n_2 = n_1/i_1 = n_m/i_0 i_1$$
$$n_3 = n_2/i_2 = n_m/i_0 i_1 i_2$$

式中　　　　n_m——电动机的满载速度；

　n_1，n_2，n_3——分别为1、2、3轴的转速；

　　　　i_0——电动机至1轴的传动比；

i_1——1 轴至 2 轴的传动比；

i_2——2 轴至 3 轴的传动比。

② 各轴的输入功率：

$$P_1 = P_d \eta_{01}$$
$$P_2 = P_1 \eta_{12} = P_d \eta_{01} \eta_{12}$$
$$P_3 = P_2 \eta_{01} \eta_{12} \eta_{23}$$

式中　　P_d——电动机的输出功率；

P_1，P_2，P_3——分别为 1、2、3 轴的输入功率；

η_{01}，η_{12}，η_{23}——分别为电动机轴与 1 轴、1 轴与 2 轴、2 轴与 3 轴间的传动效率。

③ 各轴转矩：

$$T_1 = T_d i_0 \eta_{01}$$
$$T_2 = T_1 i_1 \eta_{12}$$
$$T_3 = T_2 i_2 \eta_{23}$$

式中　T_1，T_2，T_3——分别为 1、2、3 轴的输入转矩；

T_d——电动机轴的输出转矩，$T_d = 9550 P_d / n_m$。

（5）减速器的设计

减速器的基本结构是由轴系部件、箱体及附件三大部分组成的。这里介绍一下轴系部件设计的方法与步骤：

轴系部件包括传动件、轴和轴承组合。

① 轴承类型的选择　减速器中常用的轴承是滚动轴承，滚动轴承类型可参照如下原则进行选择：

a. 考虑轴承所承受载荷的方向和大小。原则上，当轴承仅承受纯径向载荷时，一般选用深沟球轴承；当轴承既承受径向载荷又承受轴向载荷时，一般选用角接触球轴承或圆锥滚子轴承，但当轴向载荷不大时，应选用深沟球轴承。

b. 转速较高，旋转精度要求较高，而载荷较小时，一般选用球轴承。

c. 载荷较大且有冲击振动时，宜选用滚子轴承（相同外形尺寸下，滚子轴承一般比球轴承承载能力大，但当轴承内径 $d < 20mm$ 时，这种优点不显著，由于球轴承价格低廉，应选球轴承）。

d. 轴的刚度较差、支承间距较大，轴承孔同轴度较差或多点支承时，一般选用自动调心轴承；而不能自动调心的滚子轴承仅能用在轴的刚度较大、支承间距不大、轴承孔同轴度能严格保证的场合。

e. 同一轴上各支承应尽可能选用同类型号的轴承。

② 传动件——齿轮结构设计　齿轮的结构设计与齿轮的几何尺寸、毛坯材料、加工方法、使用要求和经济性等因素有关，进行结构设计时必须综合考虑。

对于钢制齿轮，当齿轮直径很小，齿根圆到键槽底部的距离 $K \leqslant 2m$（m 为模数）时，常将齿轮和轴做成一体，若 $K > 2m$ 时，无论从材料或工艺上考虑，都应将齿轮和轴分开制造。圆柱齿轮的结构尺寸及结构形式可参考表 3-3 选取。

进行齿轮结构设计时，还要进行齿轮和轴的连接设计。通常采用单键连接，但当齿轮转速较高时，应采用花键或双键连接。

③ 轴的结构设计及轴、轴承、键的强度校核　传动件装在轴上以实现回转运动和传递功率，减速器普遍采用阶梯轴，传动件和轴以平键连接。

a. 轴的结构设计。减速器中的轴是既受弯矩又受扭矩的转轴，较精确的设计方法是按弯矩合成强度来计算各段轴径，一般先初步估算定出轴径，然后按轴上零件的位置，考虑装配、加工等因素，设计出阶梯轴各段直径和长度，确定跨度后，进一步进行强度验算。

轴的结构设计应在初估轴径和初选滚动轴承型号后进行。

为使轴上零件定位可靠、装拆方便并考虑工艺性因素，通常将轴设计成由两端向中央逐渐增大的阶梯形：其径向尺寸，由轴上零件的受力、定位、固定等要求确定；其轴向尺寸则由轴上零件的位置、配合长度及支承结构等因素决定。

b. 轴的强度校核。通常可选定 1～2 个危险截面，按弯扭合成的受力状态对轴进行强度校核，如强度不够可修改轴的尺寸。

（6）绘制装配图

减速器装配图是用来表达减速器的工作原理及各零件间装配关系的图样，也是制造、装配减速器和拆绘减速器零件图的依据。必须认真绘制且用足够的视图和剖面将减速器结构表达清楚。

① 装配图设计的第一阶段　这一阶段的主要内容如下：

a. 确定减速器箱体内壁及箱体内各主要零件之间的相关位置。

在主视图中根据前面计算内容定出各齿轮中心线位置，画分度圆，在俯视图中定出各齿轮的对称中心线，画出齿轮的轮廓。注意高速级齿轮和低速级轴不能相碰，否则应重新分配传动比，小齿轮宽度应略大于大齿轮宽度 5～10mm，以免因安装误差影响齿轮接触宽度。

传动件、轴承座端面及箱壁位置如图 3-7 所示。

Δ_1——大齿轮齿顶圆和机体内壁之间的距离。

Δ_2——小齿轮端面和机体内壁之间的距离。

δ——机体内壁的宽度，应圆整。

B——内壁与轴承座端面的距离，取决于壁厚 δ、轴承旁连接螺栓 d_1 及其所需的扳手空间 C_1、C_2 的尺寸。因此 $B = \delta + C_1 + C_2 + (5 \sim 8\text{mm})$，5～8mm 为区分加工面与毛坯面所留出的尺寸即轴承座端面凸出箱体外表面的距离，其目的是为了便于进行轴承座端面的加工。两轴承座端面间的距离应进行圆整。

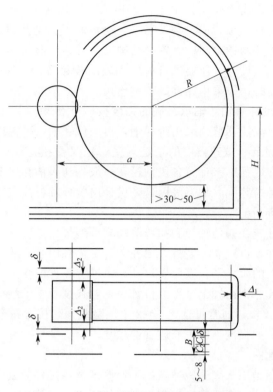

图 3-7　传动件、轴承座端面及箱壁位置

b. 初步计算轴径。

按纯扭转受力状态初步估算轴径，计算时应降低许用扭转剪应力确定轴端最小直径 $d_{\min}$。

若轴上开有键槽，则计算出的轴径应增大 5%，并尽量圆整为标准值。若轴与联轴器连接，则轴径应与联轴器孔径一致。

绘制出减速器各零、部件的相互位置之后，尚须进行轴的结构设计；轴的支点距离和力的作用点的确定；轴、键、轴承的强度校核。

c. 轴的结构设计。

轴的结构设计的主要内容是确定轴的径向尺寸、轴向尺寸以及键槽的尺寸、位置等。

● 确定轴的径向尺寸。确定轴的径向尺寸时，应考虑轴上零件的定位和固定、加工工艺和装拆等的要求。一般常把轴设计成中部大两端小的阶梯状结构，其径向尺寸的变化应考虑以下因素，如图 3-8 所示。

定位轴肩的尺寸：直径 d_3 和 d_4、d_6 和 d_7 的变化处，轴肩高度 h 应比零件孔的倒角 C 或圆角半径 r 大 2～3mm，轴肩的圆角半径 r 应小于零件孔的倒角 C

或圆角半径 r'；装滚动轴承的定位轴肩尺寸应查轴承标准中的有关安装尺寸。

非定位轴肩的尺寸：如图 3-8 中所示的 d_4 和 d_5、d_5 和 d_6 的直径变化处，其直径变化量较小，一般可取为 0.5～3mm。

有配合处的轴径：为便于装配及减小应力集中，有配合的轴段直径变化处常做成引导锥，如图 3-8 所示。

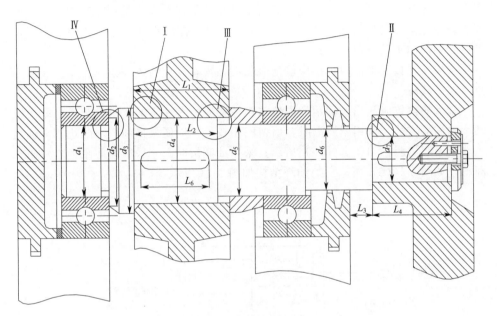

图 3-8　轴的结构设计

轴径尺寸：初选滚动轴承的类型及尺寸时，与之相配合的轴颈尺寸即被确定下来，同一轴上要尽量选择同一型号的轴承。

加工工艺要求：当轴段需要磨削时，应在相应轴段落上留出砂轮越程槽；当轴段需切毛巾制螺纹时，应留出螺纹退刀槽。

与轴上零件相配合的轴段应取标准直径系列值。

Ⅰ、Ⅱ、Ⅲ、Ⅳ处局部放大图见图 3-9。

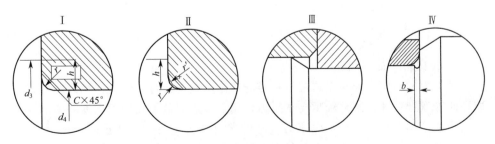

图 3-9　轴肩高度和圆角半径

● 确定轴的轴向尺寸。

阶梯轴各段轴向尺寸，由轴上直接安装的零件（如齿轮、轴承等）和相关零件（如箱体的轴承座孔、轴承盖等）的轴向位置和尺寸确定。确定轴向尺寸时应注意以下几点：

保证传动件在轴上固定可靠。为使传动件在轴上的固定可靠，应使轮毂的宽度大于与之配合轴段的长度，以使其他零件顶住轮毂，而不是顶在轴肩上。一般取轮毂宽度与轴段长度之差 $\Delta=1\sim2$mm。当制造有误差时，这种结构不能保证零件的轴向固定及定位。

当周向连接用平键时，键应较配合长度稍短，并应布置在偏向传动件装入一侧以便于装配。

轴承的位置应适当。轴承的内侧与箱体壁应留有一定的间距，其大小取决于轴承的润滑方式。采用脂润滑时，所留间距较大，以便放挡油环，防止润滑油溅入而带走润滑脂，如图 3-10(a) 所示；采用油润滑时，一般所留间距为 $0\sim3$mm 即可，如图 3-10(b) 所示。挡油环结构如图 3-11 所示。

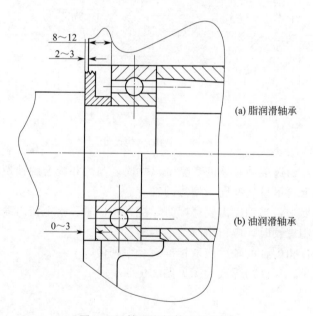

图 3-10　轴承在箱体中的位置

d. 校核轴、轴承和键。

轴上力的作用点及支点跨距可从装配草图上确定。传动件力作用线的位置可取在轮缘宽度中部，滚动轴承支承反力作用点可近似认为在轴承宽度的中部。

力的作用点及支点跨距确定后，便可求出轴所受的弯矩和扭矩。选定 $1\sim2$ 个危险截面，按弯扭合成的受力状态对轴进行强度计算校核，如果强度不够则需

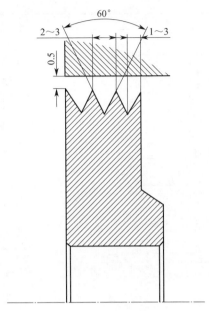

图 3-11　挡油环结构

要修改轴的尺寸。对滚动轴承应进行寿命计算。轴承寿命可按减速器的使用寿命或检修期计算，如不满足使用寿命要求，则需改变轴承的型号后再进行计算。

②装配图设计的第二阶段　这一阶段的主要内容是轴上传动零件及轴的支承零件的结构设计，即齿轮的结构设计、轴承端盖的结构设计、轴承的润滑和密封设计。

a. 传动件的结构设计。传动零件的结构与所选材料、毛坯尺寸及制造方法有关。齿轮结构的尺寸可参考教材或机械设计手册，如表 3-3 所示。

表 3-3　圆柱齿轮的结构形式和结构尺寸

序号	结构形式	结构尺寸
1		$K \geqslant 2m$（钢铁） $K \geqslant 2.5m$（铸铁）

序号	结构形式	结构尺寸
2		$d_a \leqslant 200\text{mm}$ 锻造齿轮 $D_1 = 1.6d$ $L = (1.2 \sim 1.5)d \geqslant b$ $\delta = 2.5m$ （不小于 $8 \sim 10\text{mm}$） $n = 0.5m$ $D_2 = 0.5(D_0 + D_1)$ $d_1 = 12 \sim 20\text{mm}$（$d_a$ 较小时可不钻孔） $D_0 = d_a - 10m$
3		$d_a \leqslant 500\text{mm}$ 锻造齿轮 $D_1 = 1.6d$ $L = (1.2 \sim 1.5)d \geqslant b$ $\delta = (2.5 \sim 4)m$（不小于 $8 \sim 10\text{mm}$） $n = 0.5m$ $D_2 = 0.5(D_0 + D_1)$ $d_1 = 12 \sim 20\text{mm}$（$d_a$ 较小时可不钻孔） $C = (0.2 \sim 0.3)b$ 模锻 $C = 0.3b$ 自由锻造
4		$d_a \leqslant 500\text{mm}$ 平辐板铸造齿轮 $D_1 = 1.8d$（铸铁） $D_1 = 1.6d$（铸钢） $L = (1.2 \sim 1.5)d \geqslant b$ $\delta = 2.5 \sim 4m$ （不小于 $8 \sim 10\text{mm}$） $n = 0.5m$ $D_2 = 0.5(D_0 + D_1)$ $d_1 = 0.25(D_0 - D_1)$ $C = 0.2b$（但不小于 10mm） $r \approx 0.5C$

续表

序号	结构形式	结构尺寸
5	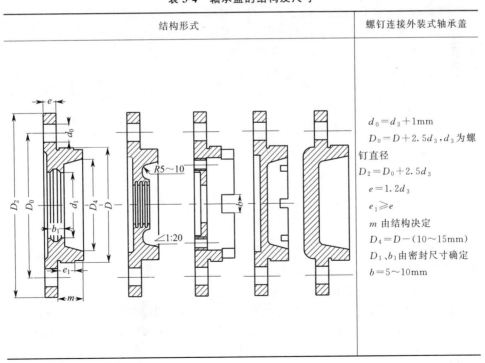	$d_a \leqslant 400 \sim 1000\text{mm}$ $b \leqslant 200\text{mm}$ 铸造齿轮 $D_1 = 1.8d$（铸铁） $D_1 = 1.6d$（铸钢） $L = (1.2 \sim 1.5)d \geqslant b$ $\delta = (2.5 \sim 4)m$ （不小于 $8 \sim 10\text{mm}$） $n = 0.5m$ $C = 0.2b$（但不小于 10mm） $S = b/6$（但不小于 10mm） $r \approx 0.5C; e = 0.8\delta$ $H = 0.8d; H_1 = 0.8H$

b. 轴承端盖的结构设计。轴承端盖是用来固定轴承的位置、调整轴承间隙并承受轴向力的，轴承端盖的结构形式有凸缘式和嵌入式两种，如表 3-4 所示。

表 3-4　轴承盖的结构及尺寸

结构形式	螺钉连接外装式轴承盖
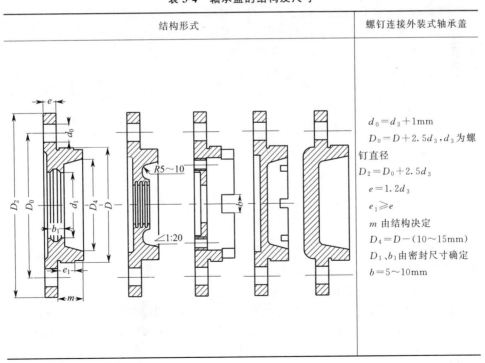	$d_0 = d_3 + 1\text{mm}$ $D_0 = D + 2.5d_3$，d_3 为螺钉直径 $D_2 = D_0 + 2.5d_3$ $e = 1.2d_3$ $e_1 \geqslant e$ m 由结构决定 $D_4 = D - (10 \sim 15\text{mm})$ D_1、b_1 由密封尺寸确定 $b = 5 \sim 10\text{mm}$

螺钉连接外装式轴承盖		
嵌入式轴承端盖		

$e_2 = 5 \sim 8\text{mm}$
$S = 10 \sim 15\text{mm}$
m 由结构决定
$D_3 = D + e_2$，装有 O 形圈的，按 O 形圈外径取
$d_1、b_1、a$ 由密封尺寸确定
沟槽尺寸（GB/T 6578—2008）单位为 mm

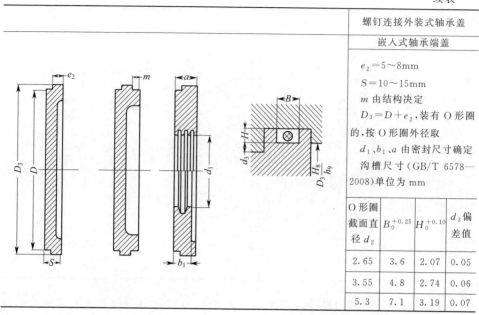

O 形圈截面直径 d_2	$B_0^{+0.25}$	$H_0^{+0.10}$	d_3 偏差值
2.65	3.6	2.07	0.05
3.55	4.8	2.74	0.06
5.3	7.1	3.19	0.07

凸缘式轴承端盖的密封性能好，调整轴承间隙方便，因此使用较多。这种端盖大多采用铸铁件，设计制造时要考虑铸造工艺性，尽量使整个端盖的厚度均匀。当端盖较宽时，为减少加工量，可对端部进行加工，使其直径 $D' < D$，但端盖与箱体配合段必须有足够的长度 L，否则拧紧螺钉时容易使端盖歪斜，一般取 $L = (0.1 \sim 0.15)D$，如图 3-12 所示。

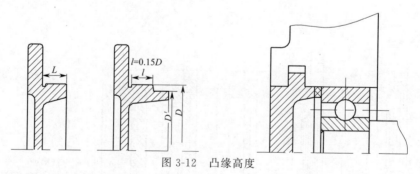

图 3-12　凸缘高度

嵌入式轴承端盖结构简单、密封性能差、调整间隙不方便，只适用于深沟球轴承（不用调整间隙）。

c. 滚动轴承的润滑和密封。

● 脂润滑。当浸油齿轮圆周速度 $v < 2\text{m/s}$，轴承内径和转速乘积 $dn \leq 2 \times 10^5 \text{mm} \cdot \text{r/min}$ 时，宜采用脂润滑。为防止箱体内的油浸入轴承与润滑脂混合，防止润滑脂流失，应在箱体内侧装挡油环。润滑脂的装油量不应超过轴承空间的

$1/3\sim1/2$。

● 油润滑。当浸油齿轮的圆周速度 $v\geqslant2\mathrm{m/s}$，轴承内径和转速乘积 $dn>2\times10^5\mathrm{mm\cdot r/min}$ 时，宜采用油润滑。传动件的转动带起润滑油直接溅入轴承内，或先溅到箱壁上，顺着内壁流入箱体的油槽中，再沿油槽流入轴承内。此时端盖端部必须开槽，并将端盖端部的直径取小些，以免油路堵塞，如图 3-13(a) 所示。当传动件直径较小时，应在轴承前装置挡油板，如图 3-13(b) 所示。

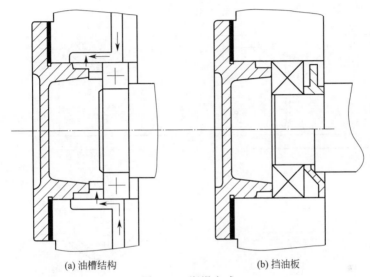

(a) 油槽结构　　　　　　　　　　(b) 挡油板

图 3-13　润滑方式

轴伸端密封方式有接触式和非接触式两种。毡圈密封是接触式密封中寿命较短、密封效果较差的一种，但结构简单，价格低廉，适用于脂润滑轴承中，如图 3-14(a) 所示；油沟密封结构简单、成本低，但不够可靠，适用于脂润滑的轴承中，如图 3-14(b) 所示；若要求更高的密封性能，宜采用迷宫式密封，利用其间充满的润滑脂来达到密封效果，可用于脂润滑和油润滑，如图 3-14(c) 所示，迷宫式密封的结构复杂，制造和装配要求较高。

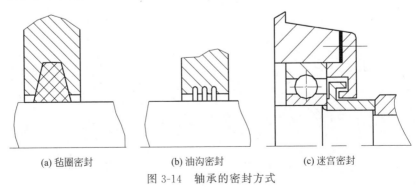

(a) 毡圈密封　　　　　　(b) 油沟密封　　　　　　(c) 迷宫密封

图 3-14　轴承的密封方式

③ 装配图设计的第三阶段　这一阶段的主要内容是进行减速器箱体和附件的设计：

a. 箱体结构设计。设计箱体结构，要保证箱体有足够的刚度、可靠的密封性和良好的工艺性。如果是剖分式箱体结构还要保证它的连接刚度。

为保证刚度要求，应使轴承座有足够的壁厚，并在轴承座上加支承肋，箱体加肋的形式有两种，即外肋和内肋，内肋具有刚度大、外表光滑美观等优点，但内壁阻碍润滑油流动、工艺复杂；当轴承座伸到箱体内部时常加内肋，如图 3-15 所示。

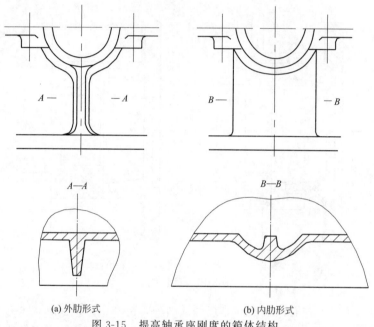

(a) 外肋形式　　　　(b) 内肋形式

图 3-15　提高轴承座刚度的箱体结构

为提高轴承座处的连接刚度，座孔两侧的连接螺栓的距离应尽量缩短，但又不能与端盖螺钉孔干涉。同时，轴承座附近还应做出凸台，凸台高度要保证安装时有足够的扳手空间，凸台结构如图 3-16 所示。另外箱盖和箱座的连接凸缘应取厚些，箱座底凸缘的宽度应超过箱体内壁，如图 3-17 所示。

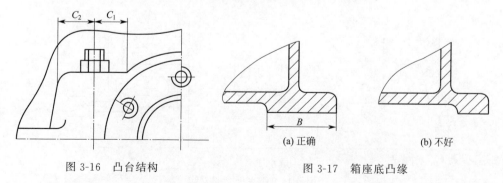

(a) 正确　　　　　(b) 不好

图 3-16　凸台结构　　　　　　图 3-17　箱座底凸缘

箱体结构应便于润滑和密封。为保证其密封性且便于传动件的润滑和散热，箱体剖分面处几何精度和粗糙度应有一定要求，重要的表面要刮研，箱座凸缘上表面需要铣出回油沟。

箱体工艺性的好坏，直接影响箱体制造质量、成本及检修维护，设计时应特别注意：

● 铸造工艺性。应力求形状简单，壁厚均匀，过渡平缓，铸件表面沿拔模方向应有斜度，一般为 $1:10\sim1:20$。

● 机械加工工艺性。应尽可能减小机械加工面积，严格区分加工表面与非加工表面，还应考虑机械加工时走刀不要相互干涉。

b. 附件设计。附件包括窥孔及盖、通气器、吊环螺钉、吊耳及吊钩、启盖螺钉、定位销、油标及放油孔等。

窥视孔用来检查传动件的啮合情况，齿侧间隙接触斑点及润滑情况等。箱体内的润滑油也由此孔注入，为减少油内的杂质注入箱内，可在窥视孔口处装一过滤网。

窥视孔通常开在箱体顶部，且要能看到啮合位置。其大小视减速器的大小而定，但至少应能将手伸入箱内进行检查操作。孔上要有盖板，用钢板或铸铁制成，用 M8～M12 螺钉紧固。中小型窥视孔及盖板的结构尺寸见表 3-5。

表 3-5 窥视孔及盖板

A	B	A_1	B_1	A_2	B_2	h	R	螺　钉		
								d	L	个数
115	90	75	50	95	70	3	10	M8	15	4
160	135	100	75	130	105	3	15	M10	20	4
210	160	150	100	180	130	3	15	M10	20	6
260	210	200	150	230	180	4	20	M12	25	8
360	260	300	200	330	230	4	25	M12	25	8
460	360	400	300	430	330	6	30	M12	25	8

　　通气器多装在箱盖顶部或窥视孔盖上，其作用是将工作时箱内热胀气体及时排出，其结构尺寸见表3-6。

表 3-6　通气器

通气器1

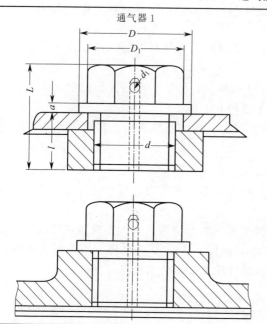

d	D	D_1	L	l	a	d_1
M10×1	13	11.5	16	8	2	3
M12×1.25	18	16.5	19	10	2	4
M16×1.5	22	19.5	23	12	2	5
M20×1.5	30	25.4	28	15	4	6
M22×1.5	32	25.4	29	15	4	7
M27×1.5	38	31.2	34	18	4	8
M30×30	42	36.9	36	18	4	8
M33×2	45	36.9	38	20	4	8
M36×3	50	41.6	46	25	5	8

通气器2

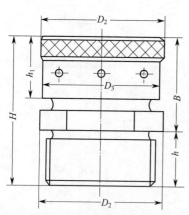
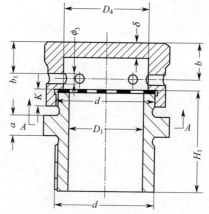

d	D_1	B	h	H	D_2	H_1	a	δ	K	b	h_1	b_1	D_3	D_4	L	孔数
M27×1.5	15	≈30	15	≈45	36	32	6	4	10	8	22	6	32	18	32	6
M36×2	20	≈40	20	≈60	48	42	8	4	12	11	29	8	42	24	41	6
M48×3	30	≈45	25	≈70	62	52	10	5	15	13	32	10	56	36	55	8

为便于拆卸及搬运，应在箱盖上安装吊环螺钉或铸出吊耳，并在箱座上铸出吊钩。吊环螺钉为标准件，可按起重量选用。吊环螺钉一般用于拆卸机盖，当然也可以用来吊运一些轻型减速器。为了减少机加工工序，可在箱盖上铸出吊耳来替代吊环螺钉，其结构见表3-7。箱座两端凸缘下部铸出的吊钩，是用来吊运整台减速器或箱座零件的。

表 3-7 吊耳和吊钩

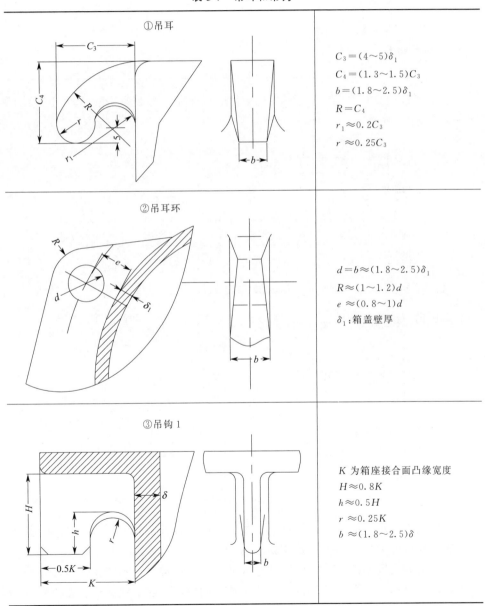

①吊耳

$C_3 = (4 \sim 5)\delta_1$

$C_4 = (1.3 \sim 1.5)C_3$

$b = (1.8 \sim 2.5)\delta_1$

$R = C_4$

$r_1 \approx 0.2C_3$

$r \approx 0.25C_3$

②吊耳环

$d = b \approx (1.8 \sim 2.5)\delta_1$

$R \approx (1 \sim 1.2)d$

$e \approx (0.8 \sim 1)d$

δ_1：箱盖壁厚

③吊钩1

K 为箱座接合面凸缘宽度

$H \approx 0.8K$

$h \approx 0.5H$

$r \approx 0.25K$

$b \approx (1.8 \sim 2.5)\delta$

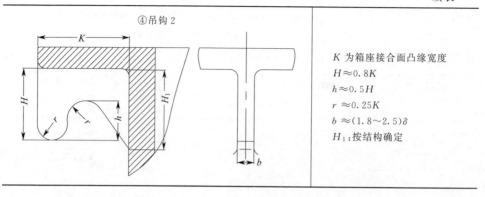

④吊钩 2

K 为箱座接合面凸缘宽度

$H \approx 0.8K$

$h \approx 0.5H$

$r \approx 0.25K$

$b \approx (1.8 \sim 2.5)\delta$

H_1：按结构确定

启盖螺钉的直径一般等于凸缘连接螺栓的直径，螺纹有效长度大于凸缘厚度。如图 3-18 所示。

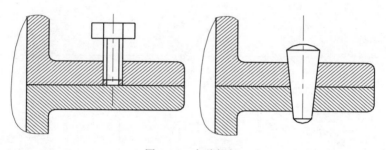

图 3-18　启盖螺钉

定位销有圆柱形和圆锥形两种结构，一般取圆锥销，如图 3-19 所示。

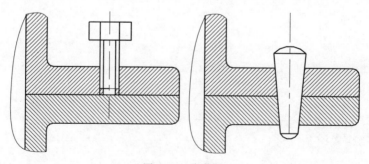

图 3-19　定位销

油标用来指示油面高度，常见的有油尺、圆形油标、长形油标等。一般采用带有螺纹部分的油尺，如图 3-20 所示。

油尺安装位置不能太低，以防油进入油尺座孔而溢出，不能太高以免与吊耳相干涉，箱座油尺座孔的倾斜位置应便于加工和使用。在油池最低位置设置放油孔，如图 3-21 所示。

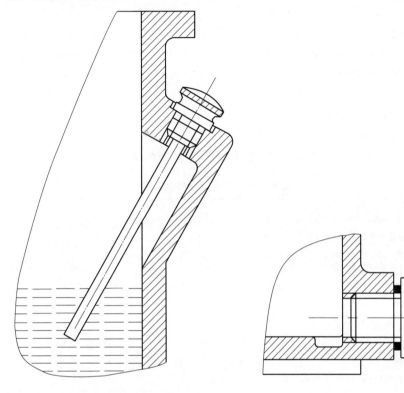

图 3-20 带螺纹部分的油尺   图 3-21 放油孔位置

④ 装配图的检查和修改 当装配图设计的第三阶段结束以后，应对装配图进行检查与修改，首先检查主要问题，然后检查细部。具体如下：

a. 检查装配图中传动系统与课程设计任务书中传动方案布置是否完全一致，如齿轮位置、输入输出轴的位置等。

b. 检查图中的主要结构尺寸与设计计算的结果是否一致。

c. 检查轴上零件沿轴向及周向能否定位，能否顺利装配、拆卸。

d. 检查附件的结构、安装位置是否合理。

e. 检查绘图规范方面，视图选择是否恰当，投影是否正确，是否符合标准。

⑤ 完成装配图 这一阶段的主要内容如下：

a. 尺寸标注。装配图上应标注的尺寸有以下几类：

● 特性尺寸。表示机器或部件性能及规格的尺寸，如传动零件中心距及偏差。

● 最大外形尺寸。如减速器的总长、总宽、总高等尺寸。

● 安装尺寸。箱座底面尺寸（包括底座的长、宽、厚），地脚螺栓孔中心的定位尺寸，地脚螺栓孔之间的中心距和地脚螺栓孔的直径及个数，减速器中心高尺寸，外伸轴端的配合长度和直径等。

● 主要零件的配合尺寸。对于影响运转性能和传动精度的零件，其配合尺寸应标注出尺寸、配合性质和精度等级，例如轴与传动件、轴承、联轴器的配合，轴承与轴承座孔的配合等。对于这些零件应选择恰当的配合与精度等级，这与提高减速器的工作性能、改善加工工艺性及降低成本等有密切的关系。

标注尺寸时应注意布图整齐、标注清晰，多数尺寸应尽量布置在反映主要结构的视图上，并尽量布置在视图的外面。

表 3-8 列出了减速器主要零件的荐用配合，应根据具体情况进行选用。

表 3-8   减速器主要零件的荐用配合

配合零件	荐用配合	装拆方法
大中型减速器的低速级齿轮与轴的配合	$H7/r6,H7/s6$	用压力机或温差法（中等压力的配合，小过盈配合）
一般齿轮、带轮、联轴器与轴的配合	$H7/r6$	用压力机（中等压力的配合）
要求对中性良好，即很少装拆的齿轮、联轴器与轴的配合	$H7/n6$	用压力机（较紧的过渡配合）
较常装拆的齿轮、联轴器与轴的配合	$H7/m6,H7/k6$	手锤打入（过渡配合）
滚动轴承内孔与轴的配合（内圈旋转）	$j6$（轻负荷），$k6,m6$（中等负荷）	用压力机（实际为过盈配合）
滚动轴承外圈与箱体座孔的配合（外圈不转）	$H7,H6$（精度要求高时）	木锤或徒手装拆

b. 技术特性与技术要求。

● 技术特性。装配图绘制完成后，应在装配图的适当位置写出减速器的技术特性，包括输入功率和转速、传动效率、总传动比和各级传动比等。

● 技术要求。技术要求通常包括以下几方面：

对零件的要求：装配前所有零件要用煤油或汽油清洗，箱体内不允许有任何杂物存在，箱体内壁涂防侵蚀涂料。

对零件安装、调整的要求：在安装、调整滚动轴承时必须留有一定的游隙或间隙；游隙或间隙的大小应在技术要求中注明。

对密封性能的要求：剖分面、各接触面及密封处均不许漏油；剖分面允许涂以密封油漆或水玻璃，不允许使用任何填料。

对润滑剂的要求：技术要求中应注明所用润滑剂的牌号、油量及更换时间等。

对包装、运输、外观的要求：对外伸轴和零件需涂油严密包装，箱体表面涂灰色油漆，运输或装卸时不可倒置等。

c. 对全部零件进行编号。零件编号方法有两种：一种是标准件和非标准件混在一起编排；另一种是将非标准件编号填入明细栏中，而标准件直接在图上标注规格、数量和图标号或另外列专门表格。

编号指引线尽可能均匀分布且不要彼此相交，指引线通过有剖面线的区域时，要尽量不与剖面线平行，必要时可画成折线，但只允许弯折一次，对于装配关系清楚的零件组可采用公共指引线。标注序号的横线要沿水平或垂直方向按顺时针或逆时针次序排列整齐。每一种零件在各视图上只编一个序号，序号字体要比尺寸数字大一号或两号。

⑥ 拆卸零件绘制零件工作图　零件工作图是制造检验零件和制订工艺规程的基本技术文件，零件工作图应包括制造和检验零件时所需的全部内容，即零件的图形、尺寸及公差、形位公差、表面粗糙度、材料、热处理及其他技术要求、标题栏等。

轴类零件工作图设计要点如下。

a. 视图。一般只需一个视图，有键槽或孔的位置应增加必要的剖面图，对不易表达清楚的部位如中心孔、退刀槽应绘制局部放大视图。

b. 标注尺寸。主要是轴向和径向尺寸。不同直径段的轴类零件径向尺寸均要标出，有配合处的轴径要标出尺寸偏差，尺寸和偏差相同的直径应逐一标出，不得省略；轴向尺寸应首先根据加工工艺性选好定位基准面，注意不能标出封闭的尺寸链。所有倒角、圆角都应标注或在技术要求中说明。

c. 形位公差。轴的形位公差标注方法及公差值可参考文献 [2]。

d. 表面粗糙度。轴的所有表面都要加工，其表面粗糙度值必须满足《机械设计手册》中的要求。

e. 技术要求

● 材料：对材料的力学性能及化学成分的要求。

● 热处理要求。

● 对加工的要求：如是否保留中心孔，如保留应在零件图上画中心孔或按国标加以说明。

● 其他：如对未注圆角、倒角的说明。

齿轮类零件工作图设计要点如下：

a. 视图。一般需两个视图。

b. 尺寸标注。径向尺寸以中心线为基准，齿宽方向的尺寸以端面为基准标注，轴孔应标注尺寸偏差，键槽标注参照有关手册。

c. 形位公差。一般要标注的项目如下。

● 齿顶圆的径向圆跳动。

● 基准端面对轴线的端面圆跳动。

● 键槽侧面对孔心线的对称度。

● 轴孔圆柱度。

d. 表面粗糙度。齿轮类零件所有表面都应注明表面粗糙度，可根据《机械设计手册》选取。

e. 啮合参数表。包括齿轮的主要参数及误差检验项目。

f. 技术要求。

● 对毛坯的要求（铸件、锻件）。

● 对材料的力学性能和化学成分的要求。

● 对未注圆角、倒角的说明。

● 对机械加工未注公差尺寸的公差等级的要求。

● 对高速齿轮平衡试验的要求。

箱体零件工作图的设计要点如下。

a. 视图。可按箱体工作位置布置主视图，辅以左视图、俯视图及若干局部视图，表达箱体的内外结构形状。细部：螺纹孔、回油孔、油尺孔、销钉孔、槽等，也可用局部剖视、剖面、向视图表示。

b. 尺寸标注。标注时应考虑设计、制造、测量的要求。

首先找出尺寸基准将各部分结构分为形状尺寸和定位尺寸。形状尺寸如箱体长、宽、高、壁厚、孔径等直接标出；定位尺寸如孔中心位置尺寸应从基准直接标出。

设计基准与工艺基准力求一致，如箱座、箱盖高度方向的尺寸以剖分面为基准，长度方向尺寸以轴孔中心线为基准。对影响机器工作性能及零部件装配性能的尺寸应直接标出，如轴孔中心距、嵌入式端盖其箱体沟槽外侧两端面间的尺寸等。

同时标注尺寸时要考虑铸造工艺特点，木模多由基本形体拼接而成，故应在基本形体的定位尺寸标出后，再标注各部分形体自身的形状尺寸。

重要配合尺寸应标出极限偏差。机体尺寸多，应避免遗漏、重复、封闭。

c. 形位公差按表面作用根据《机械设计手册》选取。

d. 表面粗糙度按表面作用根据《机械设计手册》选取。

e. 技术要求。

● 清砂、时效处理。

● 铸造斜度及铸造圆角。

● 内表面清洗后涂防锈漆。

● 其他。

⑦ 编写设计说明书 设计计算说明书既是图纸设计的理论依据又是设计计算总结，也是审核设计是否合理的技术文件之一。因此，编写设计说明书是设计工作的一个重要环节。

设计计算说明书要求计算正确、论述清楚、文字简练、书写工整。设计计算说明书应包括有关简图，如传动方案简图、轴的受力分析图、弯矩图、传动件草图等，引用的公式、数据应注明来源、参考资料编号、页次。用 A4 纸书写，标出页次，编好目录，做好封面，最后装订成册。

设计说明书主要内容大致包括：

a. 目录。

b. 设计任务书。

c. 传动方案分析。

d. 电动机的选择。

e. 传动装置运动及动力参数的计算。

f. 传动零件的设计计算。

g. 轴的计算。

h. 滚动轴承的选择和计算。

i. 键连接的选择和计算。

j. 联轴器的选择。

k. 润滑方式、润滑油牌号及密封装置的选择。

l. 参考资料（资料编号、书名、主编、出版单位、出版年）

3.3.3.2　砂光机主传动设计计算

砂光机的主传动为回转运动，驱动电机（主电机）的动力经 V 带传递给主轴，主轴上装有砂带接触辊，接触辊的转动带动砂带及张紧辊运动。砂带速度由参考文献 [1] 查知，一般选用 $v = 12 \sim 30\text{m/s}$，非金属材料取较高值，这里取 $v = 26\text{m/s}$。

由参考文献 [1] 查知工件速度一般选用 $v_\text{w} = 20 \sim 30\text{m/min}$，非金属材料取较高值，取 $v_\text{w} = 30\text{m/min}$。

（1）主传动主切削力的计算

由参考文献 [2] 查知：

$$P_\text{N} = \frac{P_\text{m}}{\eta_\text{m}} \tag{3-1}$$

式中　P_N——电机功率，kW；

　　　P_m——机械功率，kW；

　　　η_m——机械传动总效率，一般为 $0.7 \sim 0.85$，取 0.85。

参考同类产品，估计电机功率为 37kW。

则 $P_\text{m} = P_\text{N} \eta_\text{m} = 37 \times 0.85 = 31.45$ （kW）

而

$$P_\text{m} = \frac{F_\text{t} v}{1000} \tag{3-2}$$

式中　P_m——机械功率，kW；

　　　F_t——切向磨削力，N；

　　　v——砂带线速度，m/s。

则
$$F_t = \frac{1000 P_m}{v} = 1210 (\text{N})$$

（2）主传动 V 带传动设计

原动机（主电机）选用 Y225S4 电机，传递功率为 $P = 37\text{kW}$，主动轮转速（即电机转速）为 $n_1 = 1480\text{r/min}$，希望中心距在 560mm 左右，每天工作不超过 16h。

① 设计功率 P_d：

由参考文献 [2] 选 $K_A = 1.2$
$$P_d = K_A P_N = 44.4 (\text{kW})$$

② 选择带型：

根据 $P_d = 44.4\text{kW}$ 及 $n_1 = 1480\text{r/min}$，查参考文献 [2]，选用 C 型 V 带。

③ 由于砂带线速度 $v = 26\text{m/s} = 1560\text{m/min}$，则：

由
$$v = \frac{\pi d n}{1000} \tag{3-3}$$

可得
$$n = \frac{1000 v}{\pi d} = 2027 (\text{r/min})$$

式中 d——主辊筒直径（245mm）；

n——主辊筒转速。

传动比
$$i = \frac{n_1}{n_2} = \frac{1480}{2027} = 0.73$$

为了达到砂带的线速度，必须采用升速的方法来实现。这时小带轮在主辊筒上，电机上为大带轮。

④ 小带轮基准直径 d_{d2}：

由参考文献 [2]，选定小带轮基准直径 $d_{d2} = 280\text{mm}$。

⑤ 大带轮基准直径 d_{d1}：
$$d_{d2} = i d_{d1} (1 - \varepsilon) \tag{3-4}$$

通常 $\varepsilon = 0.01 \sim 0.02$，这里取 $\varepsilon = 0.02$。

则
$$d_{d1} = \frac{d_{d2}}{i(1 - \varepsilon)} = \frac{280}{0.73 \times (1 - 0.02)} = 391 (\text{mm})$$

由参考文献[2]选取标准值 $d_{d1} = 400\text{mm}$。

⑥ 带速 v：
$$v = \frac{\pi d_{d1} n_1}{60 \times 1000} = \frac{\pi \times 400 \times 1480}{60 \times 1000} = 31 (\text{m/s}) \tag{3-5}$$

⑦ 初定中心距 a_0：

按设计要求，取 $a_0 = 560\text{mm}$。

⑧ 确定带的基准长度 L_d：

$$L_d = 2a_0 + \frac{\pi}{2}(d_{d1} + d_{d2}) + \frac{(d_{d2} - d_{d1})^2}{4a_0}$$

$$= 2 \times 560 \times \frac{\pi}{2}(400 + 280) + \frac{(400 - 280)^2}{4 \times 560} = 2194(\text{mm}) \qquad (3\text{-}6)$$

由参考文献 [2]，选取标准值 $L_d = 2195\text{mm}$。

⑨ 实际中心距 a：

$$a \approx a_0 + \frac{L_d - L_{d0}}{2} = 560.5(\text{mm}) \qquad (3\text{-}7)$$

安装时所需最小中心距：

$$a_{min} \approx a - 0.015L_d = 527.6(\text{mm}) \qquad (3\text{-}8)$$

张紧或补偿伸长所需最大的中心距：

$$a_{max} \approx a + 0.03L_d = 626.4(\text{mm}) \qquad (3\text{-}9)$$

⑩ 小带轮包角 α_1：

$$\alpha_1 = 180 - \frac{d_{d2} - d_{d1}}{a} \times 57.3 = 167.7(°) \qquad (3\text{-}10)$$

⑪ V 带的根数 z：

$$z = \frac{P_d}{(P_0 + \Delta P_0)K_a K_L} \qquad (3\text{-}11)$$

由参考文献 [2] 查得单根 V 带的额定功率 $P_0 = 11.04\text{kW}$，$\Delta P_0 = 1.37\text{kW}$，小带轮包角修正系数 $K_a = 0.97$，带长修正系数 $K_L = 0.91$。

则 $z = 4.1$。

取 $z = 5$。

⑫ 单根 V 带的初拉力 F_0：

$$F_0 = 500\left(\frac{2.5}{K_a} - 1\right)\frac{P_d}{zv} + mv^2 \qquad (3\text{-}12)$$

由参考文献 [2] 查得 C 型 V 带每米长质量 $m = 0.33\text{kg/m}$。

则 $F_0 = 3548\text{N}$。

⑬ 作用于轴上的力 F_r：

$$F_r = 2F_0 z \sin\frac{\alpha_1}{2} = 35275(\text{N}) \qquad (3\text{-}13)$$

3.3.3.3 砂光机进给传动设计计算

当木板没有碰到砂带前，进给辊通过摩擦力输送木板，无切削力，这时进给电机使用功率非常小。当木板碰到砂带后，有切削力产生，进给传动克服切削力输送木板，功率较大。再往前走，输送辊数量较少，分配到每个输送辊的力较大。木板再前进，碰到后输送辊，输送辊数量会越来越多，分配到每个输送辊的力会越来越小。

所以 $5F_1 = K_a \times F_t$，K_a 为工况系数，取 1.2。

$$F_1 = \frac{K_a \times F_t}{5} = 290.4 \ (\text{N})$$

由于工件进给速度为 $v_w = 30 \text{m/min} = 0.5 \text{m/s}$。

则单根输送辊输送功率为：$P_{m1} = F_1 v_w = 145.2 \ (\text{W})$

输送辊总功率估算为：$P_m = P_{m1} \times 12 = 1.89 \ (\text{kW})$

传动系统中包含蜗轮蜗杆，机械传动效率 η_m 较低，一般为 $0.7 \sim 0.85$，取 0.7。

$$P_x = \frac{P_m}{\eta_m} = \frac{1.89}{0.7} = 2.7 \ (\text{kW})$$

取电机功率为 3kW，选 Y132S-6，变频器控制。

送料电机选用 Y132S-6 电机，传递功率为 3kW，主动轮转速（即电机转速）为 $n_1 = 960 \text{r/min}$，希望中心距在 630mm 左右，每天工作不超过 16h。

进给传动 V 带传动设计方法与 3.3.3.2 节中主传动 V 带传动设计相同。

① 设计功率 P_d 为：

$$P_d = K_A P = 3.6 \ (\text{kW})$$

② 选择带型：

据 $P_d = 3.6 \text{kW}$ 及 $n_1 = 960 \text{r/min}$，由参考文献 [2] 选用 A 型 V 带。

③ 传动比为：

$$i = \frac{n_1}{n_2} = \frac{960}{672} = 1.43$$

④ 小带轮基准直径 d_{d2}：

由参考文献 [2] 选定小带轮基准直径 $d_{d2} = 100 \text{mm}$。

⑤ 大带轮基准直径 d_{d1}：

取 $\varepsilon = 0.02$，由公式(3-4) 求得 $d_{d1} = 140.1 \text{mm}$。

选取标准值 $d_{d1} = 140 \text{mm}$。

⑥ 带速 v 为：

$$v = \frac{\pi d_{d1} n_1}{60 \times 1000} = 5.02 \ (\text{m/s})$$

⑦ 初定中心距 a_0：

按设计要求，取 $a_0 = 630 \text{mm}$。

⑧ 确定带的基准长度 L_d：

由公式(3-6) 计算，得 $L_d = 1637.5 \text{mm}$。

由参考文献 [2] 选取标准值 $L_d = 1640 \text{mm}$。

⑨ 实际中心距 a：

由公式(3-7) 计算，得 $a \approx 631.3 \text{mm}$。

由公式(3-8)计算，得安装时所需最小中心距 $a_{\min} \approx 606.7\mathrm{mm}$。

由公式(3-9)计算，得张紧或补偿伸长所需最大的中心距 $a_{\max} \approx 608.5\mathrm{mm}$。

⑩ 小带轮包角 α_1：

由公式(3-10)计算，得 $\alpha_1 = 176.4°$。

⑪ V 带的根数 z：

由参考文献［2］查得特定条件下单根 V 带的额定功率 $P_0 = 0.97\mathrm{kW}$，小带轮包角修正系数 $K_a = 0.99$，带长修正系数 $K_L = 0.99$。

由公式(3-11)计算，得 $z = 3.8$。

取 $z = 4$。

⑫ 单根 V 带的初拉力 F_0：

由参考文献［2］查得 C 型 V 带每米长质量 $m = 0.11\mathrm{kg/m}$。

由公式(3-12)计算，得 $F_0 = 139.5\mathrm{N}$。

⑬ 作用于轴上的力 F_r：

由公式(3-13)计算，得 $F_r = 1115.4\mathrm{N}$。

3.3.3.4 砂光机上下升降传动设计计算

已知移动部件的总重量为 $W_{总} = 10000\mathrm{N}$，共 4 套同步传动系统，滚动导轨摩擦系数 $f = 0.005$，滚珠丝杠导程 $L_0 = 5\mathrm{mm}$，公称直径 $D = 32\mathrm{mm}$，螺杆长度为 $L = 573\mathrm{mm}$，空载快速移动时的最大进给速度定为 $v_{\max} = 1440\mathrm{mm/min}$，传动比 $i = 1$。这里选定百格拉公司的混合式步进电动机，型号为 FHB3910，其最大静转矩（保持转矩）为 $4.52\mathrm{N \cdot m}$，步距角为 $\theta = 0.6°/1.2°$，转动惯量为 3.8 $\mathrm{kg \cdot cm^2}$，最大空载启动频率为 3000Hz，启动加速时间为 $t_a = 30\mathrm{ms}$。

百格拉公司的三相混合式步进电机采用交流伺服原理工作，运用特殊精密机械加工工艺，使步进电机定子和转子之间间隙仅为 $50\mu\mathrm{m}$，转子和定子的直径比提高到 59%，大大提高了电机工作扭矩，特别是高速时的工作扭矩。由于定子和转子上磁槽数远多于三相和两相混合式步进电机的步数工作。电机的扭矩仅与转速有关，而与电机每转的步数无关。百格拉公司的步进电机系统在低速时运行极其平稳，几乎无共振区，高速时扭矩接近交流伺服电机，被称为具有交流伺服电机运行性能的步进电机系统。

配套步进驱动器具有细分功能，电机每转步数通过拨码开关设定为 500PPR。

脉冲当量　　　　　　　$\delta = \dfrac{L_0}{500} = \dfrac{5}{500} = 0.01$（mm）

(1) 上下升降步进电机的选择

① 负载转动惯量计算　丝杠转动惯量为：

$$J_s = \frac{\pi \rho D^4 L}{32} = \frac{\pi \times 7.8 \times 10^{-3} \times 3.2^4 \times 53.7}{32} = 4.3(\mathrm{kg \cdot cm^2}) \qquad (3\text{-}14)$$

联轴器转动惯量（联轴器直径 $d=5.6\mathrm{mm}$，长为 $l=45\mathrm{mm}$）为：

$$J=\frac{\pi\rho d^4 l}{32}=\frac{\pi\times 7.8\times 10^{-3}\times 5.6^4\times 4.5}{32}=3.38(\mathrm{kg\cdot cm^2})\qquad(3\text{-}15)$$

FHB3910 型步进电动机转动惯量为：

$$J_\mathrm{M}=3.8\mathrm{kg\cdot cm^2}$$

考虑步进电动机与进给传动系统负载惯量匹配问题：

$$\frac{J_\mathrm{M}}{J}=\frac{3.8}{3.38}=1.12$$

符合 $1<\dfrac{J_\mathrm{M}}{J}<4$ 的惯量匹配条件。

则折算到步进电动机轴上的总转动惯量为：

$$J_\Sigma=J_\mathrm{M}+J=3.8+3.38=7.18\ (\mathrm{kg\cdot cm^2})$$

② 负载转矩计算及最大静转矩的选择　快速空载启动时所需力矩 $M_启$ 为：

$$M_启=M_\mathrm{amax}+M_\mathrm{f}+M_0\qquad(3\text{-}16)$$

式中　M_amax——空载启动时折算到步进电动机轴上的最大加速力矩；

M_f——折算到步进电动机轴上的摩擦力矩；

M_0——丝杠预紧引起的摩擦转矩。

采用滚珠丝杠螺母副传动时：

$$M_\mathrm{amax}=J_\Sigma\varepsilon=J_\Sigma\frac{\dfrac{n_\mathrm{max}}{60}}{\dfrac{2\pi}{t_\mathrm{a}}}\times 10^{-2}=J_\Sigma\frac{2\pi n_\mathrm{max}}{60 t_\mathrm{a}}\times 10^{-2}(\mathrm{N\cdot cm})\qquad(3\text{-}17)$$

电机最大转速为：

$$n_\mathrm{max}=\frac{v_\mathrm{max}}{\delta}\times\frac{\theta}{360°}=\frac{1440}{0.01}\times\frac{1}{500}=288\ (\mathrm{r/min})$$

所以：

$$M_\mathrm{amax}=J_\Sigma\frac{2\pi n_\mathrm{max}}{60 t_\mathrm{a}}\times 10^{-2}=7.18\times\frac{2\pi\times 288}{60\times 0.03}\times 10^{-2}=72.2\ (\mathrm{N\cdot cm})$$

$$M_\mathrm{f}=\frac{F_0 L_0}{2\pi\eta i}=\frac{\mu W_分 L_0}{2\pi\eta i}=\frac{0.005\times 10000/4\times 0.5}{2\pi\times 0.9\times 1}=1.1(\mathrm{N\cdot cm})\qquad(3\text{-}18)$$

$$M_0=\frac{P_0 L_0}{2\pi\eta i}(1-\eta)=\frac{514.25\times 0.5}{2\pi\times 0.9\times 1}(1-0.9)=4.55(\mathrm{N\cdot cm})\qquad(3\text{-}19)$$

式中　F_0——滚珠丝杠的摩擦力；

μ——滚珠丝杠与滚道间摩擦系数；

η——螺旋传动效率，计算值为 0.9；

P_0——预加载荷。

$$P_0=\frac{F_\mathrm{v}}{3}\times\frac{1}{4}=\frac{6171}{3}\times\frac{1}{4}=514.25\ (\mathrm{N})$$

式中 F_v——最大垂直磨削分力。

$$F_v=1.5F_t+N=1.5F_t+\frac{6F_牵}{\mu_1}=1.5\times1210+\frac{6\times290.4}{0.4}=6171（N）$$

式中 μ_1——木材与橡胶辊间的摩擦系数，$\mu_1=0.4$。

F_t——切向磨削力。

则 $M_启=0.78N\cdot m$

$$\frac{M_启}{M_{Jm}}=\frac{0.78}{4.52}=0.17，小于规定的 0.3\sim0.5。$$

M_{Jm} 为电机的最大静转矩。

快速空载移动时需力矩 $M_快=M_f=1.1N\cdot m$。

由于切削时不进给，故最大切削负载时所需力矩为：

$$M_切=M_f+M_t$$

式中 M_t——折算到步进电动机轴上的切削负载力矩，$M_t=\dfrac{F_vL_0}{2\pi\eta i}$。

则 $$M_t=\frac{6171/4\times0.5}{2\pi\times0.9\times1}=136.5（N\cdot cm）$$

$$M_切=M_f+M_t=137.6（N\cdot cm）=1.376（N\cdot m）$$

$$\frac{M_切}{M_{Jm}}=\frac{1.376}{4.52}=0.3，小于规定的 0.3\sim0.5。$$

从上面的计算可以看出，$M_启$、$M_快$、$M_切$ 三种工况下，以最大切削负载时所需力矩最大，所以将此作为初选步进电动机的依据。从制造商提供的产品系列及性能参数可以查出，FHB3910 型混合式步进电动机的最大静转矩（保持转矩）为 4.52N·m，大于所需转矩。

③ 步进电动机的空载起动频率 从制造商提供的产品系列及性能参数可以查出，最大空载启动频率为 3000Hz 时，运行矩频为 3.1N·m，大于所需的 $M_启=0.78N\cdot m$，故能满足要求。

（2）上下升降滚珠丝杠设计

本机属低速工作形式，滚珠丝杠直径 $d=32mm$，导程 $P_h=5mm$。

① 平均载荷为：

$$F_M=\frac{2F_{max}+F_{min}}{3}$$

$$=\frac{2\times(W_总/4)+(F_v-W_总)/4}{3}$$

$$=\frac{2\times10000/4+(6171-10000)/4}{3}$$

$$=1348（N）$$

② 寿命计算：

查参考文献 [2]，得基本额定动载荷 $C_a = 25kN$；工作寿命 $L_h = 15000h$；

寿命系数 $K_h = \left(\dfrac{L_h}{500}\right)^{\frac{1}{3}} = \left(\dfrac{15000}{500}\right)^{\frac{1}{3}} = 3.1$，$K_n = 0.57$；载荷系数 $K_F = 1.2$；硬度影响系数 $K_H = 1.0$；短行程系数 $K_L = 1.06$

则 $$\frac{K_h}{K_n} K_F K_H K_L F_M = 9.35 \ (kN)$$

满足寿命条件 $C_a = 25kN \geqslant \dfrac{K_h}{K_n} K_F K_H K_L F_M = 9.35kN$

③ 静载荷计算：

基本额定静载荷为：

$$C_{0a} = k_0 i z D_W \sin\alpha \qquad (3-20)$$

查参考文献 [2]，得系数 $k_0 = 42.33MPa$，接触角 $\alpha = 45°$。

由丝杠螺母副知，螺母的总工作圈数 $i = 14$，每圈螺纹内滚动体的数量 $z = \dfrac{\pi d_0}{D_W} = \dfrac{\pi \times 32}{3} = 33.5$，取整数 34。

则 $$C_{0a} = 42.33 \times 14 \times 34 \times 3 \times \sin 45° = 42743 \ (N)$$

查参考文献 [2] 得硬度影响系数 $K_H' = 1.0$

则 $$K_F K_H' F_M = 1.2 \times 1.0 \times 1348 = 1618 \ (N)$$

满足静载荷条件 $C_{0a} = 42743N \geqslant K_F K_H' F_M = 1618N$。

3.3.4 其他构件

3.3.4.1 安全控制系统

为了保证机床的安全工作及高精度加工性能，避免操作者遭受人身伤害及工件和砂带的损坏等，该机床根据国家木工机床的安全通则设有以下几种不同而又相互联锁的安全装置。

① 机床紧急制动。紧急制动按钮安装在机床的控制面板上，在紧急情况下，触动它机床将立即刹车。

② 砂带保护。砂带在断裂时，机床将立即制动。砂带因跑偏而滑脱出张紧辊时，机床将立即制动。

③ 电机保护。控制线路中，设有电机自动过载保护和断相保护。

④ 送料工作台升降保护。如果送料工作台升降偏离了 3～110mm 的开挡范围，会碰到上下限位开关，送料工作台会立即停止升降。如果是设定厚度定位运行中超出范围，请按下急停按钮。

3.3.4.2 夹紧、压紧装置

在加工过程中由于切削力和其他作用力的作用，使工件产生振动和移动。用来使被加工工件在切削时固定不动的装置叫夹紧装置。

（1）对夹紧装置的要求

① 夹紧必须保证定位准确可靠，而不能破坏定位。

② 夹紧力大小要可靠和适当。工件和夹具的夹紧变形必须在允许的范围内。

③ 操作安全、方便、省力，具有良好的结构工艺性，便于制造，方便使用和维修。

④ 夹紧机械必须可靠。手动夹紧机械必须保证自锁，机动夹紧应有联锁保护装置，夹紧行程必须足够；夹紧机械的复杂程度、自动化程度必须与生产纲领和工厂生产条件相适应。

（2）典型夹紧机构

① 斜楔夹紧机构　斜楔是夹紧机构中最为基本的一种形式，它是利用斜面移动时所产生的力来夹紧工件的，常用于气动和液压夹具中。在手动夹紧过程中，斜楔往往和其他机构联合使用。

斜楔夹紧机构的缺点是夹紧行程小，手动操作不方便。斜楔夹紧机构常用在气动、液压夹紧装置中，此时斜楔夹紧机构不需要自锁。

② 螺旋夹紧机构　采用螺旋装置直接夹紧或与其他元件组合实现夹紧的机构，统称螺旋夹紧机构。螺旋夹紧机构结构简单，容易制造。由于螺旋升角小，螺旋夹紧机构的自锁性能好，夹紧力和夹紧行程都较大，在手动夹具上应用较多。螺旋夹紧机构可以看作是绕在圆柱表面上的斜面，将它展开就相当于一个斜楔。

③ 偏心夹紧机构　偏心夹紧机构是斜楔夹紧机构的一种变型，它是通过偏心轮直接夹紧工件或与其他元件组合夹紧工件的。常用的偏心件有圆偏心和曲线偏心，圆偏心夹紧机构具有结构简单、夹紧迅速等优点；但它的夹紧行程小、增力倍数小、自锁性能差，故一般只在被夹紧表面尺寸变动不大和切削过程振动较小的场合应用。

④ 定心夹紧机构　定心夹紧机构能够在实现定心作用的同时，又起着将工件夹紧的作用。定心夹紧机构中与工件定位基面相接触的元件，既是定位元件，又是夹紧元件。

⑤ 铰链夹紧机构　铰链夹紧机构是一种增力装置，它具有增力倍数较大、摩擦损失较小的优点，广泛应用于气动夹具中。

⑥ 联动夹紧机构　联动夹紧机构是一种高效夹紧机构，它可通过一个操作手柄或一个动力装置，对一个工件的多个夹紧点实施夹紧，或同时夹紧若干个工件。

（3）夹紧的动力装置

在大批大量生产中，为提高生产率、降低工人劳动强度，大多数夹具都采用机动夹紧装置。驱动方式有气动、液动、气液联合驱动、电（磁）驱动、真空吸附等多种形式。

① 气动夹紧装置　气动夹紧装置以压缩空气作为动力源推动夹紧机构夹紧工件。常用的气缸结构有活塞式和薄膜式两种。活塞式气缸按照气缸装夹方式分类有固定式、摆动式和回转式三种，按工作方式分类有单向作用和双向作用两种，应用最广泛的是双向作用固定式活塞气缸（图 3-22）。

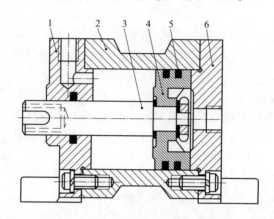

图 3-22　双向作用固定式活塞气缸图
1—前盖；2—气缸体；3—活塞杆；4—活塞；5—密封圈；6—后盖

② 液压夹紧装置　液压夹紧装置的结构和工作原理基本与气动夹紧装置相同，所不同的是它所用的工作介质是压力油。与气压夹紧装置相比，液压夹紧具有以下优点：传动力大，夹具结构相对比较小；油液不可压缩，夹紧可靠，工作平稳；噪声小。它的不足之处是须设置专门的液压系统，应用范围受限制。

3.3.5　除尘系统

砂光是生产作业中的重要环节，尤其是在木制品行业，砂光质量的好坏直接影响木制品的表面质量。而在木制品表面砂光过程中产生的粉尘相较于其他行业尤其严重，因此本节以木制品除尘系统为例，介绍砂光机的除尘系统。一般而言，砂光粉尘质量轻、粒径小且具有一定的黏度，飘散到空气中后会严重污染环境，若不及时处理，不仅会对机器后续加工和产品质量造成严重影响，而且还会危害操作工人的身体健康，同时也是火灾隐患。

过去的木材加工厂多为小批量生产，技术水平低，往往忽视生产对环境的污染和对工人健康造成的危害。随着生产规模的扩大、科学技术水平的提高以及国家对环保节能要求的提高，木材加工行业生产中除尘的重要性日益突出。因此，研制木制品表面砂光高效除尘系统，实现砂光作业环境的清洁化、安全化及高效率，是整个木制品加工行业亟待解决的问题。

传统的木制品砂光粉尘收集和处理办法是：①采用风机将砂光粉尘送至旋风

分离器，再进入布袋除尘器，最后集中在旋风分离器和布袋除尘器的集尘间内，整个系统处于密封式循环；②采用较单一的除尘系统，但由于投资过大或某些技术方面的原因，致使处理效果具有一定的局限性。

现阶段，在总结和借鉴相关行业已有的研究基础上，可结合相应除尘方式的理论研究和生产实践，采用旋风袋式分离除尘与气力输送管道水雾处理吸尘相结合的方法，将木制品表面砂光过程中产生的木粉尘按照粒径大小进行分级处理，为木制品砂光作业提供一套比较有效的除尘系统，以缓解由砂光粉尘所造成的环境污染和对人体的危害，为木制品加工企业的绿色生产提供一定的支持与指导。

3.3.5.1　砂光机除尘系统研制及其工作原理

砂光除尘主要为粉尘捕集、排尘和排气处理三个过程。根据砂光粉尘的特性，在除尘系统的粉尘捕集过程中可采用干式的旋风袋式除尘器，其利用旋转气流所产生的离心力将砂光粉尘从空气中分离出来，具有结构简单、制造容易、运行造价相对较低等特点，但对于 $5\sim10\mu m$ 粒径颗粒粉尘的净化效率一般只有 $60\%\sim90\%$，故也可将其进行改进设计后，用于较大粒径砂光粉尘的初级处理，对于粒径较小的砂光粉尘则采用气力输送技术将其送入水雾除尘管道后进行二次处理。

气力输送系统是采用高速流动的气体与物料混合后带动物料在管道中一起运动到指定场所的方法，该系统具有结构简单、占用空间少、布置灵活、输送距离长和有利于环保等优点，其在木材加工领域的应用中获得了较为理想的效果，这也是目前木材加工行业中普遍采用的除尘方式。如图 3-23 所示为一套较为先进的高效复合型木制品砂光除尘系统。

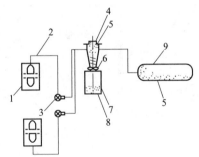

图 3-23　木制品砂光除尘系统

1—砂光机；2—送风管道；3—风机；

4—分离器；5—粉尘Ⅰ（大粒径）；

6—旋风机；7—木粉料仓；

8—粉尘Ⅱ（小粒径）；9—水雾除尘管道区

在设计木制品砂光除尘系统时，应结合企业车间的生产实际情况，根据其平面图和立体图来布置主管道、支管道、风机、旋风分离器、料仓等位置。根据车间布置及企业生产规模计算出砂光粉尘产生量，分别在砂光机端口接入吸尘罩及送风管道，并通过系统的平衡计算选择风压、风力和功率相匹配的风机，根据砂光机的粉尘流量选择旋风分离器的风机功率、风力及风压。在木制品砂光过程中，粉尘在除尘系统的吸气口（吸尘罩）被捕获，在风机运载空气介质的作用下，经旋风分离器的风力和风压旋流，在重力作用下大粒径粉尘经沉降送入木粉料仓，木粉料仓为可定量的木粉仓，由于砂光粉尘具有黏附性和爆炸性，为防止其在料仓内起拱搭桥引起爆炸，应定时清理；另外一部分粒径较小的粉尘则通过气力输送系统风机处理进入水雾除尘管道区，此管道可以设置在室外，最后对沉降的粉尘进行集中燃烧处理。

3.3.5.2　木制品砂光粉尘特点

一般而言，木制品制作过程中需经过白坯砂光、底漆砂光（多道底漆）、面漆磨光（多道面漆）等多道砂光工序。砂光粉尘属于干燥性物料，由木粉、油漆粉尘、含胶粉尘等组成，砂光和磨光处理中的粉尘粒径小、容重小、质量轻、易在空气中扩散、分散度高，见表3-9。木制品白坯砂光粉尘粒径稍大，面漆粉尘粒径最小，可小于 $1\mu m$。由于分子间的相互引力，粉尘颗粒间产生黏附作用，使微细的粉尘聚合起来成为相对较大的颗粒，积附的粉尘容易造成除尘设备的管道堵塞。另外，砂光粉尘粒径极小，表面积相对较大，与周围介质的接触面积增大，从而增大其活泼性，在一定温度和浓度下容易引起爆炸。在旋风袋式除尘管道中，应控制好粉尘的含水率，不能盲目采用喷施水分增大其含水率促进粉尘黏附聚合的方法来除尘，保持正常的含水率对维持除尘系统的稳定工作非常重要。

表 3-9　砂光机木粉尘分散度

粒径/μm	10	10～20	20～30	30～40	40～50	50
分散度/%	4	17.5	16.4	5.0	2.5	14.2

3.3.5.3　除尘方式选择

以下除尘设备均可应用于砂光机的除尘系统，需根据其工作原理、特性以及除尘成本、除尘效果等因素综合考虑，并能够合理选择最佳的除尘方式或将其中几种除尘方式进行有机结合，在达到最优的除尘效果的同时降低生产成本。例如，若将旋风袋式除尘器与异型砂光机相连，可对砂光粗粒径粉尘进行初级分离，再与袋式除尘器结合，进行砂光粉尘的二次除尘，这种组合方式得到的是一种复合型的除尘装置——旋风袋式除尘器，包括旋风式除尘器和袋式除尘器两种除尘装置。

旋风除尘器是利用旋转气流所产生的离心力将尘粒从含尘气流中分离出来的除尘装置。它具有结构简单、体积较小、不需特殊的附属设备、造价较低、阻力中等、器内无运动部件、操作维修方便等优点。旋风除尘器一般用于捕集 $5\sim15\mu m$ 以上的颗粒，除尘效率可达 80% 以上；近年来经改进后的特制旋风除尘器，其除尘效率可达 95% 以上。旋风除尘器的缺点是捕集粒径小于 $5\mu m$ 的微粒的效率不高。

如图 3-24 所示，旋风式除尘器由筒体 1、锥体 2、进气管 3、排气管 4 和排灰口 5 等组成。当含尘气体由切向进气口进入旋风除尘器时，气流由直线运动变为圆周运动，旋转气流的绝大部分沿除尘器内壁呈螺旋形向下、朝向锥体流动，通常称此为外旋气流。含尘气体在旋转过程中产生离心力，将相对密度大于气体的粉尘粒子甩向除尘器壁面。粉尘粒子一旦与除尘器壁面接触，便失去径向惯性力而靠向下的动量和重力沿壁面下落，进入排灰管。旋转下降的外旋气流到达锥体时，因圆锥形的收缩而向除尘器中心靠拢。根据旋矩不变原理，其切向速度不断提高，粉尘粒子所受离心力也不断加强。当气流到达锥体下端某一位置时，即以同样的旋转方向从除尘器中部由下反转向上，继续做螺旋形运动，构成内旋气流。最后净化气体经排气管排出，小部分未被捕集的粉尘粒子也随之排出。

自进气管流入的另一小部分气体则向除尘器顶盖流动，然后沿排气管外侧向下流动。当到达排气管下端时，即反转向上、随上升的内旋气流一同从排气管排出。分散在这一部分气流中的粉尘粒子也随同被带走。

袋式除尘器是一种干式滤尘装置。滤料使用一段时间后，由于筛滤、碰撞、滞留、扩散、静电等效应，滤袋表面积聚了一层粉尘，这层粉尘称为初层，在此以后的运动过程中，初层成了滤料的主要过滤层，依靠初层的作用，网孔较大的滤料也能获得较高的过滤效率。

随着粉尘在滤料表面的积聚，除尘器的效率和阻力都相应地增加，当滤料两侧的压力差很大时，会把有些已附着在滤料上的细小尘粒挤压过去，使除尘器效率下降。另外，除尘器的阻力过高会使除尘系统的风量显著下降。因此，除尘器的阻力达到一定数值后，要及时清灰。清灰时不能破坏初层，以免效率下降。

如图 3-25 所示，袋式除尘器本体结构主要由上部箱体、中部箱体、下部箱体（灰斗）、清灰系统和排灰机构等部分组成。低压脉冲袋式除尘器的气体净化方式为外滤式，含尘气体由导流管进入各单元过滤室，由于设计中滤袋底离进风口上口垂直距离有足够、合理的气流通过适当导流和自然流向分布，达到整个过滤室内空气分布均匀，含尘气体中的颗粒粉尘通过自然沉降分离后直接落入灰斗，其余粉尘在导流系统的引导下，随气流进入中箱体过滤区，吸附在滤袋外表面。过滤后的洁净气体透过滤袋经上箱体、排风管排出。滤袋采用压缩空气进行喷吹清灰，清灰机构由气包、喷吹管和电磁脉冲控制阀等组成。过滤室内每排滤袋出口顶部装配有一根喷吹管，喷吹管下侧正对滤袋中心设有喷吹口，每根喷吹管上均设有一个脉冲阀并与压缩空气气包相通。清灰时，电磁阀打开脉冲阀，压缩空气经喷吹清灰控制装置（差压或定时、手动控制）按设定程序打开电磁脉冲喷吹，压缩气体以极短促的时间按次序通过各个脉冲阀经喷吹管上的喷嘴诱导数倍于喷射气量的空气进入滤袋，形成空气波，使滤袋由袋口至底部产生急剧的膨胀和冲击振动，造成很强的清灰作用，抖落滤袋上的粉尘。

把旋风除尘和布袋除尘两个除尘单元整合到一起，称之为旋风-布袋组合式除尘器。旋风-布袋组合式除尘器既简化了除尘系统，节省了安装空间，又提高了除尘效率。

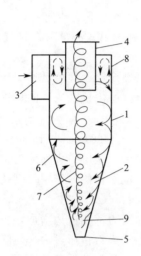

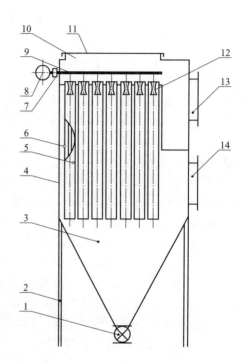

图 3-24　旋风式除尘器
的组成及内部气流

1—筒体；2—锥体；3—进气管；

4—排气管；5—排灰口；

6—外旋流；7—内旋流；

8—二次流；9—回流区

图 3-25　袋式除尘器结构图

1—卸灰阀；2—支架；3—灰斗；

4—箱体；5—滤袋；6—袋笼；

7—电磁脉冲阀；8—储气罐；9—喷管；

10—清洁室；11—顶盖；12—环隙引射器；

13—净化气体出口；14—含尘气体入口

　　旋风-布袋组合式除尘器由旋风除尘单元和袋式除尘单元组成，如图 3-26 所示。旋风除尘单元包括：进风口、外旋体、内旋体、排灰阀等。袋式除尘单元包括：出风口、气包、电磁脉冲阀、脉冲控制仪、花纹板、箱体、滤袋、骨架等。袋式除尘单元和旋风除尘单元上下直联。含尘气体首先通过进风口进入旋风除尘单元进行一级除尘后，除掉粗颗粒粉尘，然后进入袋式除尘单元进行二级除尘，通过滤袋的过滤进一步把较细粉尘从气体中除去，干净的气体从出风口排出。这样，使用一台除尘设备，实现了通常需要两台除尘设备和管路才能达到的效果。

　　当含尘气流以较高的速度切向进入到除尘器入口后，产生强烈的旋流现象，在旋流的外部（外旋涡）气体向下运动，同时中心处气流向上运动（内漩涡）。外漩涡把分离到器壁的颗粒带到除尘器底部，通过卸料器排除，内漩涡把未分离的小颗粒粉尘带入到布袋除尘单元，气体经过滤袋除尘后排入大气。在布袋除尘单元体中气流速度有明显的降低，产生的压力也有较大程度的减小；同时，粉尘浓度大大降低的内漩涡气流，使得喷吹清灰次数减少，从而对滤袋的损坏大大减小，延长了使用寿命。

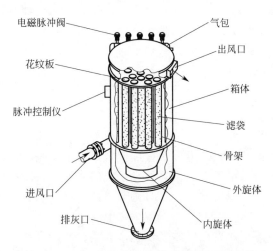

图 3-26 旋风-布袋组合式除尘器结构示意图

　　另一种常用除尘装置为水浴除尘器。水浴除尘器是一种使含尘气体在水中进行充分水浴作用的湿式除尘器。其特点是结构简单、造价较低，但效率不高。其主要由水箱（水池）、进气管、排气管、喷头和脱水装置组成，如图 3-27 所示。

　　其工作原理是当具有一定速度的含尘气体经进气管在喷头处以较高速度喷出，对水层产生冲击作用后进入水中，改变了气体的运动方向，而尘粒由于惯性力作用则继续按原来方向运动，其中大部分尘粒与水黏附后留在水中。在冲击水浴作用后，有一部分尘粒仍随气体运动并与大量的冲击水滴和泡沫混合在一起，池内形成一抛物线形的水滴和泡沫区域，含尘气体在此区域内进一步净化。在这一过程中，含尘气体中的尘粒被水所捕集，净化气体中含尘的水滴经脱水装置与气流分离，干净的气体由排气管排走。

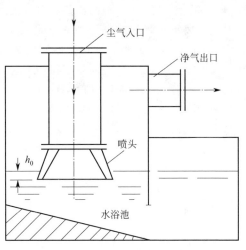

图 3-27 水浴除尘器结构示意图

　　也可在旋风袋式除尘器后利用气力输送技术以过滤除尘方式对砂光粉尘进行二次分离，采用室外集中式水雾除尘的方式对砂光中的小粒径粉尘进行集中处理。由此，可以保证室内作业环境干净安全，且可以节省作业空间，当车间有几台砂光机同时作业时，可将旋风袋式除尘器的管道风口分别与每台砂光机相连，二次分离通过管道（管道长度可为几米到十几米）送风处理后直接在室外管道口通过水雾吸附进行除尘。送风管道高速导向气流可使含较小尘粒的气流加速，微粒通过与大量水滴、水雾充分碰撞被捕获沉降，达到二级除尘的目的。在安排管道走向时，应尽量减少弯头的数量，且保证多通管、变径管、弯头等零部件的结构设计合理、内壁光滑，接头法兰密封良好等。

3.3.5.4　风量控制

在选定以上除尘方式作为砂光粉尘的除尘方式后，为了节省作业过程中的能量消耗，机床吸尘口及送风管道处最好加设自动或手动阀门，在管道、风机、旋风分离器及木料仓全部布置好后再对整套系统的风量、风速进行计算和设计。根据粉尘流量的大小、密度及方向，及时调节风机风量及水雾流量，可有效节约作业能耗。

在实际作业中，企业需根据砂光粉尘排放量、砂光机数量等情况，选择合适的排风量及风压，一定要避免在主管道、多通管和弯头处出现粉尘堆积堵塞，以保证除尘系统的连续高效工作。在实际生产中，可采用砂光机吸料器要求的最小气流量总和再增大 10% 来选择风机风量，以保证风机具有足够送风量对粉尘和空气进行分离。在风速的选择上，对木粉尘而言一般要在 $26\sim30\text{m/s}$ 以上。

在确定除尘器的风量时，一般不能使除尘器在超过划定风量的情况下运行，否则，滤袋轻易堵塞，寿命缩短，压力损失大幅度上升，除尘效率也要降低；但也不能将风量选得过大，否则增加设备投资和占地面积。风量单位用 m^3/min、m^3/h 表示，但一定要注意除尘器使用场所及烟气温度。高温气体多含有大量水分，故风量不是按干空气而是按湿度气量表示的，其中水分则以体积分数表示。同时，因为袋式除尘器的性能取决于湿空气的实际过滤风速，因此，如果袋式除尘器的处理温度已经确定，而气体的冷却又采取稀释法时，那么这种温度下的袋式除尘器的处理风量，还要加算稀释空气量。在求算所需过滤面积时，其滤速即实际过滤速度。为适应尘源变化，除尘器设计中需要在正常风量之上加若干备用风量时，从而按最高风量设计袋式除尘器。

如果袋式除尘器在超过规定的处理风量和过滤速度条件下运转，其压力损失将大幅度增加，滤布可能堵塞，除尘效率也要降低，甚至会成为其他故障频率急剧上升的原因。但是，如果备用风量过大，则会增加袋式除尘器的投资费用和运转费用。由于尘源温度发生变化，脉冲除尘器的处理风量也随之变化。但不应以尘源误操作和偶尔出现的故障来推算风量最大值。处理风量一旦确定，即可依据确定的滤速来决定所需的过滤面积。滤速因袋式除尘器的形式、滤布的种类和生产操作工艺的不同而有很大差异。

3.3.5.5　砂光粉尘处理

除尘系统中主要包括两部分的砂光粉尘处理。一部分是旋风袋式分离器直接沉降在木料仓中的木粉尘，由于系统一般会有约 2%～4% 的废料沉积在输送管及料仓底部，因此为避免粉尘堆积黏附，需定期对管道、除尘器、料仓等部件进行检查和清理。另一部分是通过管道水雾加湿后吸附沉降在室外的较轻木粉尘集合体，该管道内的水雾为连续循环状态，粉尘室外集中处理，环保高效，除尘全面到位。

经旋风分离器收集沉降的砂光粉尘在最终处理时要尽量一次输送到指定位置，以避免粉尘再次散逸对室内作业环境造成污染。目前还有部分企业采用锅炉焚烧处理法，结合实际作业环境对锅炉进行适当改造后，可将粉尘送入炉膛进行燃烧。有关数据统计显示，每公斤木质粉尘燃烧时能产生 8960kJ 热量，因此企业可通过对砂光粉尘的后处理，将其燃烧的热量作为一定的燃料来源，这样在减少工厂作业环境污染的同时，还有效地提高了资源利用率，具有较好的经济效益和社会效益。

3.4　电气控制系统

电气控制系统是由 PLC、电气箱、控制箱、接线盒、行程开关、电磁铁等组成的控制回路，用来控制工作台、砂轮的运动、工件的夹紧等，使之按一定的工作程序来实现正常磨削循环。电气控制系统与液压传动系统密不可分。

3.4.1　PLC 简介

可编程序控制器（PLC）从广义上来说也是一种计算机控制系统，只不过它比计算机具有更强的与工业现场相连的接口，具有更直接的适用于控制要求的编程语言。所以，它与一般的计算机控制系统一样，具有 CPU、存储器、I/O 接口等部。

3.4.1.1　PLC 的硬件系统

典型的 PLC 控制系统的硬件组成框图，如图 3-28 所示。

PLC 控制系统的硬件是由 PLC、输入/输出（I/O）电路及外围设备组成的。系统的规模可根据实际应用的需要而定，可大可小。

主控模块包括 CPU、内存、通信接口等部分。

输入/输出模块：包括数字量输入/输出模块、开关量输入/输出模块、模拟量输入/输出模块、交流量输入/输出模块、220V 交流量输入/输出模块，还有智能模块。

源模块：该模块将交流电源转换成供 CPU 内存等所需的直流电源，是整个PLC 系统的能源供给中心。

I/O 电路：PLC 的基本功能就是控制，它采集被控对象的各种信号，经过PLC 处理后，通过执行装置实现控制；输入电路的功能就是对被控对象进行监测、采集、转换和输入，另外，安装在控制台上的按钮、开关等也可以向 PIC 送控制指令；输出电路的功能就是接受 PIC 输出的控制信号，对被控对象执行控制任务。

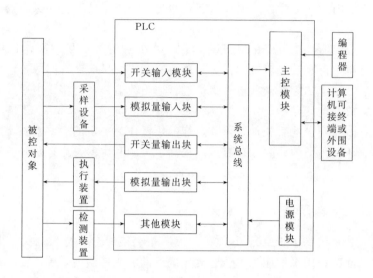

图 3-28　PLC 控制系统硬件组成框图

PLC 外围设备：常用的有编程器、可编程终端、打印机、条形码读入机等。

3.4.1.2　PLC 的软件系统及软元件介绍

PLC 控制系统的软件主要有系统软件、应用软件、编程语言及编程支持工具软件几个部分组成。PLC 系统软件是 PLC 工作所必需的软件。在系统软件的支持下，PLC 对用户程序进行逐条解释，并加以执行，直到用户程序结束，然后返回到程序的起始位置又开始新一轮的扫描。PLC 的这种工作方式就称为循环扫描。但在 PLC 中，由于采用的是循环扫描的工作方式，因此只有扫描到"线圈"的触点时才会有动作，没有扫描到时触点就不会动作。并且 PLC 扫描一次用户程序的时间周期长短与用户程序的长短和扫描速度有关。

这里以三菱公司生产的 FX2N 系列 PLC 控制系统为例展开介绍，这款 PLC 控制系统中有众多类型的软元件，具体软元件介绍如下：

软元件简称元件。PLC 内部存储器的每一个存储单元均称为一个元件，各个元件与 PLC 的监控程序、用户的应用程序合作，会产生或模拟出不同的功能。当元件产生的是继电器功能时，称这类元件为软继电器，简称继电器，它不是物理意义上的实物器件，而是一定的存储单元与程序的结合产物。后面介绍的各类继电器、定时器、计数器都指此类软元件。

元件的数量及类别是由 PLC 监控程序规定的，它的规模决定着 PLC 整体功能及数据处理的能力。我们在使用 PLC 时，主要查看相关的操作手册。表 3-10 为 FX₂N系列 PLC 软元件一览表。

表 3-10　FX₂N 系列 PLC 软元件一览表

元件 ＼ 型号	FX2N-16M	FX2N-32M	FX2N-48M	FX2N-64M	FX2N-80M	FX2N-128M	扩展时	备注
输入继电器 X	X0～X007 8点	X0～X017 16点	X0～X027 24点	X0～X037 32点	X0～X047 40点	X0～X077 64点	X0～X267 184点	合计 256点
输出继电器 Y	Y0～Y007 8点	Y0～Y017 16点	Y0～Y027 24点	Y0～Y037 32点	Y0～Y047 40点	Y0～Y077 64点	Y0～Y267 184点	
辅助继电器 M	M0～M499 500点一般用			M500～M1023 524点保持用		M1024～M3071 2038点保持用		M8000～M8255 256特殊用
状态继电器 S	S0～S499 500点一般用			S500～S899 400点保持用			S900～S999 100点特殊用	
定时器 T	T0～T99 100点100ms 子程序用 T192～T199		T200～T245 46点10ms		T246～T249 4点1ms累积		T250～T255 6点100ms累积	
计数器 C	16位增量计数器			32位可逆计数器		32位高速可逆计数器		
	C0～C99 100点一般用	C100～C199 100点保持用	C200～C219 20点一般用	C220～C234 15点保持用	C235～C245 1相1输入	C246～C250 1相2输入	C251～C255 2相输入	
数据寄存器 D、V、Z	D00～D199 200点一般用		D200～D511 312点保持用	D512～D7999 7488点保持用 D1000后可以设定做文件寄存器使用		D8000～D8195 256点特殊用	V7～V0 Z7～Z0 16点变址用	
嵌套指针	N0～N7 8点主控用		P0～P127 128点跳跃、子程序用、分支式指针	I00＊～I50＊ 6点输入中断用指针		I6＊～I8＊ 3点定时器中断用指针	I010～I060 6点计数器中断用指针	
常数 K	16位：-32768～32767			32位：-2147483648～2147483647				
常数 H	16位：0～FFFFH			32位：0～FFFFFFFFH				

输入继电器是 PLC 中用来专门存储系统输入信号的内部虚拟继电器。它又被称为输入的映像区，它可以有无数个动合触点和动断触点，在 PLC 编程中可以随意使用。这类继电器的状态不能用程序驱动，只能用输入信号驱动。FX 系列 PLC 的输入继电器采用八进制编号。

输出继电器是 PLC 中专门用来将运算结果信号经输出接口电路及输出端子送达并控制外部负载的虚拟继电器。它在 PLC 内部直接与输出接口电路相连，它有无数个动合触点与动断触点，这些动合与动断触点可在 PLC 编程时随意使用。外部信号无法直接驱动输出继电器，它只能用程序驱动。FX 系列 PLC 的输出继电器采用八进制编号。

PLC 内有很多辅助继电器，辅助继电器的线圈与输出继电器一样，由 PLC 内各软元件的触点驱动。辅助继电器的动合和动断触点使用次数不限，在 PLC 内可以自由使用。但是，这些触点不能直接驱动外部负载，外部负载的驱动必须由输出继电器执行。在逻辑运算中经常需要一些中间继电器作为辅助运算用。这些元件不直接对外输入、输出，但经常用作状态暂存、移位运算等。它的数量比软元件 X、Y 多。内部辅助继电器中还有一类特殊辅助继电器，它有各种特殊功能，如定时时钟、进/借位标志、启动/停止、单步运行、通信状态、出错标志等。FX$_{2N}$系列 PLC 的辅助继电器按照其功能分成以下几类。

① 通用辅助继电器 M0～M499（500 点） 通用辅助继电器元件是按十进制进行编号的，FX$_{2N}$系列 PLC 有 500 点，其编号为 M0～M499。

② 断电保持辅助继电器 M500～M1023（524 点） PLC 在运行中发生停电时，输出继电器和通用辅助继电器全部成断开状态。再运行时，除去 PLC 运行时就接通的以外，其他都断开。但是，根据不同控制对象的要求，有需要一些控制对象保持停电前的状态，并能在再运行时再现停电前的状态情形。断电保持辅助继电器完成此功能，停电保持由 PLC 内装的后备电池支持。

③ 特殊辅助继电器 M8000～M8255（256 点） 这些特殊辅助继电器各自具有特殊的功能，一般分成两大类。一类是只能利用其触点，其线圈由 PLC 自动驱动。例如：M8000（运行监视）、M8002（初始脉冲）、M8013（1s 时钟脉冲）。另一类是可驱动线圈型的特殊辅助继电器，用户驱动其线圈后，PLC 做特定的动作。例如，M8033 是指 PLC 停止时输出保持，M8034 是指禁止全部输出，M8039 是指定时扫描。

④ 内部状态继电器（S） 状态继电器是 PLC 在顺序控制系统中实现控制的重要内部元件。它与后面介绍的步进顺序控制指令 STL 组合使用，运用顺序功能图编制高效易懂的程序。状态继电器与辅助继电器一样，有无数的动合触点和动断触点，在顺控程序内可任意使用。状态继电器分成四类，其编号及点数如下：

初始状态：S0～S9（10 点）。

回零：S10～S19（10 点）。

通用：S20～S499（480 点）。

保持：S500～S899（400 点）。

报警：S900～S999（100 点）。

⑤ 内部定时器 定时器在 PLC 中相当于一个时间继电器，它有一个设定值寄存器（一个字）、一个当前值寄存器（字）以及无数个触点（位）。对于每一个定时器，这三个量使用同一个名称，但使用场合不一样，其所指的也不一样。通常在一个可编程控制器中有几十个至数百个定时器，可用于定时操作。

⑥ 内部计数器 计数器是 PLC 重要内部部件，它是在执行扫描操作时对内

部元件 X、Y、M、S、T、C 的信号进行计数。当计数达到设定值时，计数器触点动作。计数器的动合、动断触点可以无限使用。

⑦ 数据寄存器（D）　可编程控制器用于模拟量控制、位置控制、数据 I/O 时，需要许多数据寄存器存储参数及工作数据。这类寄存器的数量随着机型不同而不同。

每个数据寄存器都是 16 位，其中最高位为符号位，可以用两个数据寄存器合并起来存放 32 位数据（最高位为符号位）。

a. 通用数据寄存器 D0～D199。只要不写入数据，数据就不会变化，直到再次写入。这类寄存器内的数据，一旦 PLC 状态由运行（RUN）转成（STOP）时全部数据均清零。

b. 停电保持数据寄存器 D200～D7999。除非改写，否则数据不会变化。即使 PLC 状态变化或断电，数据仍可以保持。

c. 特殊数据寄存器 D8000～D8255。这类数据寄存器用于监视 PLC 内各种元件的运行方式，其在电源接通（ON）时写入初始化值（全部清零，然后由系统 ROM 安排写入初始值）。

d. 文件寄存器 D1000～D7999。文件寄存器实际上是一类专用数据寄存器，用于存储大量的数据，例如采集数据、统计计算器数据、多组控制参数等。其数量由 CPU 的监视软件决定。在 PLC 运行中，用 BMOV 指令可以将文件寄存器中的数据读到通用数据寄存器中，但不能用指令将数据写入文件寄存器。

⑧ 内部指针（P、I）　内部指针是 PLC 在执行程序时用来改变执行流向的元件。它有分支指令专用指针 P 和中断用指针 I 两类。

分支指令专用指针 P0～P63。指针在应用时，要与相应的应用指令 CJ、CALL、FEND、SRET 及 END 配合使用，P63 为结束跳转使用。

中断用指针 I。中断用指针是应用指令 IRET 中断返回、EI 开中断、DI 关中断配合使用的指令。

3.4.1.3　三菱 PLC 的工作原理

（1）三菱 PLC 的工作方式

工作方式采用循环扫描方式。在三菱 PLC 处于运行状态时，按"内部处理、通信操作、程序输入、程序执行、程序输出"的顺序，一直循环扫描工作。

注意：由于三菱 PLC 是扫描工作过程，在程序执行阶段即使输入发生了变化，输入状态映像寄存器的内容也不会变化，要等到下一周期的输入处理阶段才能改变。

（2）三菱 PLC 工作过程

工作过程主要分为内部处理、通信操作、输入处理、程序执行、输出处理几个阶段。

① 内部处理阶段　在此阶段，三菱 PLC 检查 CPU 模块的硬件是否正常，复位监视定时器，以及完成一些其他内部工作。

② 通信服务阶段　在此阶段，三菱 PLC 与一些智能模块通信、响应编程器键入的命令，更新编程器的显示内容等。当三菱 PLC 处于停止状态时，只进行内容处理和通信操作等内容。

③ 三菱 PLC 输入处理　输入处理也叫输入采样。在此阶段顺序读入所有输入端子的通断状态，并将读入的信息存入内存中所对应的映像寄存器。在此输入映像寄存器被刷新，接着进入程序的执行阶段。

④ 三菱 PLC 程序执行　根据三菱 PLC 梯形图程序扫描原则，按先左后右、先上后下的步序，逐句扫描，执行程序。但遇到程序跳转指令，则根据跳转条件是否满足来决定程序的跳转地址。若用户程序涉及输入输出状态时，三菱 PLC 从输入映像寄存器中读出上一阶段采入的对应输入端子状态，从输出映像寄存器读出对应映像寄存器的当前状态。根据用户程序进行逻辑运算，运算结果再存入有关器件寄存器中。

⑤ 三菱 PLC 输出处理　程序执行完毕后，将输出映像寄存器，即元件映像寄存器中的 Y 寄存器的状态，在输出处理阶段转存到输出锁存器，通过隔离电路驱动功率放大电路，使输出端子向外界输出控制信号，驱动外部负载。

（3）三菱 PLC 的运行方式

运行方式分为工作模式和停止模式。

① 工作模式　当处于运行工作模式时，三菱 PLC 要进行内部处理、通信服务、输入处理、程序处理、输出处理，然后按上述过程循环扫描工作。

在运行模式下，三菱 PLC 通过反复执行反映控制要求的用户程序来实现控制功能，为了使三菱 PLC 的输出及时地响应随时可能变化的输入信号，用户程序不是只执行一次，而是不断地重复执行，直至三菱 PLC 停机或切换到 STOP 工作模式。

注意：三菱 PLC 的这种周而复始的循环工作方式称为扫描工作方式。

② 停止模式　当处于停止工作模式时，三菱 PLC 只进行内部处理和通信服务等内容。

3.4.2　PLC 控制系统设计的一般流程

PLC 控制系统设计的一般步骤与传统的继电器——接触器控制系统的设计相比较，组件的选择代替了原来的器件选择，程序设计代替了原来的逻辑电路设计。

① 根据工艺流程分析控制要求，明确控制任务，拟定控制系统设计的技术条件。技术条件一般以设计任务书的形式来确定，它是整个设计的依据。工艺流程的特点和要求是开发 PLC 控制系统的主要依据，所以必须详细分析、认真研

究，从而明确控制任务和范围。如需要完成的动作（动作时序、动作条件、相关的保护和联锁等）和应具备的操作方式（手动、自动、连续、单周期、单步等）。

② 确定所需的用户输入设备（按钮、操作开关、限位开关、传感器等）、输出设备（继电器、接触器、信号灯等执行元件）以及由输出设备驱动的控制对象（电动机、电磁阀等），估算 PLC 的 I/O 点数；分析控制对象与 PLC 之间的信号关系、信号性质，根据控制要求的复杂程度、控制精度估算 PLC 的用户存储器容量。

③ 选择 PLC。PLC 是控制系统的核心部件，正确选择 PLC 对于保证整个控制系统的各项技术、经济指标起着重要的作用，PLC 的选择包括机型的选择、容量的选择、I/O 模块的选择、电源模块的选择等。选择 PLC 的依据是输入输出形式与点数、控制方式与速度、控制精度与分辨率、用户程序容量。

④ 分配、定义 PLC 的 I/O 点，绘制 I/O 连接图。根据选用的 PLC 所给定的元件地址范围（如输入、输出、辅助继电器、定时器、计数器、数据区等），对控制系统使用的每一个输入、输出信号及内部元件定义专用的信号名和地址，在程序设计中使用哪些内部元件、执行什么功能都要做到清晰、无误。

⑤ PLC 控制程序设计。包括设计梯形图、编写语句表、绘制控制系统流程图。控制程序是控制整个系统工作的软件，是保证系统工作正常、安全、可靠的关键，因此，控制程序的设计必须经过反复测试、修改，直到满足要求为止。

⑥ 控制柜（台）设计和现场施工。在进行控制程序设计的同时，可进行硬件配备工作，主要包括强电设备的安装、控制柜（台）的设计与制作、可编程序控制器的安装、输入输出的连接等。在设计继电器控制系统时，必须在控制线路设计完成后，才能进行控制柜（台）设计和现场施工。可见，采用 PLC 控制系统，可以使软件设计与硬件配备工作平行进行，缩短工程周期。如果需要的话，尚需设计操作台、电气柜、模拟显示盘和非标准电器元部件。

⑦ 试运行、验收、交付使用，并编制控制系统的技术文件。编制控制系统的技术文件包括说明书、设计说明书和使用说明书、电器图及电器元件明细表等。

3.4.3 PLC 控制系统的设计要求

传统的电器图，一般包括电器原理图、电器布置图及电器安装图。在 PLC 控制系统中，这一部分图可以统称为硬件图。它在传统电器图的基础上增加了 PLC 部分，因此在电器原理图中应增加 PLC 的 I/O 连接图。此外，在 PLC 控制系统的电器图中还应包括程序图（梯形图），可以称它为软件图。向用户提供软件图，供用户修改程序以及在维修时分析和排除故障，并有利于用户在维修时分析和排除故障。根据具体任务，上述内容可适当调整。

3.4.4　PLC 的选型

三菱 FXPLC 是小型化、高速度、高性能和所有方面都相当于 FX 系列中最高档次的超小程序装置，除输入输出 16～25 点的独立用途外，还可以适用于多个基本组件间的连接、模拟控制、定位控制等特殊用途，是一套可以满足多样化广泛需要的 PLC。

特点：系统配置既固定又灵活；编程简单；备有可自由选择、丰富的品种；令人放心的高性能；高速运算；适用于多种特殊用途；外部机器通信简单化；共同的外部设备。

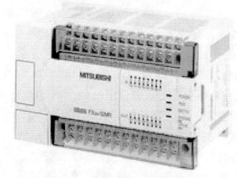

图 3-29　三菱 PLC- FX2N-32M

以三菱 PLC-FX2N-32M 为例介绍 PLC 控制系统的设计（图 3-29），本机控制规模：32 点，16 点输入，16 点输出，晶体器输出。

特点：

① 集成型高性能。CPU、电源、输入输出三位一体。可以以最小 16 点为单元连接输入输出扩展设备，最大可以扩展输入输出 256 点。

② 高速运算基本指令。

③ 安心、宽裕的存储器规格。内置 8000 步 RAM 存储器安装存储盒后，最大可以扩展到 16000 步。

④ 丰富的软元件范围。辅助继电器：3072 点。定时器：256 点。计数：235 点。数据寄存器：8000 点。

⑤ 除了具有 32MR 点输入输出的开关量控制，还有模拟量控制、定位控制等特殊控制。

3.4.5　PLC 控制的 I/O 分配表

输入信号			输出信号		
名称	输入元件	输入点	名称	输出元件	输出点
总停按钮	SB1	X1	电压继电器	KA	Y0
液压泵电机 M1 启动按钮	SB3	X3	液压泵电机接触器	KM1	Y1
液压泵电机 M1 停止按钮	SB2	X2	砂轮电机接触器＋冷却液电动机	KM2	Y2
砂轮电机 M2、冷却电机 M3 启动按钮	SB5	X5	砂轮上升接触器	KM3	Y3
砂轮电机 M2、冷却电机 M3 停止按钮	SB4	X4	砂轮下降接触器	KM4	Y4

续表

输入信号			输出信号		
名称	输入元件	输入点	名称	输出元件	输出点
升降砂轮电机 M4 上升按钮	SB6	X6	电磁吸盘充磁接触器	KM5	Y5
升降砂轮电机 M4 下降按钮	SB7	X7	电磁吸盘去磁接触器	KM6	Y6
电磁吸盘充磁按钮	SB8	X10			
电磁吸盘去磁按钮	SB10	X12			
电磁吸盘停止充磁按钮	SB9	X11			
液压泵电机 M1 热继电器	FR1	X13			
砂轮电机 M2 热继电器、冷却泵电机 M3 热继电器	FR2,FR3	X14			

3.4.6　PLC 控制的 I/O 接线图

图 3-30 为 PLC 控制的 I/O 接线图。

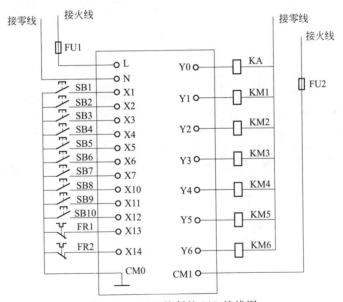

图 3-30　PLC 控制的 I/O 接线图

首先要对控制任务进行详细的分析，把所有的 I/O 点找出来，包括开关量 I/O 和模拟量 I/O 以及这些 I/O 点的性质。

输入/输出信号在 PLC 接线端子上的地址分配是进行 PLC 控制系统设计的基础。对软件设计来说，I/O 地址分配以后才可以进行编程；对控制柜及 PLC 的外围接线来说，只有 I/O 地址确定以后，才可以绘制电气接线图、装配图，让装配人员根据线路图和安装图安装控制柜。分配输出点地址时，要注意负载类型的问题。

在进行 I/O 地址分配时最好把 I/O 点的名称、代码和地址以表格的形式列写。

3.4.7 PLC 控制的梯形图和语句表

3.4.7.1 梯形图设计

图 3-31 为 PLC 控制的梯形图。

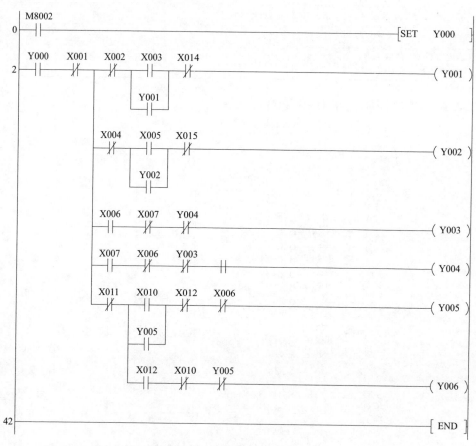

图 3-31 PLC 控制的梯形图设计

3.4.7.2 程序指令表

0	LD	M8002
1	SET	Y000
2	LD	Y000
3	ANI	X001
4	MPS	

5	ANI	X002
6	LD	X003
7	OR	Y001
8	ANB	
9	ANI	X014
10	OUT	Y001
11	MRD	
12	ANI	X004
13	LD	X005
14	OR	Y002
15	ANB	
16	ANI	X015
17	OUT	Y002
18	MRD	
19	AND	X006
20	ANI	X007
21	ANI	Y004
22	OUT	Y003
23	MRD	
24	AND	X007
25	ANI	X006
26	ANI	Y003
27	OUT	Y004
28	MPP	
29	ANI	X011
30	MPS	
31	LD	X010
32	OR	Y005
33	ANB	
34	ANI	X012
35	ANI	X006
36	OUT	Y005
37	MPP	
38	AND	X012
39	ANI	X010
40	ANI	Y005
41	OUT	Y006
42	END	

参考文献

[1] 左敦稳, 黎向锋现代加工技术[M]. 北京:北京航空航天大学出版社, 2013.

[2] 朱孝录, 机械传动设计手册[M]. 北京:电子工业出版社, 2007.

第4章

砂光机的制造

4.1 砂光机生产的工艺流程

4.1.1 生产过程

4.1.1.1 生产过程的概念

制造砂光机产品时，由原材料转变成成品的各个相关联的整个过程称为生产过程（图 4-1）。它包括以下几点。

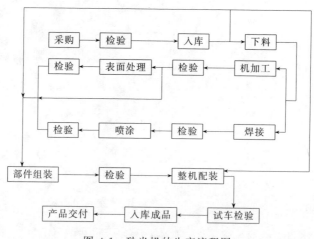

图 4-1 砂光机的生产流程图

① 原材料、半成品的运输保存。

② 生产技术准备工作。

③ 零件的机械加工、热处理和其他表面处理等。

④ 部件和产品的装配、调整、检验、试验、油漆和包装等。

由于砂光机的用途、复杂程度和生产数量的不同，其生产过程多种多样。为了便于组织生产、提高劳动生产率和降低成本，通常将比较复杂的机器生产过程分散在若干个工厂中进行毛坯制造和零部件的加工，最后集中在一个工厂里装配成完整的机器。这样安排生产过程，除了经济之外，还能使各个工厂按其产品的不同而专业化起来。例如，冶金工厂、铸造工厂、专门制造紧固零件的工厂、专业化制造化油器的工厂和电机制造厂等。

根据机械产品的复杂程度的不同，工厂的生产过程又可以按车间分为若干车间的生产过程，某一车间的原材料或半成品可能是另一车间的成品；而它的成品又可能是其他车间的原材料或半成品。例如，锻造车间的成品是机械加工车间的原材料或半成品；机械加工车间的成品又是装配车间的原材料或半成品等。

为了使工厂具有较强的应变能力和竞争能力，现代化工厂逐步用系统的观点看待生产过程的各个环节及它们之间的关系，即将生产过程看成一个具有输入和输出的生产系统。用系统工程学的原理和方法组织生产和指导生产，能使工厂的生产和管理科学化，能使工厂按照市场动态及时地改进和调节生产，不断更新产品以满足社会的需要，能使生产的产品质量更好、周期更短、成本更低。

4.1.1.2　工艺流程

工艺流程是指在生产过程中改变生产对象的形状尺寸、相对位置和性能等，使其成为半成品或成品的过程。工艺流程是生产过程中的主要组成部分。

砂光机制造工艺过程的主要内容包括毛坯和零件成形（铸造、锻压、冲压、焊接、压制、烧结、注塑、压塑等）、机械加工（切削、磨削、特种加工等）、材料改性与处理（热处理、电镀、转化膜、涂装、热喷涂等）、机械装配等工艺过程。

砂光机加工工艺过程往往是比较复杂的。在工艺过程中，根据被加工零件的结构特点、技术要求，在不同的生产条件下，需要采用不同的加工方法及其加工设备，并通过一系列加工步骤，才能使毛坯成为零件。为了便于深入细致地分析工艺过程，必须研究工艺过程的组成。

砂光机加工工艺过程是由一个或若干个顺次排列的工序组成的。毛坯依次通过这些工序就成为成品。每个工序又可分为一个或若干个安装、工位、工步和走刀等。

① 工序　指一个或一组操作者，在一个工作地点或一台机床上，对一个或同时对几个零件进行加工所连续完成的那一部分工艺过程。构成一个工序的要点是操作者不变，加工对象不变，工作地点（设备）不变，而且工序内的加工工作

是连续完成的。也就是根据这些特点来区分是一个工序还是几个工序。一个零件的工艺过程往往是由若干道工序组成的。若生产规模不同，则工序的划分及每一道工序所包含的加工内容也有所不同。

一般在单件、小批生产时，将工艺过程划分到工序，写明工序内容，画出必要的工序图，操作者就能理解。但在大批、大量生产时，为保证加工质量和生产率，就必须对工艺过程进行更细的划分。

② 安装工件在机床上每装夹一次所完成的那一部分工序内容。零件从定位到夹紧的整个过程称为零件的安装或装夹。

a. 定位。为了保证一个零件加工表面的精度，以及使一批零件的加工表面的精度一致，那么一个零件放到机床的装夹面上或夹具中时，首先必须占有某一相对刀具及切削成形运动（通常由机床提供）的正确位置，且逐次加工的一批零件都应占有相同的正确位置，这便叫作定位。

b. 夹紧。为了在加工中使零件在切削力、重力、离心力和惯性力等力的作用下能保持定位时已获得的正确位置不变，必须把零件压紧、夹牢，这便是夹紧。

工件的装夹，可根据零件加工的不同技术要求，采取先定位后夹紧或在夹紧过程中同时实现定位这两种方式。其目的都是为了保证工件在加工时相对刀具及成形运动具有正确的位置。定位保证零件的位置正确，夹紧保证零件的正确位置不变。正确的安装是保证零件加工精度的重要条件。

③ 工位 在某一工序中，有时为了减少由于多次装夹而带来的误差及时间损失往往采用转位（或移位）工作台或转位夹具。零件在一次安装中先后处于几个不同的位置进行加工。工件在机床所占的每一个位置上所完成的那一部分工艺过程称为工位。

图 4-2 所示为在多工位机床上加工孔的例子。在该工序中工件仅安装一次，但利用回转工作台使每个工件能在 6 个工位上依次地进行钻、扩、铰加工。

采用这种多工位加工方法，可以减少安装次数，提高加工精度和生产率。

④ 工步 一道工序（一次安装或一个工位）中，可能需要加工若干个表面，也可能虽只加工一个表面但却要用若干把不同刀具或虽只用一把刀具但却要用若干种不同切削用量分作若干次加工。在同一个工序中，当加工表面不变、切削工具不变、切削用量中的进给量和切削速度不变的情况下所完成的那部分工艺过程称为工步。当构成工步的任一因素改变后，即成为新的工步。一个工序可以包括一个工步，也可以包括几个工步。

⑤ 走刀 加工表面由于被切去的金属层较薄，需要分几次切削。走刀是指在加工表面上切削一次所完成的那一部分工步，每切去一层材料称为一次走刀。一个工步可包括一次或几次走刀。

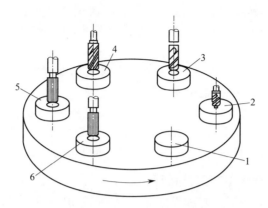

图 4-2　多工位机床加工孔

1—装卸工件工位；2—预钻孔工位；3—钻孔工位；

4—扩孔工位；5—粗铰孔工位；6—精铰孔工位

4.1.2　生产规模及其对工艺过程的影响

砂光机加工工艺受到生产规模的影响。各种砂光机产品的结构、技术要求等差异很大，但它们的制造工艺则存在着很多共同的特征。这些共同的特征取决于企业的生产规模，而企业的生产规模又由企业的生产纲领决定。

4.1.2.1　生产纲领

生产类型是指产品生产的专业化程度，生产纲领是指企业在计划期内应当生产的产品产量和进度计划，计划期长定为一年，辅以年生产纲领也称年产量。

零件的生产纲领要计入备品和废品的数量，可按下式计算：

$$N = Qn(1+\alpha)(1+\beta)$$

式中　N——生产纲领，件/年；

　　　Q——产品的年产量，台/年；

　　　n——每台产品中该零件的数量，件/台；

　　　α——备品的百分率；

　　　β——废品的百分率。

4.1.2.2　生产规模

生产规模是指企业生产专业化程度的分类。根据零件的生产纲领或生产批量可以划分出不同的生产类型：单件生产、成批生产、大量生产。

① 单件生产　其基本特点是生产的产品品种繁多，每种产品仅制造一个或少数几个，很少重复生产。重型机械制造、专用设备制造、新产品试制等都属于单件生产。

② 成批生产　其基本特点是一年中分批次生产相同的零件，生产周期性重复。机床工程机械、液压传动装置等许多标准通用产品的生产都属于成批生产。

③ 大量生产　其基本特征是同一产品的生产数量很大，通常是同一工作地长期进行同一种零件的某一道工序的加工。

对于成批生产而言，每一次投入或产出的同一产品的数量，简称批量。批量可根据年产量及一年中的生产批数计算确定。一年的生产批数根据用户的需要、零件的特征流动资金的周转、仓库容量等具体情况确定。

4.1.2.3　各种生产类型的工艺特征

生产批量不同适用的工艺过程也有所不同，一般对单件小批量生产，只要制订一个简单的工艺路线，对大批量生产则应制订一个详细的工艺规程。对每个工序工步和工作过程都要进行设计和优化，并在生产中严格遵照执行详细的工艺规程，是工艺装备设计制造的依据。

4.1.3　砂光机制造工艺分析

工艺分析是制订工艺规程的基础，必须根据不同产品不同的生产规模和企业的具体情况进行细致的工艺分析才能制订出合理的工艺规程，工艺分析一般应考虑的问题包括以下几点：

（1）分析产品图样

首先应分析砂光机的零件图，以及该零件所在的部件或总成的装配图。图样上拥有足够的投影和剖面，注明各部分的尺寸、加工符号、公差和配合、零件材料规格和数量等。所有不能用图形或符号表示的要求，一般都以技术条件来表明，如热处理的种类及要求、某些零件的特殊要求（如动平衡、校正重量、抗蚀处理）等。在分析图样的同时，可以考虑这些要求是否合理，在现有生产条件下能否达到，以便采取适当措施。

（2）审查零件的材料

工艺分析中审核选材时主要考虑：如果没有零件图中所要求的材料，则需考虑材料代用问题，对该种材料所规定的热处理要求能否实现，如不能实现，则考虑代用热处理工艺问题。

（3）结构工艺分析

一个好的机器产品和零件结构，不仅要满足使用性能的要求，而且要便于制造和维修，即满足结构工艺性的要求。在产品技术设计阶段，工艺人员要对产品结构工艺性进行分析和评价；在产品工作图设计阶段，工艺人员应对产品和零件结构工艺性进行全面审查，并提出意见和建议。制订机械加工工艺规程前，要进行结构工艺性分析，包括零件的结构工艺性和产品的结构工艺性两个方面。

零件的结构工艺性是指所设计的零件在能满足使用要求的前提下制造的可行性和经济性。它由零件结构要素的工艺性和零件整体结构的工艺性两部分组成。包括零件的各个制造过程中的工艺性，有零件结构的铸造、锻造、冲压、焊接、热处理、切削加工等工艺性。由此可见，零件结构工艺性涉及面很广，具有综合性，必须全面综合地分析。

a. 零件结构要素的工艺性。组装零件的各加工表面称为结构要素。零件的结构对其机械加工工艺过程的影响很大，使用性能完全相同而结构不同的两个零件，它们的加工难易程度和制造成本可能有很大差别。所谓良好的工艺性，首先是这种结构便于机械加工，即在同样的生产条件下能够采用简便和经济的方法加工出来，此外，零件结构还应适应生产类型和具体生产条件的要求。

零件结构要素的工艺性主要表现在以下几个方面：各要素形状尽量简单，面积尽量小，规格尽量统一和标准，以减少加工时调整刀具的次数；能采用普通设备和标准刀具进行加工刀具的进入退出和顺利通过，避免内端面加工时碰撞已加工面；加工面与非加工面应明显分开，加工时应都具有较好的切削条件，以延长刀具的寿命和保证加工质量。

b. 零件整体结构的工艺性。零件整体结构的工艺性主要表现在以下几个方面：尽量采用标准件通用件和相似件；有位置精度要求的表面应尽量能在一次安装下加工出来，如相继连接上的同轴线口其口径应当同向或双向递减，以便在单项或双面镗床上一次装夹把它们加工出来；零件应有足够的刚性，防止在加工过程中变形，以便于采用高速和多刀切削，保证加工精度；有便于装夹的基准和定位面；节省材料，减轻质量。

（4）产品的结构工艺性

产品的结构工艺性是指所设计的产品在满足使用要求的前提下，制造维修的可行性和经济性，显然制造的可行性和经济性应当包含制造过程的各个阶段，包括毛坯制造、机械加工和装配等。此处重点分析产品结构的装配工艺性。产品结构的装配工艺性可以从以下几个方面来分析：

① 独立的装配单元。所谓独立的装配单元就是指机器结构能够划分成独立的部件组件，这些独立的部件和组件可以各自独立地进行装配，最后再将它们组装成一台机器。这样就可以组织平行流水装配式装配工作，有利于装配质量的提高，最大限度地缩短装配周期，提高装配劳动生产率。

② 便于装配和拆卸。

③ 尽量减少在装配时的机械加工和修配工作。

4.2　砂光机制造工艺路线的拟订

拟订工艺路线的主要内容，除选择定位基准外，还应包括选择各加工表面的加工方法、安排工序的先后顺序、确定工序的集中与分散程度以及选择设备与工艺装备等，它是制订工艺规程的关键阶段。设计者一般应提出几种方案，通过分析对比，从中选择最佳方案。关于工艺路线的拟订，目前还没有一套精确的计算方法，而是采用经过生产实践总结出的一些带有经验性和综合性的原则。在用这些原则时，要结合具体生产类型和生产条件灵活应用。

4.2.1 加工阶段的划分

工件的加工质量要求较高时，都应划分阶段。一般可分为粗加工、半精加工和精加工 3 个阶段，加工精度和表面质量要求特别高时，还可增设光整加工阶段。

4.2.1.1 各加工阶段的主要任务

① 粗加工阶段　其任务主要是高效率的去除表面的大部分余量，因此主要问题是如何获得高的生产率。在这个阶段中，精度要求不高，切削用量、切削力、切削功率都较大，切削热以及内应力等问题较突出。

② 半精加工阶段　其任务是使各次要表面达到图样要求，使各主要表面消除粗加工时留下的误差，达到一定的精度为精加工做准备。该阶段是在粗加工和精加工之间所进行的切削加工过程。

③ 精加工阶段　其任务是保证各主要表面达到图样规定的质量要求。在这个阶段中，加工精度要求较高，各表面的加工余量和切削用量一般均较小。

④ 光整加工阶段　对于精度要求很高、表面粗糙度参数值要求很小的零件，还要有专门的光整加工阶段。光整加工阶段以提高加工的尺寸精度和降低表面粗糙度为主。

有时由于毛坯余量特别大、表面特别粗糙，在粗加工前还要有去皮加工阶段。为了及时发现毛坯废品以及减少运输工作量，常把去皮加工放在毛坯准备车间进行。

4.2.1.2 划分加工阶段的原因

① 保证加工质量。工件加工划分阶段后，由于粗加工的加工余量大、切削力和所需的夹紧力也较大，因而工艺系统受力变形和热变形都比较严重，而且毛坯制造过程因冷却速度不均，使工件内部存在着内应力，粗加工从表面切去一层金属，致使内应力重新分布也会引起变形。这就使得粗加工不仅不能得到较高的精度和较小的表面粗糙度，还可能影响其他已经精加工过的表面。粗、精加工分阶段进行，就可以避免上述因素对精加工表面的影响，有利于保证加工质量。

② 有利于合理使用设备。粗加工要求使用功率大、刚性好、生产率高、精

度要求不高的设备。精加工要求使用精度高的设备。划分加工阶段后，就可充分发挥粗、精加工设备的特点，避免以精干粗，做到合理使用设备。

③ 便于安排热处理工序，使冷、热加工工序配合得更好。例如粗加工后工件残余应力很大，可安排时效处理，消除残余应力；热处理引起的变形又可在精加工中消除等。

④ 便于及时发现毛坯缺陷。毛坯的各种缺陷如气孔、砂眼和加工余量不足等，在粗加工后即可发现，便于及时修补或决定报废，以免继续加工后造成工时和费用的浪费。

⑤ 精加工、光整加工安排在后，可保护精加工和光整加工过的表面少受磕碰损坏。

上述划分加工阶段并非所有工件都应如此，在应用时要灵活掌握。例如，对于那些加工质量要求不高、刚性好、毛坯精度较高、余量小的工件就可少划分几个阶段或不划分阶段；对于有些刚性好的重型工件，由于装夹及运输很费时，因此也常在一次装夹下完成全部粗、精加工。为了弥补不分阶段带来的缺陷，重型工件在粗加工工步后，松开夹紧机构，让工件有变形的可能，然后用较小的夹紧力重新夹紧工件，继续以精加工工步加工。

4.2.2 加工顺序的安排

复杂工件的砂光机加工工艺路线中要经过切削加工、热处理和辅助工序。因此，在拟订工艺路线时，工艺人员要全面地把切削加工、热处理和辅助工序三者一起加以考虑。

4.2.2.1 砂光机加工工序的安排原则

① 先基面后其他原则　工艺路线开始安排的加工表面，应该是选作后续工序作为精基准的表面，然后再以该基准面定位，加工其他表面。如轴类零件第一道工序一般为铣端面钻中心孔，然后以中心孔定位加工其他表面。再如箱体零件常常先加工基准平面和其上的两个小孔，再以两孔为精基准，加工其他平面。

② 先粗后精原则　如前所述，对于精度要求较高的零件，先安排粗加工，中间安排半精加工，最后安排精加工和光整加工。这一点对于刚性较差的零件，尤其不能忽视。

③ 先面后孔原则　当零件上有较大的平面可以用来作为定位基准时，总是先加工平面，再以平面定位加工孔，保证孔和平面之间的位置精度。这样定位比较稳定，装夹也方便。同时若在毛坯表面上钻孔，钻头容易引偏，所以从保证孔的加工精度出发，也应当先加工平面再加工该平面上的孔。

当然，如果零件上并没有较大的平面，它的装配基准和主要设计基准是其他的表面，此时就可以运用上述第一个原则，先加工其他的表面。如变速箱拨叉零件就是先加工长孔，再加工端面和其他小平面的。

④ 先主后次原则 零件上的加工表面一般可以分为主要表面和次要表面两大类。主要表面通常是指位置精度要求较高的精准面和工作表面；而次要表面则是指那些要求较低，对零件整个工艺过程影响较小的辅助表面，如键槽、螺孔、紧固小孔等。这些次要表面与主要表面间也有一定的位置精度要求，一般是先加工主要表面，再以主要表面定位加工次要表面。对于整个工艺过程而言，次要表面的加工一般安排在主要表面最终精加工之前。在安排加工顺序时，要注意退刀槽、倒角等工作的安排。有关这一类结构元素，在审查图纸的结构工艺性时就应予以注意。

为保证加工质量要求，有些零件的精加工须放在部件装配之后或在总装过程中进行。

4.2.2.2 热处理工序的安排

制订工艺规程时，热处理工序在工艺路线中安排得是否恰当，对零件的加工质量和材料的使用性能影响很大，因此应当根据零件的材料和热处理的目的妥善安排。安排热处理工序的主要目的是用于提高材料的力学性能，改善金属的加工性能以及消除残余应力。常见的热处理工序有以下几个。

① 预备热处理安排在机械加工之前，以改善切削性能、消除毛坯制造时的内应力为主要目的。例如，对于含碳量超过 0.5% 的碳钢一般采用退火及降低硬度；对于含碳量不大于 0.5% 的碳钢，一般采用正火以提高材料的硬度，使切削时切屑不粘刀，表面较光滑。由于调制能得到组织细密均匀的回火索氏体，因此有时也用作预备热处理。

② 最终热处理安排在精加工以后和磨削加工之前。主要用于提高材料的强度及硬度，如淬火-回火。由于淬火后材料的塑性和韧性很差，有很大的内应力，容易开裂，组织不稳定，材料的性能和尺寸要发生变化等原因，所以淬火后必须进行回火。其中调质处理能使钢材既获得一定的强度，硬度又有良好的冲击韧性等综合机械性能。

③ 去除内应力处理最好安排在粗加工之后、精加工之前，如人工时效、退火。但是为了避免过多的运输工作量，对于精度要求不太高的零件，一般把去除内应力的人工时效和退火放在毛坯进入机械加工车间之前进行。但是对于精度要求特别高的零件，在粗加工和半精加工过程中要经过多次去除内应力退火，在粗、精加工过程中还要经过多次人工时效。

另外，对于机床的床身、立柱等铸件，常在粗加工前以及粗加工后进行自然时效，以消除内应力，并使材料的组织稳定，不再在以后继续变形。所谓自然时效，就是把铸件露天放置几个月甚至几年。所谓人工时效，就是把铸件以 50～100℃/h 的速度加热到 500～550℃，保温 3～5h 或更久，然后以 20 ～ 50℃/h

的速度随炉冷却。虽然目前机床铸造已多采用人工时效来代替自然时效，但是对精密机床的铸件来说，仍以采用自然时效为好。

对于精密零件为了消除残余奥氏体，使尺寸稳定不变，还要采用冰冷处理。冰冷处理一般安排在回火之后进行。

4.2.2.3 辅助工序的安排

辅助工序的种类较多，包括检验、去毛刺、倒棱、清洗、防锈、去磁及平衡等。辅助工序也是必要的工序，若安排不当或遗漏，将会给后续工序和装配带来困难，影响产品质量，甚至使机器不能使用。例如，未去净的毛刺将影响装夹精度、测量精度、装配精度以及工人安全；润滑油中未去净的切屑将影响机器的使用质量；研磨后没清洗过的工件会带入残存的砂粒，加剧工件在使用中的磨损；用磁力夹紧的工件没有安排去磁工序，会使带有磁性的工件进入装配线，影响装配质量，因此要重视辅助工序的安排。辅助工序的安排不难掌握，问题是常被遗忘。

检验工序更是必不可少的工序，它对保证质量、防止产生废品起到重要作用。除了工序中自检外需要在下列场合单独安排检验工序：粗加工结束阶段后；重要工序前后；送往外车间加工的前后；特种性能检验之前。有些特殊的检验，如探伤等对工件的内部质量的检查，一般都安排在精加工阶段。密封性检验、工件的平衡和重量检验，一般都安排在工艺过程最后进行。

4.2.3 工序集中与分散

工序集中与工序分散是拟订工艺路线时确定工序数目的两种不同的原则，它和设备类型的选择有密切的关系。

4.2.3.1 工序集中和工序分散的概念

工序集中就是将工件的加工集中在少数几道工序内完成。每道工序的加工内容较多。工序集中可采用技术上的措施集中，称为机械集中，如多刃、多刀和多轴机床、自动机床、数控机床、加工中心等；也可采用人为的组织措施集中，称为组织集中，如卧式车床的顺序加工。工序分散就是将工件的加工分散在较多的工序内进行，每道工序的加工内容很少，最少实际每道工序仅为一个简单工步。

4.2.3.2 工序集中和工序分散的特点

① 工序集中的特点 采用高效专用的设备及工艺装备，生产率高；工件装夹数减少，易于保证表面间位置精度，还能减少工序间运输量，缩短生产周期；工序数目少，可减少机床数量、操作工人数和生产面积，还可简化生产计划和生产组织工作；因采用结构复杂的专用设备及工艺装备，使投资量大，调整和维修复杂，生产准备工作量大，转换新产品比较费时。

② 工序分散的特点 设备及工艺装备比较简单，调整和维修方便，工人容

易掌握，生产准备工作量少，又易于平衡工序时间，易适应产品更换；可采用最合理的切削用量，减少基本时间；设备数量多，操作工人多，占用生产面积也大。

4.2.3.3 工序集中与工序分散的确定

在制订砂光机加工工艺规程时，恰当地选择工序集中与分散的程度是十分重要的。工序集中与工序分散各有利弊，应根据生产类型、现有生产条件、工件结构特点和技术要求等进行综合分析后确定最佳方案。

当前砂光机加工的发展方向趋向于工序集中。在单件小批生产中，常常将同工种的加工集中在一台普通机床上进行，以避免机床负荷不足。在大批大量生产中，广泛采用各种高生产率设备使工序高度集中，而数控机床尤其是加工中心机床的使用使多品种中小量生产几乎全部采用了工序集中的方案。但对于某些零件，如活塞、轴承等，采用工序分散仍然可以体现较大的优势。因分散加工的各个工序可以采用效率高而结构简单的专用机床和专用夹具，投资少又易于保证加工质量，同时也方便按节拍组织流水生产，故常常采用工序分散的原则制订工艺规程。

对于重型零件，为了减少工件装卸和运输的劳动量，工序适当集中；对于刚性差且精度高的精密工件，则工序应适当分散。

4.2.4 加工设备的选型

4.2.4.1 设备的选择

确定了工序集中或工序分散的原则后，基本上也就确定了设备的类型。如采用机械集中，则选用高效自动加工的设备，多刀、多轴机床；若采用组织集中，则选用通用设备；若采用工序分散，则加工设备可较简单。此外，选择设备时还应考虑以下几点：机床精度与工件加工精度相适应；机床规格与工件的外部形状、尺寸相适应；采用数控机床加工的可能性。在中小批量生产中，对于一些精度要求较高工步内容较多的复杂工序，应尽量考虑采用数控机床加工；机床的选择应与现有生产条件相适应，选择机床应当尽量考虑到现有的生产条件，除了新厂投产以外，原则上应尽量发挥原有设备的作用，并尽量使设备负荷平衡。

如果工件的尺寸特大或工件的精度特高，这时很可能没有相应的设备可供选用，在这种情况下需改装设备或设计专用机床。为此，应根据具体要求提出设计任务书。其中，应提出与加工工序内容有关的必要参数、所要求的生产率、保证产品质量的技术条件以及机床的总体布置形式等。

4.2.4.2 工艺装备的选择

工艺装备选择的合理与否，将直接影响工件的加工精度、生产效率和经济性。应根据生产类型、具体加工条件、工件结构特点和技术要求等选择工艺装备。

①　夹具的选择　单件小批生产首先采用各种通用夹具和机床附件，如卡盘、机床用平口虎钳、分度头等。有组合夹具的，可采用组合夹具。对于中、大批和大量生产，为提高劳动生产率而采用专用高效夹具。中、小批生产应用成组技术时，可采用可调夹具和成组夹具。

②　刀具的选择　合理地选用刀具，是保证产品质量和提高切削效率的重要条件，在选择刀具形式和结构时应考虑以下主要因素：

a. 生产类型和生产率。单件小批生产时，一般尽量选用不同类型的刀具；大批大量生产中广泛采用专用刀具、复合刀具等，以获得高的生产率。

b. 工艺方案和机床类型。不同的工艺方案，必然要选用不同类型的刀具。例如，孔的加工，可以采用钻-扩-铰，也可以采用钻-粗镗-精镗等，显然，所选用的刀具类型是不同的。机床的类型、结构和性能，对刀具的选择也有重要的影响。

c. 工件的材料、形状、尺寸和加工要求。刀具的类型确定以后，根据工件的材料和加工性质确定刀具的材料。工件的形状和尺寸有时将影响刀具结构及尺寸，譬如一些特殊表面的加工，就必须采用特殊的刀具。此外，所选用的刀具类型、结构及精度等级必须与工件的加工要求相适应，如粗铣时应用粗齿铣刀，而精铣时则选用细齿铣刀等。

③　量具的选择　在选择量具前首先要确定各工序加工要求如何进行检测。工件的形位精度要求一般是依靠机床和夹具的精度而直接获得的。操作工人通常只检测工件的尺寸精度和部分形位精度。而表面粗糙度一般是在该表面的最终加工工序用目测方法来检验。但在专门安排的检验工序中，必须根据检验卡片的规定，借助量仪和其他的检测手段全面检测工件的各项加工要求。

选择量具时应使量具的精度与工件加工精度相适应，量具的量程与工件的被测尺寸大小相适应，量具的类型与被测要素的性质和生产类型相适应。一般来说，单件小批生产广泛采用游标卡尺、千分尺等通用量具，大批大量生产则采用极限量规和高效专用量仪等。

各种通用量具的使用范围和用途可查阅有关的专业书籍和技术资料，并以此作为选择量具时的参考依据。

如果需要设计专用工夹具量具时必须提出设计任务书，以夹具为例，其内容包括以下几点：写出产品和零件的名称、编号和产量，并绘出工序简图，标明加工表面和工序尺寸及公差，说明加工技术要求；说明工件的定位方式和装夹要求，建议采用的夹具形式、操作使用方法和必要的注意事项；说明有关的机床、刀具、切削条件、辅助工具等情况。

4.2.4.3　表面方法的选择

为了正确选择加工方法应了解各种加工方法的特点和掌握加工经济精度和经

济表面粗糙度的概念。

（1）加工经济精度和经济表面粗糙度的概念

加工过程中，影响精度的因素很多，每种加工方法在不同的工作条件下，所能达到的精度会有所不同。例如，精细地操作选择较低的切削用量，就能得到较高的精度。但是，这样会降低生产率，增加成本。反之，如增加切削用量而提高了生产效率，虽然成本能降低，但会增加加工误差而使精度下降。

有统计资料表明，各种加工方法的加工误差和加工成本之间的关系成复指数函数曲线形状，如图4-3所示。图中横坐标是加工误差，沿横坐标的反方向即是加工精度，纵坐标是成本Q。由图可知，如每种加工方法欲获得较高的精度，则成本就要加大；反之，精度降低，则成本下降。但是，上述关系只是在一定范围内即曲线之AB段才比较明显。在A点左侧，精度不易提高，且有一极限值；在B点右侧，成本不易降低，也有一极限值Q。曲线AB段的精度区间属经济精度范围。

加工经济精度是指在正常加工条件下所能保证的加工精度。若延长加工时间就会增加成本，虽然精度能提高，但不经济。

（2）选择加工方法时考虑的因素

选择加工方法是常常根据经验或查表来确定，再根据实际情况或通过工艺试验进行修改。所以选择时还应考虑下列因素：

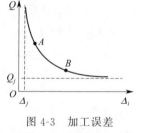

图4-3　加工误差
和成本的关系

① 工件材料的性质。例如，淬火钢的精加工要用磨削，有色金属的精加工为避免磨削时堵塞砂轮，则要用高速精细车或精细镗。

② 工件的形状和尺寸。例如，对于工厂公差为IT7的孔采用镗、铰、拉和磨削都可以，但是，箱体上的孔一般不易采用拉或磨，而常常选择大孔或小孔时，直径大于60mm的孔不易采用钻、扩、铰等。

③ 考虑生产类型及生产率和经济性问题。选择加工方法要与生产类型相适用，大批大量生产应选用生产率高和质量稳定的加工方法。例如，平面和孔采用拉削加工，单件小批生产则采用刨削、铣削平面和钻、扩、铰孔。又如为保证质量可靠和稳定，保证有高的成品率，在大批大量生产中采用超精细加工较精密零件时，常常降级使用高精度方法。同时，由于大批量生产能选用精密毛坯，如用粉末冶金制造液压泵齿轮，精铸中、小零件等，因而可简化机械加工。毛坯制造后直接进入磨削加工。

④ 根据具体生产条件应充分利用现有设备和工艺手段发挥群众的创造性，挖掘企业潜力，有时因设备复合的原因，需改用其他加工方法。

⑤ 充分考虑利用新工艺新技术的可能性，提高工艺水平。

⑥ 特殊要求。如表面纹路方向的要求，铰削和镗削孔的纹路方向与拉削的纹路方向不同，应根据设计的特殊要求选择相应的加工方法。

4.3 砂光机各构件的加工质量及其影响因素

零件在机械加工的工艺过程中，各个加工表面本身的尺寸及各个加工表面相互之间的距离尺寸和位置关系，在每一道工序中是不相同的，它们随着工艺过程的进行而不断改变，一直到工艺过程结束，达到图纸上所规定的要求。在工艺过程中，某工序加工应达到的尺寸称为工序尺寸。

工序尺寸的正确确定不仅和零件图的设计尺寸有关系，还与各工序的工序余量有关系。

4.3.1 加工余量的影响因素及确定

4.3.1.1 加工余量的概念

加工余量是指在加工过程中，从被加工表面上切除的金属层厚度。加工余量分工序余量和加工总余量两种。相邻两工序的工序尺寸之差为工序余量。毛坯尺寸与零件图的设计尺寸之差称为加工总余量，其值等于各工序的工序余量总和。

由于加工表面的形状不同，加工余量可分为单边余量和双边余量两种。如平面加工，加工余量为单边余量，即实际切除的金属层厚度。又如轴和孔的回转面加工，加工余量为双边余量，实际切除的金属层厚度为加工余量的一半。

任何加工方法加工后的尺寸变化都会有一定的误差。因此，需确定各种加工方法的工序尺寸公差。对工序间公差带一般都规定为"入体"（指向工件材料体内）的方向，即对于被包容面（如轴、键宽等），工序公差带都取上偏差为零，即加工后的基本尺寸与最大极限尺寸相等；对于包容面（如孔、键槽宽等），工序间公差带都取下偏差为零，即加工后的基本尺寸和最小极限尺寸相等。但是要注意，毛坯尺寸的制造公差常取对称偏差标注。

① 加工总余量等于各工序余量之和，如下式所示（图4-4）。

$$Z = \sum_i^n Z_i$$

式中 n——工序数目。

② 对于被包容面而言，工序余量与工序基本尺寸关系如下：

工序余量＝上工序的基本尺寸－本工序的基本尺寸；工序最大余量＝上工序的最大极限尺寸－本工序的最小极限尺寸；工序最小余量＝上工序的最小极限尺寸－本工序的最大极限尺寸。如图4-5。

③ 对于包容面而言，工序余量与工序基本尺寸的关系如下：

工序余量＝本工序的基本尺寸－上工序的基本尺寸；工序最大余量＝本工序最大极限尺寸－上工序最小极限尺寸；工序最小余量＝本工序最小极限尺寸－上

工序最大极限尺寸。

　　上面所说的工序间余量都是计算本工序尺寸用的，所以又称为公称余量。

　　加工总余量的大小对制订工艺过程有一定的影响。总余量不够，不能保证加工质量；总余量过大，不但增加机械加工的劳动量而且也增加了材料、工具、电力等的消耗，从而增加了成本。加工总余量的数值，一般与毛坯的制造精度有关。同样的毛坯制造方法，总余量的大小又与生产类型有关，批量大，总余量就可小些。在一般情况下，加工余量总是足够分配的。但是在个别余量分布极不均匀的情况下，也可能发生毛坯上有缺陷的表面层都切削不掉甚至留下了毛坯表面的现象。

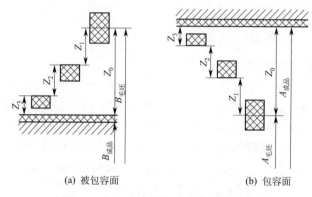

图 4-4　加工总余量与工序余量的关系

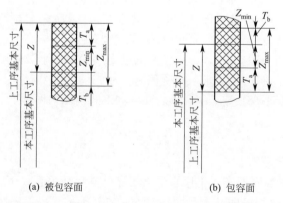

图 4-5　加工总余量与工序尺寸公差示意图

4.3.1.2　工序余量影响因素

　　影响工序间余量的因素比较复杂。下面仅对在一次切削中应切去的部分作一说明，作为考虑工序余量的参考。

　　① 上工序的表面粗糙度　由于尺寸测量是在表面粗糙度的高峰进行的，任

何后续工序都应降低表面粗糙度，因此在切削中首先要把上工序所形成的表面粗糙度切去。

② 上工序的表面破坏层　由于切削加工都在表面上留下一层塑性变形层，这一层金属的组织已被破坏，必须在本工序中予以切除。

经过加工，上工序的表面粗糙度及表面破坏层切除了，又形成了新的表面粗糙度和表面破坏层。但是根据加工过程中逐步减小切削层厚度和切削力的规律，本工序的表面粗糙度和表面破坏层的厚度必然比上工序的小。在整个加工过程中，上工序的表面粗糙度和表面破坏层是组成本工序加工余量的主要因素。

③ 上工序的尺寸公差　从图 4-5 可以看出，在工序余量内包括上工序的尺寸公差。其形状和位置误差，一般都包括在尺寸公差范围内（例如：圆度一般包括在直径公差内，平行度一般包括在直径公差内），不再单独考虑。

④ 上工序的形状和位置误差　零件上有一些形状和位置误差不包括在尺寸公差的范围内，但这些误差又必须在加工中加以纠正，这时就必须单独考虑这类误差对加工余量的影响。属于这一类的误差有轴线的直线度、位置度、同轴度及平行度、轴线与端面的垂直度、阶梯轴或孔的同轴度、外圆对于孔的同轴度等。

热处理变形对加工余量的影响也是需要单独考虑的误差之一。淬火零件的磨削余量比不淬火零件的磨削余量要大些，这也是考虑到零件在淬火后有变形之故。对于孔、花键孔等，热处理可能使尺寸略有增大，或略有减小，影响到本工序的加工余量，甚至使花键孔扭转产生其他变形，影响到工艺过程的安排。热处理变形的数值与方向和零件的材料及热处理工艺有关，需要通过实验来决定。

⑤ 本工序的安装误差　这一项包括定位误差（包括夹具本身的误差）和夹紧误差。当用三爪卡盘夹紧工件外圆磨内孔时，由于三爪卡盘本身定心的不准确，因此使工作轴心线和机床回转轴心线偏移了一个 e 值，使内孔的磨削余量不均匀。为了加工出内孔，就需在磨削余量上加大 $2e$ 值。

4.3.1.3　余量计算公式的应用

由于 Pa 和 Eb 具有方向性，因此，它们的合成应为向量和。根据以上分析，可以建立工序最小余量的计算公式。

对于平面加工，单边最小余量为：$Z_{min} = (R_{ya} + D_a) + (\rho_a + \varepsilon_b)$

式中　R_{ya}——上工序的表面粗糙度；

　　　D_a——上工序的表面破坏层；

　　　ρ_a——上工序的形状与位置误差；

　　　ε_b——本工序的安装误差。

对于外孔和内孔加工，双边最小余量为：

$$Z_{bmin} = 2\left(R_{ya} + D_a + \sqrt{\rho_a^2 + \varepsilon_b^2}\right)$$

当具体应用这种计算公式时，还应考虑工序的具体情况。如车削安装在两顶尖上的工件外圆时，其装夹误差可取为零，此时直径上的双边最小余量为：

$$Z_{bmin} = 2 [(R_{ya} + D_a) + \rho_a]$$

对于浮动镗孔，由于加工中孔是本身导向的自为基准，不能纠正孔轴线的偏斜和弯曲，因此此时的直径双边最小余量为：

$$Z_{bmin} = 2 (R_{ya} + D_a)$$

对于研磨、珩磨、超精磨和抛光等光整加工工序，此时的加工要求主要是进一步减小上工序留下的表面粗糙度，因此其直径双边最小余量为：

$$Z_{bmin} = 2 R_{ya}$$

4.3.1.4 确定加工余量的方法

① 计算法 按照前面所述的影响余量的因素，逐一进行分析并计算，这样确定的余量比较准确，但必须有充分的统计分析资料和清楚各项因素对余量的影响程度。因为分析计算比较麻烦，一般情况下并不采用。

② 查表法 在各种机械加工工艺手册上部有加工余量表，这些表格的数据来源于生产实践和实验研究，使用时可结合实际情况进行一定的修正。这种方法方便、迅速，在生产中应用广泛。

③ 估计法 此法主要靠经验确定，不够准确。为了保证不出废品，余量往往偏大，多用于单件小批生产。

对于一些精加工工序，有一最合适的加工余量范围。加工余量过大，会使加工工时过长，甚至不能达到精加工的目的；加工余量过小，会使工件的某些部位加工不出来。此外，精加工的工序余量不均匀，还会影响加工精度。所以对于精加工工序的工序间余量的大小和均匀性必须予以保证。

4.3.2 切削量的影响及确定

正确地选用切削用量，对保证产品质量、提高切削效率和经济效益，具有重要作用，应综合考虑工件材料、加工精度和表面粗糙度要求、刀具寿命和机床功率等因素来选择确定。

单件小批生产中，在工艺文件中常不具体规定切削用量，而由操作工人根据具体情况确定。

在成批以上生产时，则应科学地、严格地选择切削用量，并把它写在工艺文件上，以充分发挥高效设备的潜力并控制加工时间和生产节拍。

选择切削用量的基本原则是：首先选取尽可能大的背吃刀量，然后根据机床动力和刚度条件（粗加工）或对加工表面粗糙度的要求（精加工）选取尽可能大的进给量，最后在刀具耐用度和机床功率允许的条件下选择合理的切削速度。

切削用量的选择方法可分为计算法和查表法。有关的公式和表格可查阅各种工艺手册。查表方法简单、方便、实用，在生产中得到广泛的应用。

4.3.3 砂光机制造的加工精度

4.3.3.1 概述

产品质量是企业的生命线。按现代质量观，它包括设计质量、制造质量和服务质量组成部分。对于机械行业来说，各种产品均是由若干个零件组成的。因此，零件的加工质量是保证机械产品质量的基础。零件的加工质量包括零件的机械加工精度和加工表面质量两大方面。

4.3.3.2 加工精度

（1）加工精度的概念

任何一个零件都是通过不同的机械加工方法获得的。实际加工所获得的零件在尺寸、形状或位置方面都不可能和理想零件绝对准确一致，它们之间总有一些差异。因此，在零件图上对其尺寸、形状和有关表面间的位置都必须以一定形式标注出能满足该零件实用性能的允许误差或偏差，即公差。习惯上是以公差值的大小或公差等级表示对零件的机械加工精度要求。公差值或公差等级越小，表示对该零件的机械加工精度要求越高。

砂光机加工精度是指零件加工后的实际几何参数与理想几何参数的符合程度，符合程度越高，加工精度越高。

零件的加工精度包括：尺寸精度、形状精度和位置精度。尺寸精度用来限制加工表面与其基准间的尺寸误差在一定范围之内；形状精度用来限制加工表面宏观几何形状误差，如圆度、圆柱度、直线度等；位置精度用来限制加工表面与其基准间的相互位置误差，如平行度、同轴度等。这三者之间是有关系的，通常尺寸精度要求越高，形状精度和位置精度的要求也越高。

（2）获得加工精度的方法

在砂光机加工中，根据生产批量和生产条件的不同有很多获得加工精度的方法。

① 获得尺寸精度的方法

a. 试切法。是指在零件加工过程中不断对已加工表面的尺寸进行测量，并相应调整刀具相对工件加工表面的位置进行试切，直到满足尺寸精度要求的加工方法。

b. 调整法。是指按试切好的工件尺寸、标准件和对刀块等调整确定工具相对工件定位基准的准确位置，在保持的准确位置不变的条件下，对一批工件进行加工的方法，多用于大批量生产在摇臂钻床上用钻床夹具加工孔隙。

c. 定尺寸刀具法。在加工中采用具有一定尺寸的刀具或组合道具，以保证被加工零件尺寸精度。该方法生产率高，但刀具制造复杂，成本高。用方形拉刀拉方孔、用刀块加工内孔等即为此法。

d. 自动控制法。在加工过程中，通过由尺寸测量装置、动力进给装置和控制机构等组成的自动控制系统，使加工过程中的尺寸测量、刀具的补偿调整和切削加工等一系列工作自动完成，从而自动获得所要求的尺寸精度。

② 获得形状精度的方法

a. 成形运动法。零件的各种表面可以归纳为几种简单几何形面，比如平面圆柱面等。这些几何形面均可通过刀具和工件之间做一定的运动加工出来。成形运动是保证得到的工件要求的表面形状的运动。成形运动法就是利用刀具和工具之间的成形运动来加工表面的方法。

b. 非成形运动法。零件表面形状精度的获得不是靠刀具相对工件的准确成形运动，而是靠在加工过程中对加工表面形状的不断检验和工人对其精细修整加工的方法。该类方法是获得零件表面形状尺寸精度最原始的方法，但到目前为止在一些复杂型面和形状精度要求很高的表面加工过程中仍然采用。

③ 获得位置精度的方法　在机械加工中，位置精度主要由机床精度、夹具精度和工件的装夹精度来保证，获得位置精度的方法主要有下列两种：

a. 一次装夹获得法。该方法中，零件有关表面的位置精度是直接在工件的同一次装夹中，由各有关刀具相对工件的成形运动之间的位置关系保证的。

b. 多次装夹获得法。该方法中，零件有关表面间的位置精度是由刀具相对工件的成形运动与工件定位基准面之间的位置关系保证的。如轴类零件上键槽对外圆表面的对称度、箱体平面与平面之间的平行度等，均可用此法获得。

4.3.3.3　加工误差

（1）加工误差的概念

砂光机加工误差是零件加工后的实际几何参数与理想几何参数偏离程度。在机械加工过程中，由于各种因素的影响，加工出的零件不可能与理想的要求完全符合，即使在同样的生产条件下，也不可能加工出完全相同的零件来。在不影响使用性能的前提下，应该允许生产出的零件相对理想参数存在一定程度的偏离。零件在尺寸、形状和表面间相互位置方面与理想零件之间的差值分别称为尺寸、形状和位置误差。

（2）原始误差

在机械加工中，零件的尺寸、几何形状和表面间相对位置的形成，取决于工件和刀具的切削运动过程中相互位置的关系，而工件和刀具又安装在夹具和机床上，并受到夹具和机床的约束。

工艺系统的各种误差，会在不同的具体条件下，以不同的程度和方式反映为加工误差。可以说，工艺系统的各种误差是引起零件加工误差的根源。因此，把工艺系统的误差称作原始误差。

（3）研究加工精度的目的与方法

① 研究加工精度的目的，就是弄清各种原始误差的物理、力学本质以及它

们对加工精度影响的规律，掌握控制加工误差的方法，以期获得预期的加工精度，需要时能找出进一步提高加工精度的途径。

② 研究加工精度的方法分为：

a. 单因素分析法。该方法研究某一确定因素对加工精度的影响，为简单起见，研究时一般不考虑其他因素的同时作用。通过分析计算，测试或实验，得出该因素与加工误差间的关系。

b. 统计分析法。该方法以生产中一批工件的实测结果为基础，运用数理统计方法进行数据处理，用以控制工艺过程的正常进行。当发生质量问题时，可以从中判断误差的性质，找出误差出现的规律，以指导解决有关的加工精度问题。统计方法只适用于批量生产。

在实际生产中，这两种方法常常结合起来应用。一般先用统计分析法寻找误差的出现规律，初步判断产生加工误差的可能原因，然后运用单因素分析法进行分析、试验以便迅速有效地找出影响加工精度的主要原因。

4.4　砂光机的装配

4.4.1　概述

一台砂光机产品往往由成千上万个零部件组成，装配就是把加工好的零件按一定的顺序和技术连接到一起，成为一台完整的砂光机产品，并且可靠地实现产品设计的功能。砂光机的产品结构设计的正确性是保证产品质量的先决条件，零件的加工质量是产品质量的基础。装配处于产品制造的最后阶段，产品的质量是最终通过装配得到的保证和检验。因此，装配是决定产品质量的关键环节。研究制订合理的装配工艺，采用有效的保证装配方法，对保证进一步提高产品质量有着十分重要的意义。

4.4.1.1　装配的概念

任何产品都由若干个零部件组成。根据规定的技术要求，将零部件进行配合和连接，使之成为半成品或成品的过程，称为装配。

一般情况下，砂光机的结构比较复杂，为保证装配的质量和提高装配效率，可根据砂光机的结构特点，从装配工艺角度出发，将砂光机分解为可单独进行装配的若干个单元，成为装配单元。装配单元一般可划分为 5 个等级，即：零件、套件（或合件）、组件、部件和机器（图 4-6）。

零件是组成产品的最小单元，它由整块金属或其他材料制成。砂光机的装配过程中，一般先将零件组成套件、组件或部件，然后再装配成产品。

套件（图 4-7）是在一个基准零件上装上一个或若干个零件构成的，它是最小的装配单元。套件中唯一的基准零件是为了连接相关零件和确定各零件的相对位置。为套件而进行的装配称为套装。套件因工艺或材料问题分成零件制造，但

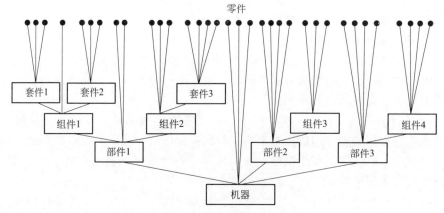

图 4-6　装配单元划分图解

在之后的装配中可作为一个零件，不再分开。

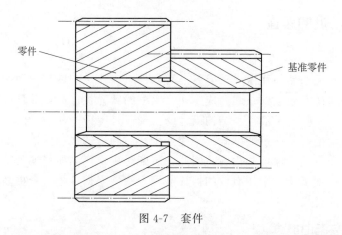

图 4-7　套件

组件是在一个基准零件上装上若干个套件及零件构成的。组件中唯一的基准零件用于连接相关零件和套件，并确定它们的相对位置。为形成组件而进行的装配称为组装。组件中可以没有套件，即由一个基准零件加若干个零件组成，它与套件的区别在于组件在以后的装配中可拆卸。如砂光机的主轴组件，如图 4-8 所示。

部件是在一个基准零件上装上若干组件、套件和零件而构成的。部件中唯一的基准零件用来连接各个组件、套件和零件，并决定它们之间的相对位置。为形成部件而进行的装配称为部装。部件在产品中能完成一定的完整的功用。

机器或产品，是由上述全部装配单元结合而成的整体。

4.4.1.2　装配工作基本内容

装配是砂光机制造的最后一个阶段，它占有非常重要的地位，因为产品的质

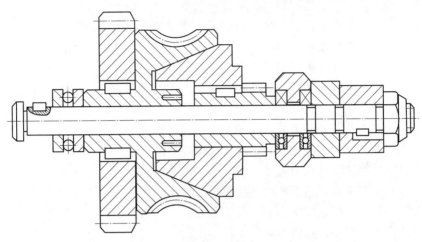

图 4-8　组件

量最终是由装配保证的。装配不仅是指合格零部件的简单合作过程，而且是根据
各级部装和总装的技术要求，在装配过程中通过清洗、连接、调整和检验等方法
来保证产品质量的复杂过程。质量不好的搭配，即使采用高质量的零件，也会装
出质量较差甚至不合格的产品，对装配工作必须给予足够的重视。常见的装配工
作主要有以下几项。

（1）清洗

主要目的是去除零件表面或部件中的油污及机械杂质。机械产品的清洗有利
于保证产品的装配质量和延长产品的寿命，尤其是对于轴承、密封件、相互接触
或相互配合的表面以及有特殊清洗要求的零件，稍有杂物就会影响到产品的质
量。所以装配前对零件进行清洗是非常重要的一个环节。

零件的清洗方法有擦洗、浸洗、喷洗和超声清洗等。清洗液一般用煤油、汽
油、碱液及各种化学清洗液。此外，还应注意使清洗过的零件具有一定的中间防
锈能力。

（2）连接

将两个或两个以上的零件结合在一起的工作称为连接。装配中的连接方式往
往有两类：可拆连接和不可拆连接。

可拆连接指在装配后可方便拆卸而不会导致任何的损坏，拆卸后还可以方便
地重装。如螺纹连接、键连接和销连接等。

不可拆卸连接指装配后不再拆卸，若拆卸则往往会损坏其中的某些零件。如
过盈配合、焊接、铆接等。

（3）调整

装配中的调整工作是指相关零部件相互位置的具体调节，包括调整零部件的
位置精度；调整运动副的间隙，如轴承的间隙、齿轮与齿条的啮合间隙；调整某

些间隙，如发动机的气缸间隙等。调整包括平衡、校正、配作等。

平衡指对产品中的旋转零部件进行平衡，以防止产品使用中出现振动。对于转速高、运转稳定性要求高的机器，为了防止在使用的过程中因旋转件的质量不平衡产生的离心惯性力引起振动，装配时必须对有关旋转零件进行平衡，必要时还要进行调整。部件和整机的平衡要以旋转零件的平衡为基础。旋转体的不平衡是由体内质量分布不均匀引起的，为消除质量分布不均引起的静力不平衡和力偶不平衡，生产中有两种平衡方法：静平衡法和动平衡法。对于长度比直径小很多的圆盘类零件一般采用静平衡，而对于长度较大的零件则要运用动平衡。

校正就是在装配过程中通过找正、找平及相应的调整工作来确定相关零件、部件的相互位置关系，达到装配精度要求。校正在产品总装和大型机械的基体件装配中应用较多。校正时常用的工具有平尺、角尺、水平仪、光学准直仪、千分表以及相应的检验棒、过桥等。

配作指两个零件装配后固定在其相互位置的加工，如配钻、配铰等。亦有为改善两零件表面结合精度的加工，如配刮、配研及配磨等。配作一般需与校正调整工作结合进行。如连接两零件的销钉孔，就必须待两零件的相互位置找正确定后一起钻铰销钉孔，然后打入定位销钉。这样才能确保其相互位置正确。

（4）检验和实验

产品装配完毕，应根据有关技术标准和规定，对产品进行较全面的检验和实验工作，合格后才准许出厂。

4.4.1.3 装配精度

（1）装配精度内涵

装配精度指产品装配后几何参数实际达到的精度，一般包含如下内容。

距离精度是指零部件间的轴向间隙、轴向距离和轴向距离等。配合精度是指配合件之间应达到的规定的间隙和过盈量的要求，它直接影响到配合件的配合性质和配合质量。

位置精度指相关零件的平行度、垂直度、同轴度等，如卧式铣床刀轴与工作台面的平行度，立式钻床主轴对工作台面的垂直度，车床主轴前后轴承的同轴度等。

相对运动精度指产品中有相对运动的零、部件间在运动方向及速度上的精度。如滚齿机滚入垂直进给运动和工作台旋转中心的平行度，车床拖板移动相对于主轴线的垂直度，车床进给箱的传动精度等。

接触精度指产品中两配合表面、接触面或连接表面间实际的接触面积大小和接触点的分布情况与规定数值的符合程度。它既影响到零件间的接触刚度，又影响到零件的配合质量。如齿轮啮合、锥体配合以及导轨面间均有接触精度的要求。

各装配精度之间存在着密切的关系，如位置精度是运动精度的基础，它对于保证尺寸精度、接触精度也会产生较大的影响。

（2）装配精度和零件精度的关系

机器和部件是由零件装配成的，零件的精度，特别是关键零件的加工精度对装配精度有很大的影响。但当装配精度要求较高，影响装配精度的零件数量较多的情况下，装配精度若完全由有关零件的制造精度来保证，将导致加工成本增加或根本就难以遏制。因此需要在装配过程中对有关零部件做必要的选择、调整、修配工作，从而保证装配精度。

由此而言，产品的装配精度与零件的加工精度有很密切的关系，零件精度是保证装配精度的基础；但是装配精度并不完全取决于零件精度，还与装配方法有关。机器的装配精度是由相关零件加工精度和科学合理的装配方法来共同保证的。

（3）影响装配精度的因素

① 零件精度。机械产品及其部件均由零件组成。各相关零件的误差的累积将反映于装配精度。因此，产品的装配精度首先受到零件的加工精度的影响。

② 零件刚度及抗振性。零件间的配合与接触质量影响到整个产品的精度，尤其是刚度和抗振性，因此，提高零件间配合面的接触刚度亦有利于提高产品装配精度。

③ 零件的变形量，零件在加工和装配中因热应力等所引起的变形对装配精度也会产生很大的影响。

④ 装配方法的选用对装配精度也有很大的影响，尤其是在单件小批量生产及装配要求较高时，仅采用提高零件加工精度的方法往往不经济且不易满足装配要求，因此通过合适的装配方法来保证装配精度非常重要。

综上所述，机械产品的装配精度主要依靠相关零件的加工精度和合理的装配方法共同保证。

4.4.2　装配工艺规程

装配工艺规程是规定产品或部件装配工艺过程、顺序和操作方法等的工艺文件。制订装配工艺规程是生产技术准备工作中的一项重要工作。装配工艺规程是解决制订装配计划、指导装配工作和处理装配工作中所发生问题的重要依据。对于保证装配质量、提高装配生产效率、降低成本和减轻工人劳动强度等都有积极的作用。在设计或建造一个机械制造厂时，装配工艺规程是设计装配车间的基本文件之一。

4.4.2.1　制订装配工艺规程的原则

① 保证产品质量　产品的质量最终由装配保证。即使所有零件都合格，但如果装配不当，也可能导致产品不合格，因此，应选用合理和可靠的装配方法，

全面、准确地达到设计要求的技术参数和技术条件，并要求提高精度储备量。

② 满足装配周期的要求　装配周期是根据产品的生产纲领计算的，完成装配工作所给定的时间，即所要求的生产率。大批量生产中，多用流水线来进行装配，对装配周期的要求由生产节拍来满足。单件小批量生产中，多用月产来表示装配周期。

③ 降低装配成本　应先考虑减小装备投资，如降低消耗，减小装备生产面积，减少工人数量和降低对工人技术水平的要求，减小装配流水线或自动线等的设备投资等。

④ 保持先进性　在充分利用现有装配条件的基础上尽可能采用先进装配工艺技术和先进装配经验。

⑤ 注意严谨　装配工艺规程应做到正确、完整、统一、清晰、协调、规范，所使用的术语、符号、代号、计量单位、文件格式与填写方法等要符合国家标准的规定。

⑥ 考虑安全性和环保性　制订装配工艺规程时要充分考虑安全生产和防止环境污染。

4.4.2.2　制订装配工艺规程需要的原始资料

① 产品图样和技术性能要求　产品图样包括总装图、部装图和零件图。总装图上可以了解到产品和部件的结构、装配关系、相对位置精度等装配技术要求，从而制定装配顺序、装配方法；零件图则是作为装配时对其补充加工或核算尺寸链的依据；技术条件则可作为制订产品检验内容方法及设计装配工具的依据；对产品、零件、材料、重量的了解可作为购置相应的起吊工具、运输设备的主要参数。

② 产品的生产纲领　产品的生产纲领决定了产品的生产类型，而生产类型不同，其装配工艺特征如组织形式、装配工艺方法、工艺过程、设备、操作量、技术水平、工艺文件等也不同。

③ 现有生产条件　现有生产条件包括现有的装备工艺设备、装配工具、装配车间的生产面积、装配工人的技术水平等各种工艺资料。有了这些资料，所制订的装配工艺规程才能科学合理，切合实际。

④ 验收技术标准　指总装后验收产品的一种主要技术文件，是制订装配工艺规程的主要依据之一，它主要规定了产品主要技术性能的检验、实验工作的内容及方法。

4.4.2.3　装配的组织形式

目前，装配的组织形式主要有三种，即固定式装配、移动式装配和固定形式的分段装配。

① 固定式装配　固定式装配是指全部工序都集中在一个工作地点进行。这

时装配所需的零件和部件全部运送到该装配位置。

② 移动式装配　移动式装配是指所装配的产品不断地从一个工作地点移到另一个工作地点，在每个工作地点上重复地进行着某一固定的工序，在每一个工作地点都配备有专用的设备和工具夹。根据装配顺序，不断地将所需要的零件及部件运送到相应的工作地点，这种装配方式称为装配流水线。

③ 固定形式的分段装配法　这种装配方式的特点是，将机械产品分成若干个分段，各分段可同时进行分装配，然后在将装好的分段运送到总装台上进行总装配。

这种装配方式的优点是：分段装配可平行地进行，缩短了装配时间，可实现装配工作专业化，提高装配效率等。

4.4.2.4　制订装配工艺规程的步骤

① 产品图样分析　从产品的总装图、部装图了解产品结构，明确零、部件的装配关系；分析并审查产品结构的装配工艺性；分析并审核产品的装配精度要求和验收技术条件；研究装配方法；掌握装配中的技术关键并制订相应的装配工艺措施；进行必要的装配尺寸链计算，确保产品装配精度。

② 确定装配的组织形式　产品装配工艺规程的制订与其组织形式有关。如总装、部装的划分；装配工序的集中、分配分散程度；产品装配的运输方式；工作场地的组织等。根据产品的生产纲领、结构特点及现有生产条件确定生产组织形式。

③ 划分装配单元　将产品划分成可进行独立装配的单元是制订装配工艺规程中最主要的一个步骤，这对于大批量装配结构复杂的机器尤为重要。划分装配单元是从工艺角度出发，将产品合理分解为可以进行独立装配的单元后，应便于装合和拆开以便合理安排装配顺序和划分装配工序，组织装配工作平行流水作业。应选择各单元的基件，并明确装配顺序和相互关系；尽可能减小进入总装的单独零件，缩短总装配周期。

④ 选择装配基准　无论哪一级的装配单元，都需要选定某一零件或比它低一级的装配单元装配基准件。选择时应遵循以下原则：尽量选择产品基体或主干零件为装配基准件，以利于保证装配精度；装配基准件应有较大的体积和重量，有足够支撑面，以满足陆续装入零、部件时的作业要求和稳定性要求；装配基准件的补充加工量应尽量减小，并尽量不再有后续加工工序；选择的装配基准件应有利于装配过程的检测，有利于工序间的传递运输和翻身转位等作业。

⑤ 确定装配顺序　将产品合理分解为可进行独立装配的单元后，可确定各装配单元的装配顺序。首先选择装配的基准件进入装配，然后根据装配结构的具体情况，按先上后下、先内后外、先难后易、先精密后一般、先重大后轻小的一般规律，确定其他零件和装配单元的装配顺序。

确定装配顺序时应注意如下问题：

① 预处理工序在前，如零件的去毛飞刺与飞边、清洗、防锈、防腐、涂装和干燥等。

② 首先进行基础零部件的装配：先利用较大空间进行难装零件的装配，先进行易损坏零件装配，以保证后续工序装配质量。如冲击性质装配、压力装配、加热装配等补充加工工序应尽量安排在装配初期进行，以保证整个产品装配质量。

③ 及时安排检验顺序。

④ 使用相同工装、设备和有公共特殊环境的工序，在不影响装配节拍的情况下，使工序尽量集中，以减少装配工装、设备重复使用，避免产品装配迂回。

⑤ 处于基准件同一方位装配工序应尽可能集中连续安排，防止基准件多次转位和翻身。

⑥ 电线、油（气）管路应与相应工序同时进行，以便零部件反复拆卸。

⑦ 含有易燃、易爆、易碎零部件的安装或有毒物质的安装，应该尽量放在最后，以减少前期安全防护工作，保证装配工作顺利进行。

装配顺序确定后，可绘制装配单元系统图。装配单元系统图有产品装配单元系统图和部件装配单元系统图两种，如图 4-9 和图 4-10 所示。

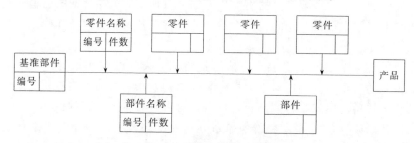

图 4-9　产品装配单元系统图

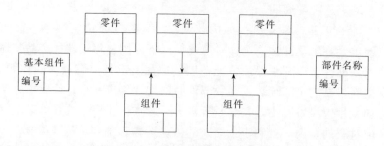

图 4-10　部件装配单元系统图

系统图中每一个零件、套件、组件、部件，都用长方格表示，长方格上方注明装配单元名称，左下方填写装配单元编号，右下方填写装配单元数量，装配单元的编号必须和装配图及零件图的明细表中的编号一致。

绘制装配单元系统图时，先画一条横线，在横线左端画出代表基准件的长方格，然后按装配顺序从左到右，一次将装入基准件的零件、套件、组件和部件引入。表示零件的长方格画在横线上方，表示套件、组件和部件的长方格画在横线的下方。

在装配单元系统图上加注所需的工艺说明，如焊接、配钻、攻螺纹、铰孔、检验等，则成为装配工艺系统图，如图 4-11 所示。

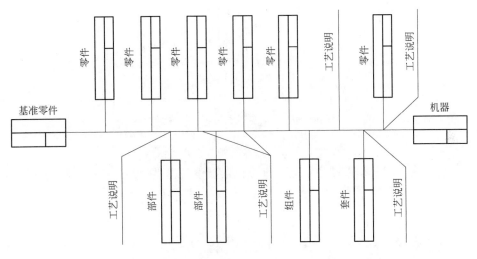

图 4-11　装配工艺系统示意图

在装配工艺系统图中比较清楚、全面地反映了装配单元的划分、装配顺序和装配工艺方法，是装配工艺规程中的主要文件之一。

4.4.3　砂光机的校准

砂光机的良好运行和加工的高精度在很大程度上取决于设备是否被正确地安装和准确地水平校准。砂光机起吊时使用顶部的四个吊环，为了保持平衡，应使用足够长的钢丝绳或链条，而且保证钢丝绳或链条牢固可靠。

当地面坚硬时，可将砂光机放在六块 $150mm \times 150mm \times 20mm$ 的垫铁上，然后将一平尺放置于机体的基准面及输送平台上，再将一个水平仪放置在平尺上，然后调整垫铁上部的螺栓，使砂光机在纵横两个方向上水平仪的读数误差不得超过 1mm。

当地面较软而不能承受机床荷重时，需浇灌水泥基础，打好地基并作出预留孔，在预留孔中放入膨胀水泥和地脚螺钉，安装机床，然后在纵横两个方向调整机床至适当的水平位置，待预留孔中的水泥干燥后，锁紧地脚螺钉上的螺母。

如果设备安装所在车间地面基础不好，则需要根据我们的图纸，用水泥按1：3的比例建造出一个良好的地面安装基础。

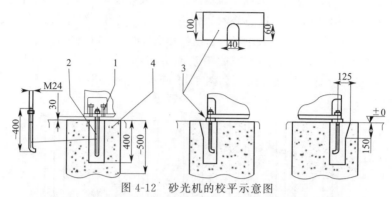

图 4-12　砂光机的校平示意图

1—调节螺栓（每台两砂架砂光机随机配备 8 个，四砂架砂光机随机配备 12 个）；

2—地脚螺栓（每台两砂架砂光机随机配备 4 个，四砂架砂光机随机配备 6 个）；

3—调整垫块（每台两砂架砂光机随机配备 4 个，四砂架砂光机随机配备 6 个）；

4—混凝土地基

为了能方便地校正设备水平，每台机器随设备提供了地脚螺栓、调整垫块和调节螺栓，如图 4-12 所示。

4.4.3.1　所需工具

水准仪（或经纬仪）、框式水平仪（2 个，精度为 0.02mm/m）、36mm 梅花扳手等工具。

4.4.3.2　设备的平面位置调整

在安装时，要保证机器的工艺中心线（即进料和出料包胶运输辊的中点的连线）在地面的投影与基础的中心线重合。

4.4.3.3　机器的高度和水平调整

如果生产线由两台或多台机器组成，则需要用水准仪将各台设备的四角调整到大致水平，水平度误差在 1mm 以内，同时要检查相邻两台机器的侧面的里外间距偏差，将机器工艺中心线不重合误差减小到最低。做好上述工作后，在基础的预留孔内灌浆。

4.4.3.4　水平精调

待预留孔内的混凝土达到保养期后，将垫铁 3 放在机器底部的调整部位，用两个框式水平仪（精度为 0.02 mm/m）相互垂直放在下机加工面上，调节调整螺栓 1 和地脚螺栓 2 的螺母可以精调机器的水平。

4.4.4　砂光机的质量检测

4.4.4.1　确定检验程序的原则

① 先进行检验的项目，应不妨碍后需检验项目的进行；先检验的项目应不

降低后续检验项目的测量精度。

② 用时较长的检验项目应尽量先进行，以提高效率，节省工时。

③ 注意测量环境条件的选择，提高测量的准确性。

4.4.4.2 检验一般程序

① 抽样，封样，选定检验样机并吊装搬运至检验现场；

② 包装质量检验；

③ 油漆、外观质量检验；

④ 随机技术文件和随机附件检查；

⑤ 清理调整机床；

⑥ 型号、规格、参数检验；

⑦ 机床运转与性能检验；

⑧ 安全卫生检验；

⑨ 负荷与超负荷检验；

⑩ 整机几何精度检验；

⑪ 工作精度检验；

⑫ 装配质量检验；

⑬ 零件加工质量检验；

⑭ 材质化验、力学性能试验、硬度检验；

⑮ 铸件、锻件及焊接质量检验。

4.4.4.3 质量检验的项目与内容

（1）运转与性能

砂光机一般是由多个系统组成的，各个系统具有不同的功能特性。通过对设备的运转、操作、调整可以反映出砂光机性能是否达到标准与设计的要求。以下就其中主要的检验内容做一下介绍。

① 主运动系统性能　通过对砂光机设备的反复启停、反转微动、点动、变速操作，来考核设备主轴或主运动部件的运转性能。主轴转动时，对有变速机构的，应测量主轴的各级转速，以确认其是否符合要求。当主轴转动1h、轴承温度稳定以后，测量主轴承温度及温升，其值不应超过下列的规定。

滚动轴承：温度70℃，温升40℃。

滑动轴承：温度60℃，温升30℃。

② 进给系统性能　通过对砂光机设备的反复启停、快速进退、变速操作、自动定位及限位停止、进给量变换、自动复位等，测量实际进给速度，并试验进给系统的灵活可靠性。

③ 辅助系统性能　辅助系统性能指砂光机的操纵、夹紧、刀具拆卸、润滑、

冷却、吸尘、排屑等性能。辅助系统应符合设计要求和相关标准，其功能应具有可靠性。在运转性能试验过程中，各系统应平稳、协调，无明显振动及异常噪声。

（2）安全防护

因为砂光机的砂削磨具有砂削速度高、运动部件回转速度快的特性，由砂光机构成的操作事故时有发生，所以，对砂光机结构的安全性及安全防护性检验，是一项重要内容。

① 危险部位

a. 回转运动的危险部分。如回转磨具等。外露的回转运动部件也具有潜在的危险性，如链轮、齿轮、皮带轮等。

b. 啮合区域的危险部位。如皮带与齿轮，齿条与齿轮，输送带与带轮，进料辊与物料之间等部位。

c. 往复运动的危险部位。如锯条、开齿机的冲头与底模、移动工作台与床身部位等。

d. 刀具或材料飞出部位。如铣床刨床的未紧固片刀、磨锯机破碎的砂轮、可能产生的工件反弹等。

② 危险部位的安全防护性检测要求　刀轴结构与刀片的紧固方式应可靠、合理，确保工作时刀具不会自动松动；磨削部分应有防护罩；主轴运动应有急停装置；对多个操作装置的机床，应分别设置急停开关，开关位置应该便于操作；主运动与进给运动应实行联锁，以保证主运动先启后停，即不启动主轴就无法进料；应设砂光机最大砂削量标牌和超载保险装置；直线运动部件应在往复滑动极限位置设行程开关；在动力信号和控制信号临时中断时应保证工件夹紧及制动装置不失效；砂光机上应标明刀具或主轴旋转方向。

（3）零件加工质量

一般根据零件在砂光机中所起的作用和实际加工质量，把零件分为主要零件和一般零件，并分别控制其加工质量。对主要零件中严重影响整机的检验项目，还规定有关键项。零件关键项次合格率必须达到100%，即检验中发现关键项次不合格，可终止检验而判定整机质量为不合格。

一般把刀轴、油缸、工作台、主轴及轴套、重要的传动件等直接影响加工精度的零件定为主要零件；把重要的整机几何精度、配合尺寸、高速回转件的平衡质量、重要工件表面硬度等定为关键项次。合格品、一等品、优等品的主要零件项次合格率指标分别是85%、90%、95%。一等品、优等品的一般零件项次合格率指标分别是80%、85%。

（4）装配质量装配

质量检验的主要内容有以下几个方面：主要零件的主要工作表面，如工作台表面、主轴表面等，不允许有明显磕碰、划伤、锈蚀等；不应将图样未规定的垫片和套等装入砂光机设备；有刻度的手轮、手柄反向空程应小于 1/10 转；滑动接触面刮研点应均匀，重要配合面贴合要紧密；链传动、皮带传动的送进程度要适当、一致；运输带应无跑偏现象；齿轮传动装置轮缘错位量小于规定值；高速回转体进行动平衡或静平衡试验。

（5）油漆、外观质量

① 油漆质量要求　对于油漆质量，要求其色彩和谐美观大方，漆面平整、光亮、均匀，无流挂、皱皮、起泡、发白等缺陷。使用锤纹漆时要求涂层均匀，锤花清晰。使用两种颜色涂漆时，要求漆层界线分明、整齐，不得互换沾染。砂光机内壁涂层宜用浅色。

② 其他外观质量要求　机床表面平整，无损伤；结合部边缘的错位量、门盖缝隙等要符合规定，不得超差；外露焊缝要平整；标牌清晰，内容完全，位置准确。

（6）随机文件与附件质量

随机文件，主要指使用说明书、装箱单、合格证。三者应放入一袋，置于附件箱内。使用说明书的内容、格式应该符合有关规定。

装箱单是砂光机发货包装内容的说明，供用户到货验收用。检测时也凭此核实包装箱内实物。

合格证是设备质量合格的证明，其上必须有企业法人代表的盖章，和厂检验负责人的签章。此外，在合格证上还应注明砂光机出厂检验时的主要依据，如集合精度和工作精度。严禁未经检验而随意签发产品合格证。

随机附件主要包括用于砂光机安装、调整、操作、维护的工具、专用刀具、易损件等。

对于有些附件应进行性能试验。随机附件应以技术文件形式予以说明，使之与供选用的配件区别开，并在使用说明书中注明。

（7）包装质量

产品包装是保证砂光机在运输、存放过程中维持其原有质量特性的措施。

砂光机包装质量的标准依据是 JB/T 8356—2016 机械包装技术条件；对于出口包装则以 GB/T 19142—2016 出口机械包装技术条件作为标准依据。

包装箱的材料问题，是近年来砂光机行业包装质量中的交点问题。过去传统采用木板方法作为包装箱材料。近年来，随着木材资源缺乏和木材涨价，许多工厂采用其他材料作为包装箱材料，如菱苦土、纤维板、苇席、柳条筐、纸板箱等。砂光机产品的重量等级，是选用包装箱材料及其形式的基本依据。在采用新型包装材料时，应对其进行必要的强度试验。

包装质量检测包括以下几方面内容：检查箱面标志，内容包括产品型号及其名称、出厂编号、体积、毛重、收发单位及到站；包装箱底座、框架应牢固，要便于搬运；与主机同置一箱内的附件箱，应固定砂光机或部件与箱壁距离不小于

30mm，距箱顶部应大于 50mm；包装箱内应清洁无杂物；对砂光机、附件、工具和金属裸露表面均应采取防锈措施；应对包装箱内的设备加塑料薄膜罩；箱体的顶盖与内壁应采用油毡纸等防水材料挡护，以防雨淋。

4.5 砂光机的运输

砂光机在运输时一般必须上、下机架分开，并将超过运输允许尺寸的部件拆下。

4.5.1 机器的吊装

上、下机架的四角处开有专门供吊装机器用的吊装孔。由于机器的重心位置偏向电机侧，因此，吊装用的钢丝绳的长度应该不一样，吊装操作侧的两根钢丝绳的长度应比另两根长（单根长出 15 ～ 20cm），保证机器被吊起后机器仍保持水平。

4.5.2 机架搬运

图 4-13 为机架搬运图。

(a) 上机架   (b) 右下机架

图 4-13 机架搬运图

用直径至少为 40mm 的圆钢（长约 300mm）及钢丝绳进行吊装，如图 4-14

所示。

用带有 DIN7541 吊钩的钢丝绳进行吊装，如图 4-15 所示。

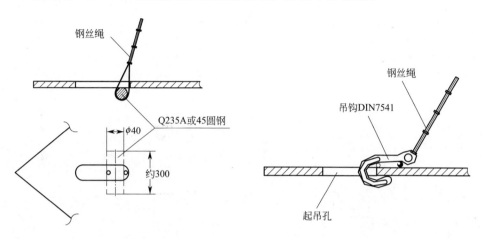

图 4-14　吊装示意图（一）　　　　　图 4-15　吊装示意图（二）

4.5.3　搬运时的安全说明

确保绳与吊钩或圆钢链接牢固，并且拉紧的钢丝绳不能接触机器的任何部件。确认吊钩或起吊用圆钢放在设备吊孔的合理位置。机器被吊起后仍保持水平状态这一点是非常重要的，缩短电机侧的吊绳长度即用索扣直到设备能够水平被吊起。

参考文献

[1]　王先逵. 机械制造工艺[M]. 北京：机械工业出版社，1995.

[2]　王先逵. 机械制造工艺[M]. 2版. 北京：机械工业出版社，2006.

[3]　王启平. 机械制造工艺学（第四次修订）[M]. 哈尔滨：哈尔滨工业大学出版社，1999.

[4]　王启平. 机床夹具设计[M]. 哈尔滨：哈尔滨工业大学出版社，1988.

[5]　包善斐，余俊一，王龙山. 机械制造工艺学[M]. 长春：吉林科学技术出版社，1992.

[6]　徐嘉元，曾家驹. 机械制造工艺学（含机床夹具设计）[M]. 北京：机械工业出版社，1998.

[7]　刘登平. 机械制造工艺学[M]. 北京：北京理工大学出版社，2008.

[8]　赵长发. 机械制造工艺学[M]. 哈尔滨：哈尔滨工程大学出版社，2008.

[9]　周世学，机械制造工艺与夹具[M]. 北京：北京理工大学出版社，2006.

[10]　王信义，计志孝，王润田，等. 机械制造工艺学[M]. 北京，北京理工大学出版社，1990.

[11]　赵志修. 机械制造工艺学[M]. 北京：机械工业出版社，1985.

[12]　郑焕文. 机械制造工艺学[M]. 沈阳：东北工学院出版社，1988.

[13]　黄天铭. 机械制造工艺学[M]. 重庆：重庆大学出版社，1988.

[14]　荆长生. 机械制造工艺学[M]. 西安：西北工业大学出版社，1992.

[15]　荆长生，李俊山．机械制造工艺学学习指导与习题[M]．西安：陕西科学技术出版社，1992.

[16]　上海市大专院校机械制造工艺学协作组．机械制造工艺学（修订本）[M]．福州：福建科学技术出版社，1995.

[17]　郑修本．机械制造工艺学[M].2版．北京：机械工业出版社，1999.

[18]　华瑞奥．机械制造工艺学[M]．北京：中国铁道出版社，1995.

[19]　郭宗连，秦宝荣．机械制造工艺学[M]．北京：中国建材工业出版社，1997.

[20]　吴朝阳，王广成．木工机械质量检验[M]．哈尔滨：东北林业大学出版社，1991.

第5章

砂光机的应用

5.1 盘式砂光机的应用

盘式砂光机（图 5-1）可分为单盘和双盘，单盘砂光机又可分为立式和卧式。双盘砂光机的磨盘通常垂直配置，其中一个用作粗砂，另一个用作细砂。

卧式圆盘砂光机是一款连续工作方式的密闭式湿法研磨设备，广泛适用于纳米材料、涂料、电池、颜料、色浆、功能陶瓷、化妆品、农药、医药、光伏材料等行业，物料可研磨至亚微米级别。该设备操作简单，性能和结构成熟；密闭结构采用双端面机械密封，并配有带密封自润滑系统，具有可靠性和耐用性。

特点：①物料研磨细度可达微米、亚微米级别；②合理的研磨腔偏心盘式设计，是大量实验数据的结果，并按一定流体力学顺序排列；③整个研磨腔体径向受力，大面积偏心盘产生高密度研磨能量，研磨介质在物料上产生均匀的能量平衡，工作方便灵活，便于操作；④连续性地高能研磨流程；⑤可方便更换不同材料的研

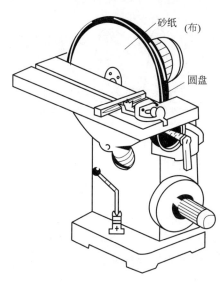

图 5-1 盘式砂光机

磨腔零部件；⑥研磨介质细度可选范围为 0.3～3mm；⑦高效大流量转子分离器，效率是普通砂磨机的 3～5 倍。

5.2　带式砂光机的应用

　　带式砂光是由一条封闭无端的砂带绕在带轮上对木材工件进行砂光，按砂带的宽窄可分为窄带砂光和宽带砂光两种。窄砂带可用于平面、曲面和成形面砂光，见图 5-2(a)～图 5-2(d)；宽砂带则用于大平面砂光，见图 5-2（e）。带式砂光因砂带长，散热条件好，故不仅能精磨，亦能粗磨。通常，粗磨时采用接触辊式砂光方式，允许砂光层厚度较大；精磨时采用压垫式砂光方式，允许砂光层厚度较小。

　　带式砂光机由于种类多、砂光效率高、精度高、可实现自动化生产，是应用最多的砂光机床。特别是宽带砂光机不但用于人造板生产，也可大量用于木制品的门扇、地板等产品的砂光。

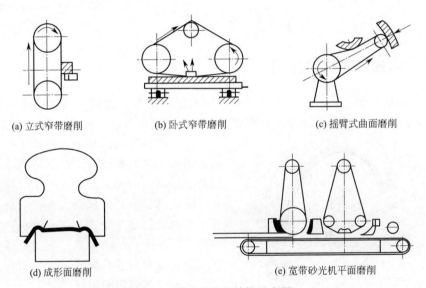

(a) 立式窄带磨削　　　　(b) 卧式窄带磨削　　　　(c) 摇臂式曲面磨削

(d) 成形面磨削　　　　　(e) 宽带砂光机平面磨削

图 5-2　带式砂光机结构示意图

5.2.1　窄带式砂光机的应用

　　窄带式砂光机是采用不宽的无端砂带作为砂光刀具，带宽一般为 80～300mm，砂带张紧在两个带轮上。砂带又可分为平面部分、圆弧部分或带轮部分，其中每个部分都可成为工作部分，即可以全部表面或部分工作表面和被加工工件相接触加工。

　　根据砂带和工件接触的特点不同，窄带式砂光机分为：能加工曲线工件的自由窄带砂光机；工作台为机动而压紧头为手动的窄带砂光机；具有接触梁和输送带进给的窄带砂光机；用于加工侧边的窄带砂光机。

5.2.1.1 立式窄带砂光机

　　该种类型的窄带砂光机适用于家具制作、装饰、装潢、工艺品等的边缘精细抛光，且操作简单、维修方便，一般采用手动进给。

图 5-3 所示为 SVO1000 型立式砂光机。机床主要由床身、工作台、带轮、传动部分、砂带等组成。床身由钢板焊接而成；主动带轮直接由电动机通过联轴器带动，并有调节砂带张紧度及调整两直立带轮不平行度的手柄。

5.2.1.2 立式窄带砂光机操作

　　砂削工件前要调节砂带的张紧度、平行度及工作台的高度。调节后锁紧并按机床规定部位进行润滑和各项紧固检查工作。

图 5-3　SVO1000 型立式砂光机外形图

　　开机后，待砂带正常运转并确认机床各部运转正常后方可开始进行砂削加工。加工时，手持压板手柄沿导向轴移动，使压板将砂带压向工件表面。压板对工件的压力和沿导向轴的移动速度要均匀一致；视工件的宽度，纵向移动工作台，使砂带对工件的全长和全宽砂削均匀一致。操作时压力不能时轻时重，以免砂削表面出现凹凸不平。

　　开机前要对机床上的齿轮副、蜗轮副、丝杠螺母机构、导轨副进行润滑；当班工作完毕后要清除机床上及周围的杂物和粉尘。每三个月对各轴承加注润滑脂一次。

5.2.2 宽带式砂光机的应用

　　宽带砂光机主要用于现代板式家具零部件。宽带砂光机根据砂光面的数量分为单面砂光机、双面定厚砂光机和刨砂机；根据砂架的数量分为单砂架、双砂架、三砂架和四砂架等；根据使用功能分为实木零部件、单板或薄木、人造板和漆膜等类型的宽带砂光机。宽带砂光机的砂光质量好、生产效率高，是现代板木家具生产中常用的砂光设备。对于实木零部件的厚度偏差较大时，常常采用宽带式刨砂机。现代宽带式砂光机在结构上进行了一定的改进，如增加了横向砂带，采用了橡胶砂辊、刨砂辊，变换了压垫的类型等，使砂光机的性能发生了较大的变化。这种砂光机的特点是结构简单、制造维护、操作方便，因而获得广泛运用。

　　宽带砂光机是中纤板生产的重要设备之一，它不仅可以对产品做定厚加工，而且还可以去除某些外观缺陷，提高产品的表面质量。宽带砂光机具有产品质量好、砂光精度和效率高等优点，但如果使用不当或维护不好，不仅不能发挥其优势，反而会影响产品质量，造成经济损失。

5.2.2.1 宽带砂光机的用途

① 定厚砂削　以提高工件厚度精度的砂削加工。例如：贴面基材在贴面前需进行定厚砂光。

② 表面砂光　指提高表面质量，在板面上均匀砂去一层的砂削加工，以消除上道工序留下来的刀纹，使板材表面美观、光洁、也用于贴面、染色、印刷、涂漆。

③ 砂毛　是指为保证装饰板（贴面）与基材的胶合强度而提高装饰板背面粗糙的砂削加工。

5.2.2.2 宽带砂光机的应用及操作

（1）砂光机的安装

首先，应保证砂光机前、后的运输机的中线和砂光鼓的中线基本一致，这样才能保证砂光机工作时，砂带的中线、砂光鼓、张紧鼓的中线、板件的中线大致一致。如果砂光机前的进给运输机的中线偏离砂光鼓的中线太远，砂带工作时被迫偏装，张紧鼓左右负荷不等，这不仅会使砂带工作不稳定，而且也造成张紧气缸导向套快速磨损。其次，是保证砂光机底部机架水平以及运输机胶辊顶面和前、后运输机的辊筒顶面大致水平，这样才能保证板件顺利地进、出砂光机。砂光机使用一段时间后，橡胶辊会逐渐磨损。前、后运输机的高度也应做相应的调整，使它们的高度始终保持一致。另外，砂光机的地脚螺栓应足够稳固，平时要多检查地脚螺栓有无松动以避免机器振动，保证砂光质量。

（2）砂光机的调校

砂光机使用前必须进行一次系统的调校，否则，产品的精度和质量难以保证，同时也会增加砂带耗量。调校砂光机的步骤如下。

① 检查下部机架的水平度；

② 根据制造厂家提供的基准点和基准参数调校上部机架；

③ 调校砂光鼓、压带器导轨的平行度；

④ 根据运输机胶辊的弹性（或达到一定的输送能力需压缩的程度）和砂光余量，调校运输机上、下进料辊筒的间距；

⑤ 调校运输机支架舌条；

⑥ 调校砂带追踪和气摆装置；

⑦ 调试砂板。

当砂光机的工作精度不够，或经过较大的维修后，都应该做一次上述的系统调校。

（3）压缩空气的供应

张紧砂带、砂带的追踪和摆动、制动气缸等均依靠压缩空气工作。为了保证这些系统能够正常工作，气压必须大于 0.6MPa。砂光机配有气压监测器，保证机器在气压不够时自动停机。取消气压监测器，或将要求的压力调低，都会损伤砂光机。当气压不够时，不仅砂带张不紧，砂带的追踪系统也会因压力不足而出现故障，制动系统的单作用气缸也会令制动器缓慢刹车，制动碟片会因摩擦发热而起火。为保证气压在 0.6MPa 以上，砂光机应配备专用空压机。

（4）砂带的追踪和气摆装置

该套装置的主要功能是保证砂带在规定的范围内轴向窜动。压缩空气的压力和水分含量，直接影响追踪装置的簧片和皮托管的正常工作。压力不够，会令追踪中断。水分太多，会令簧片等粘满粉尘，无法工作。所以，在压缩空气进入砂光机之前，必须安装过滤和气水分离装置，以保证空气质量。平时，对这些重点部位也应加强清洁。气摆摆动的频率，不仅决定砂带轴向窜动的幅度，也影响砂带工作的稳定性和寿命。粗砂带线速度较大，负荷也大，摆动频率一般为 10～12 次/min。精砂带线速度略小，摆动频率一般为 8～10 次/min，摆动必须在左右两个方向上一致。如果出现不一致的情形，则证明砂带位置不当，应做适当的校正。

（5）运输机

板件进入砂光机后，运输机的橡胶辊被压缩产生压力，将板件压紧以克服砂削的反作用力向前进给，同时避免板件振动，保证板面光滑。运输机调节的好坏，直接影响砂光质量，有时，板子端头或附近被砂损，或板子中间的某一处被砂出凹痕，这些凹痕即使改变进给速度，也不会改变位置，因为它们与某对辊筒位置过高或过低有关。当板面出现这样的凹痕时，首先必须判断它是由哪个砂光鼓砂成的，然后测量凹痕与板子某个端头的距离，再以这个距离值为依据，即可推知哪对辊筒过高或过低，对它们做适当调整即可解决问题。调整运输机时，必须注意以下几个问题。

① 运输机胶辊必须包覆聚氨酯等高弹性、抗老化、高摩擦系数的材料。表面开槽要合理。

② 调节运输机之前，必须先调整好砂光鼓。

③ 胶辊的压缩量一般取 0.5～0.8mm，再结合本厂实际，预留合适的砂光余量。板在砂光机中爬行、振动、走偏，就是因为这两个数据不合理引起的。

④ 运输机包含多对运输辊筒，它们之间的位置是互相关联的，一般不主张单独对某对辊筒做过多的调整，以防损坏各对辊筒之间的相互关系。

⑤ 运输机靠近砂光鼓的地方，设置有进、出板舌条。舌条的主要功能是在板子进入或离开砂光鼓，到达下一对运输辊之前，对板子起导向作用。舌条的高低，必须依据舌条的位置、其附近砂光鼓的砂削量、运输胶辊的压缩值等数据做

调整。如果某对舌条的高度不合理，板子的端头或端头附近就会被砂损，出现这种现象时，往往凭直觉就可观察到哪对舌条的位置不合理，对它们做适当的调整即可。

⑥ 在实际生产中，有时会出现砂薄板正常而砂厚板有凹砂痕的现象，原因可能有三个：某对运输辊的高度有轻微的不平衡；某对舌条的高度有轻微不合理；某个砂光鼓的砂削量过大。在砂薄板时，由于板件柔软变形容易，这些不合理的地方体现不出来；当砂厚板时，由于板件刚度大，这些不合理的地方就会影响砂光表面，处理这些问题时，应先从简易处着手，反复尝试，解决并不难。

⑦ 运输机的辊筒是由蜗杆蜗轮减速箱驱动的，在维修减速箱时，要留意蜗杆一端止推轴承的安装位置。止推轴承是用于克服蜗杆工作时的轴向推力的，但有些粗心的维修工常将止推轴承的位置装错，导致蜗轮很快磨损甚至无法工作。止推轴承的位置和方向，应根据蜗杆的具体受力方向来定。

（6）砂光鼓

砂光鼓虽然不直接加工板面，但它驱动柔性砂带工作，对板件的砂削精度和表面质量有重大影响。砂光机要能够正常工作，砂光鼓必须事先调整好。如果某对砂光鼓不平行，砂出的板子必定成左右楔形。砂光鼓表面不平直，砂出的板子的横向厚度偏差就大，使用时间长的砂光机，砂光鼓的表面会因砂带的行走而逐渐磨损，板子的厚度偏差超差时，就必须更换新的砂光鼓，也可以对砂光鼓进行修复后再用。修复的方法是：先将砂光鼓退火，将螺旋槽加深，再淬火，最后将外圆磨平。当然，这种修复的次数很有限，因为砂光鼓的直径不能变化太多。砂光鼓表面的螺旋槽能保证鼓面具有良好的驱动性，让砂带具有足够的切削力，同时还有散热和排尘等功用。砂光鼓淬火的目的是为了获得合适的表面硬度，具体的硬度值应根据砂带的粒度、砂光鼓的负荷、被加工表面的质量要求等来决定。

（7）压带器

压带器的功能是变直线砂削为平面砂削，以获得优质表面。压带器表面包覆石墨布，目的是为了减少压带器和砂带背面的摩擦系数，延长砂带寿命。石墨布表面的石墨必须黏附平整、牢固、结实。石墨布底面衬垫的毛毡，主要作用是支承石墨布和减少振动。毛毡的软硬应适中，毛毡太软，砂出的板虽然光滑，但厚度偏差大，施压太紧，板子边缘会被砂成圆角。毛毡太硬，尺寸偏差小，但难以获得光滑的表面。毛毡的软硬度应根据砂带粒度和砂光量来选择。一般来说，粗砂鼓负荷较重，砂带粒度较粗，鼓面要求有较高的刚度和硬度，表面硬度要求在 59HRC 左右。精砂鼓则要求较软并具有一定弹性，表面硬度一般在 45HRC 左右。

（8）砂带

使用砂带，首先必须根据砂光量正确地选择和搭配各砂带的粒度。对一定粒度的砂带来说，其最大砂削量和最佳砂削质量基本上有一个定值。粗砂带的选用，主要考虑其最大砂削量，一般要求能砂去毛板预留量的80%左右，其次才考虑砂削质量。精砂带的选用，主要考虑其最佳砂削质量，其次才是砂削量。目前，多数中纤板厂的砂光余量均较大，为2~2.8mm，而为了获得较理想的板面，精砂带均选用P150或更高的粒度，这样就加重了粗砂带定厚时的负担。较好的经验是：精砂带选用P150的F级纸布混合带，这种砂带既能担负一定的砂光量，又能获得较光滑的表面，同时它的带基较厚，工作时较平稳，背面光滑，压带器经久耐用，砂带的寿命也较长。粗砂带的粒度一般为P60，毛板较厚时，使用P40砂带，带基为聚酯布，砂粒为密植的错刚玉。这种砂带强度好，砂削效率高，砂粒的自锐性好，寿命也长。砂光量的分配通常为：P60砂带，单面砂去0.7~0.9mm；P150砂带，单面砂去0.2~0.25mm。在生产中，粗砂带的砂削量常常因毛板的厚度而变化，而精砂带的砂削量应力求稳定，不能太大或太小，也不能时常变化。太大，负荷重，砂带很快"发白"，寿命大大缩短；太小，可能会留下粗砂痕，板面较差。保证和稳定精砂带的砂削量，可以获得均匀一致、稳定优良的表面。新砂带必须妥善保存，应防潮、防晒、防过度卷压，最好在使用之前取出，卷成ϕ200mm左右的圆筒水平悬挂8~10h，必要时在砂带的下坠内侧放一适当重量的圆筒，利用重力将折痕拉直，以消除砂带应力。

（9）砂光速度

砂带的粒度、砂带的线速度以及砂光机的进给速度都会影响到砂光的效率和质量。砂带的粒度愈低，砂粒愈粗，砂光效率愈高，但板面光滑度愈差。相反，砂带的粒度愈高，砂粒愈细，砂光效率愈低，但板面愈光滑。相同的粒度下，砂带的线速度越大，砂光的效率越高，板面质量也越好。砂光机的进给速度也会影响砂光质量，在相同的条件下，进给速度变快，砂光量会减少，板子变厚，板面变差。在实际生产中，砂带的粒度，通常由砂光预留量及最终板面质量要求而定，一旦将最佳组合确定下来，就不会有太大的变更。砂带的线速度也随砂光机机型而定，生产时也不会有改变。

经常变化的是进给速度，但由于后续设备的制约，最慢、最快的进给速度往往相差不过10m/min，砂光量减少不超过0.06mm，对砂光质量的影响并不明显。通常的做法是：确定砂光头的最大许可电流，在这个电流值以下，进给速度应"宁快莫慢、能快则快"，以提高生产率。

（10）砂光机的停机步骤

① 停止进给电机；

② 停止刷辊电机；

③ 停止砂辊电机，多个砂辊按顺序停止，机器完全停止后，切断总电源。

5.2.2.3　其他宽带砂光机

（1）履带式宽带砂光机

单砂履带进给单面宽带式砂光机，其工作台与进给机构连成一体，进给履带（橡胶带）沿工作台面循环滑行，带动工件通过砂带。通过升降工作台来调整通过工件的厚度。根据砂削工件的要求不同，工作台连同进给机构被调整到一定高度后，可以使其固定或处于弹性浮动状态，如图 5-4 所示。

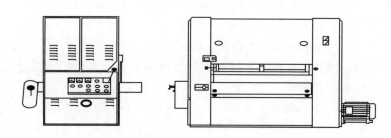

图 5-4　CSB2-1300 型宽带砂光机外形图

（2）单砂架宽带砂光机

该种类型砂光机采用组合砂光头进行砂削加工，适用于木制家具板方材、地板块、短小料木制品零件的定厚砂削和表面砂光。单砂架宽带砂光机主要由床身、工作台、砂架及主传动机构、砂带机械张紧和轴向窜动控制机构、进给机构等组成（图 5-5）。

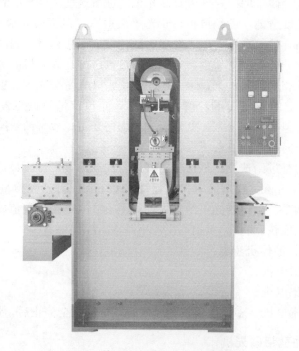

图 5-5　单砂架宽带砂光机的外形图

（3）双砂架宽带砂光机

① 双砂架双面宽带砂光机　图5-6为BSG2613C型双砂架双面宽带砂光机的外形图。它主要适用于砂光各种刨花板、中密度纤维板、胶合板、竹材和非木质人造板等板材加工，可获得较精确厚度尺寸的成品板和人造板二次加工前均匀光洁的表面，同时具有较高的工作效率和加工质量。

该种类型砂光机有两个复合砂头，不仅能定厚砂光，而且砂磨垫可对表面进行修整，因此该机的表面加工质量较好。机床的砂辊均经过严格热处理，精确校正动平衡，保证使用性能，经久耐用。砂辊表面设有大螺旋沟槽，以减少加工接触面积对板面散发的切削热量。机床的调整环节比较多，通过调节，可获得板料上下面的等砂削量和较高的砂削精度，并可通过调整补偿方式长久保持精度。采用变频无级调速，可在满足制件精度的前提下，提高机床的生产率。

图5-6　BSG2613C型双砂架双面宽带砂光机

② 双砂架重型宽带砂光机KSR-RP1300　此机床适用于集成材、实木板、细木工板、水泥纤维板、隔热板、陶瓷纤维板、玻璃纤维板、挂墙板等工件的定厚砂削及表面抛光（图5-7）。

特点：前置式微电脑控制面板、操作方便、灵活快捷；在出现故障的情况下，设备断电、刹车、输送床产生保护下降，可保护工件不被破坏；先进的动平衡检测定厚辊、钢辊、皮带轮，使机器运行更加平稳；砂架任意组合可满足不同

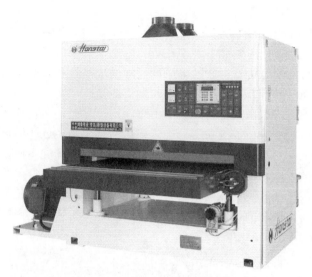

图 5-7　双砂架重型宽带砂光机

工艺的砂削与抛光；大功率输送无级调速，输送有力，生产效率高；光、电、气一体化设计，运行可靠。

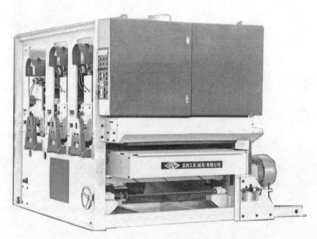

图 5-8　BSG2312A 型三砂架单面宽带砂光机外形图

　　③ 三砂架单面宽带砂光机　该机床主要用于胶合板、刨花板、细木工板等各种人造板以及板式家具的表面砂光加工（图 5-8）。它有三个砂架，一号砂架为辊式砂架，其用于砂削量大的粗磨，起定厚砂削作用；二号、三号砂架为压带式砂架，二号砂架用于校准工件厚度和消除划痕，三号砂架用于精砂。该机床具有结构刚性好、工作平稳、生产效率高、被砂光后的工件表面粗糙度低等优点，机床的砂辊均经过严格热处理、精确校正动平衡，能保证使用性能、经久耐用。

砂辊表面设计了大螺旋角沟槽，增加了砂辊对砂带的曳引力，当砂削最大宽度的工件时单位宽度仍有较大的砂光功率（0.3kW/cm），因此该机具有很高的生产效率。

该机床支撑工件的气动下托辊，是用六个专门设计的气缸支撑的，因此工件基本上是在恒定的背压力下进行砂削工作，工作时根据不同的工件和具体工艺要求，可以非常方便地调整被砂工件的背压力，从而得到满意的砂光质量。它的送料装置由变频电动机驱动，具有较大的调速范围，工作中调整一下电动机频率就可在 16 ～ 90m/s 之间选择任何速度。

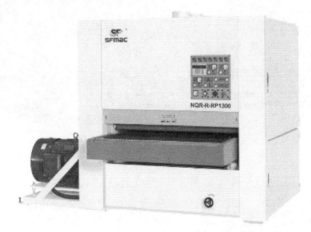

图 5-9　强力重型双斜式三砂架砂光机 NQR-R-RP1300

图 5-9 所示机床是针对生态板开发的一款重型斜式砂光机，采用大直径双斜辊技术，砂削量大、定厚精度高，解决了以往普通宽带砂光机出现的波纹、啃头、包边现象。其主要适用于对生态板、三聚氰胺板、多层板、刨花板、密度板、纤维板、集成材拼板的定厚砂削及精细砂光。

④ 四砂架双面宽带砂光机　四砂架双面宽带砂光机主要用于人造板的定厚砂削（粗砂）和光整砂削（精砂）的加工（图 5-10）。

该机有如下优点：精度高（砂削后工件厚度公差在±0.1mm 之内）；加工质量好（只要合理地选择砂带，即可得到满意的表面粗糙度）；生产效率高（四个砂架，两个粗砂架上、下对顶布置，两个组合砂架上、下错开布置）；一次通过即可完成双面定厚砂削和光整砂削工作；大功率主电动机的配置，可对工件实现高效强力砂削。

⑤ 螺旋刀头刨木宽带砂光机　该种类型砂光机融合了刨木及砂光功能，加工效率很高，适合于细木工板、薄木板等板材的加工，如图 5-11 所示。

图 5-11(b) 为砂带和刨刀头外形示意图。该结构第一部分为刨刀头，第二部分为滚轮式砂光头，第三部分为压板式砂光头。

图 5-10　BSG2713Q 型四砂架双面宽带砂光机外形图

　　图 5-11(c)为螺旋刀头外形示意图。螺旋刀头具有高强度、低噪声、重切削、质量轻、寿命长等优点。切削中若有杂质损坏部分刀口，可转至其他三面使用，省时又经济。更换刀片时，不需将刀头取出，即可直接更换，方便、快速。

(a) 外形图　　　　　　　　　　　　　(b) 砂带和刨刀头外形图

(c) 螺旋刀头外形示意图

图 5-11　螺旋刀头刨木宽带砂光机外形示意图

　　⑥ 斜式重型定厚砂光机　图 5-12 所示斜式重型砂光机主要适用于集成材、实木板、细木工板、多层板、胶合板、隔热板、硅酸钙板、纤维板等工件的定厚砂削及表面抛光。其优点为：前置式微电脑控制面板操作方便、精确度高；挂板

及梁座采用精密铸件，变形小，吸振效果好；钢辊升降、偏砂易调节，定厚辊采用厚胶层，提高砂光精度；设有故障显示功能，维修更方便，在出现故障的情况下，设备断电、刹车；砂带断裂跑偏及气压不足时，设备自动停机输送床自动下降，工件不被破坏。

图 5-12　斜式重型定厚砂光机

⑦ 底漆宽带砂光机　底漆宽带砂光机，如图 5-13 所示，一般用于代替人工打磨底漆的设备，在提高生产效率、提高成品率、减轻劳动强度方面使用效果显著，由于底漆的表面涂层很薄，一般在 0.1mm 左右，工艺要求不能砂穿底漆涂层，机体稳固，确保机床运转过程中无振动，胶辊直径大，胶层厚，增大辊体与工件的接触面积，提高板材表面的砂削效果和精度。因此是精度要求较高的一种专用设备，也是涂装设备中的一种重要设备。

操作方法如下：

a. 安装砂带调节砂带跑偏：按砂光工艺要求选择合适的砂带，松开砂架锁紧装置装到砂架上，按动紧带开关张紧砂带，锁紧砂架锁紧装置，启动砂光系统，通过砂带跑偏调节系统调整好砂带跑偏，要求砂带左右跑动 10～20mm，左右跑动速度要均匀。

b. 启动抛光系统：按抛光启动按钮启动抛光辊。

c. 启动粉尘清除：按粉尘清除按钮启动粉尘清除系统（有的型号的设备粉尘清除系统的控制与输送带并联）。

d. 调整工作台高度输送进料：按砂光工件的厚度，调节工作台到适当的高度，启动输送带放工件在输送带上进行砂光。

e. 综合调节使效果良好：操作者要观察实际的砂光效果，调节砂辊的转速、抛光辊的高度、毛刷辊的高度、输送带的速度、工作台的高度。

f. 正常关机与注意事项：按整机停止按钮关机，正常关机 1min 后再切断外部电源（不可通过急停按钮和切断外部电源关机，否则会损坏砂带与设备）。

图 5-13　底漆宽带砂光机

用途如下。

a. 底漆打磨：打磨后可消除工件的表面的凹凸不平，提高光洁度，为下道面漆工序做准备、单机使用，在 PE 油漆涂装与 PU 油漆涂装方面应用。

b. 厚边打磨：板块堆垛喷边后，会造成板面四边产生厚边的现象，通过打磨后可消除此缺陷，可单机使用或两台组合使用，还可和涂装线配套使用。

c. 前处理打磨：工件在上油漆之前打磨，可消除滚涂后黑边的现象，和涂装线配套使用效果显著。

d. 组成流水线、配套滚涂流水线与喷涂流水线等，组成自动化的流水线，一般在 NC 漆涂装与 UV 漆涂装方面应用。

⑧ 重型宽带砂光机　把无端的环形砂带张紧在 2 个或 3 个带轮上，驱动砂带做连续运动，一个张紧轮还做少量翘动使砂带产生横向窜动。用于平面加工的砂光机有固定的或移动的工作台；用于曲面加工的砂光机利用砂带的柔性在模板的压力下加工工件。宽带式木工砂光机具有效率高、能保证加工精度、砂带更换简单等优点，适用于大块人造板、家具用板和装饰板或油漆前后板材的砂光。

平面滚涂工艺中底漆砂光机的位置与作用，如图 5-14 所示。

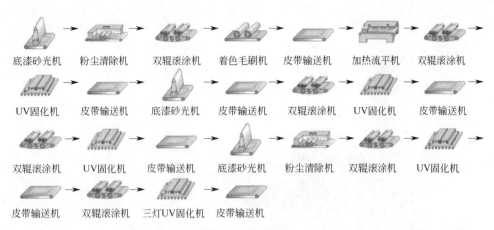

底漆砂光机　粉尘清除机　双辊滚涂机　着色毛刷机　皮带输送机　加热流平机　双辊滚涂机

UV固化机　皮带输送机　底漆砂光机　皮带输送机　双辊滚涂机　UV固化机　皮带输送机

双辊滚涂机　UV固化机　皮带输送机　底漆砂光机　粉尘清除机　双辊滚涂机　UV固化机

皮带输送机　双辊滚涂机　三灯UV固化机　皮带输送机

图 5-14　操作流程

⑨ 上浮式底漆宽带砂光机　图 5-15 所示上浮式底漆砂光机采用上机体砂架升降结构，一般多用于清除横纹、白边现象。工作台相对于地面高度恒定，工件厚度变化时，机体升降。软胶辊采用 25SH 天然橡胶，弹性大，精度高，并且使用寿命长，装置美国 3M 抛光辊，变频调速，高低可调，更容易消除横纹现象，从而得到更优异的抛光效果，特别适用于生产线配套使用，是高级辊涂生产线上必备设备，与下砂机型连线使用，一次进料上下两面可同时砂光，效率高节省人力。

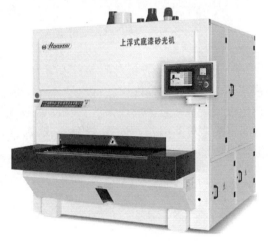

图 5-15　上浮式底漆宽带砂光机

特点如下：

a. 使用光电控制砂带摆动，通过微电脑控制砂光辊高低。

b. 使用变频器控制砂带转速，得到完美底漆砂光效果。

c. 砂带断裂、跑偏及断电时有自动刹车装置，双压辊结构，送料更平稳。且有无级变速送料系统。

d. 砂带清洁装置，延长砂带使用寿命。

e. 抛光辊对漆面进行精细抛光处理；清洁刷光轮。

图 5-16 所示漆面砂光机主要适用于实木地板、板式家具、复合板材、实木门窗、工艺品、仿古地板的漆面砂光及表面精抛光。

图 5-16　漆面砂光机 HTA950R-R

特点如下：

a. 进口变频器调节砂带的线速度；送料系统选用无级变速机。

b. 前砂架为可调式胶辊，操作简单，砂偏易调节；砂架采用铸造结构，变形小，吸振效果好。

c. 采用 25SH 天然橡胶弹性大不变形，消除横纹白边现象，精度高，并且使用寿命长。

d. 在出现故障的情况下，设备断电、刹车、输送床产生保护下降，可保护工件不被破坏。

e. 吹尘装置有效清除砂带积尘、降温，延长砂带使用寿命，提高砂光精度。

f. 气压不足或砂带断带、跑偏时自动停机，工作台自动下降确保安全。

⑩ 水磨宽带砂光机　图 5-17 所示水磨宽带砂光机运用于大理石砂光、人造石砂光、金属板砂光、不锈钢板砂光、铝板砂光、复合材料砂光。本机为水冷式砂光机，特别针对金属、大理石表面研磨砂光所设计，适用于钢板、大理石板、不锈钢板、玻璃钢、人造石、铝板、镁铝板等工件的表面定厚砂光。循环水系统保证提供足够的冷却水，使板材达到最佳研磨效果，更可延长砂带的使用寿命。

图 5-17　水磨宽带砂光机

辊筒表面经过镀硬铬处理，有效解决防锈防腐蚀问题，并经过精确的动平衡检测，砂光效果更佳。出料端带有海绵轮，能有效清除板材表面残留的水分。特殊的输送床机构，能彻底防水防生锈防腐蚀。输送辊采用硬胶辊结构，能有效解决防滑防锈。

⑪ 强力快进料砂光机　图 5-18 所示为强力双斜式快进料宽带砂光机 BSG1313R-R-P。

图 5-18　强力双斜式快进料宽带砂光机 BSG1313R-R-P

图 5-19 为强力斜式快进料宽带砂光机 BSG2113RZ。

图 5-19　强力斜式快进料宽带砂光机 BSG2113RZ

此类机床适用于集成材、实木板、细木工板、多层板、三聚氰胺板等各种人造板的定厚砂削。

特点：a. 砂光辊直径大，采用斜式砂光辊，去除波纹现象，砂光精度高；b. 砂架梁采用铸造结构，变形小，吸振效果好，砂光精度稳定；c. 机体采用整体焊接结构，稳定性高，机床的使用寿命长；d. 送料采用变频器调速，输送带传递，适应不同工艺要求的定厚砂削；e. 节省能源、生产效率高、加工板面平整光滑。

5.3　刷式砂光机的应用

刷式砂光机是将若干的刷子和砂纸交错地分布在圆筒的圆周上，砂纸的另一端卷绕在套筒上。当圆筒高速回转时，砂纸利用本身的离心力和刷子的弹力压向工件表面进行砂光。当砂纸用钝时，可以从卷轴上抽出一段砂纸，将用钝部分剪去即可继续使用。

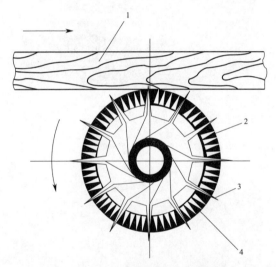

图 5-20　刷式砂光机示意图

1—工件；2—刷子；3—砂纸；4—套筒

如图 5-20 所示，这种砂光机适用于磨削成形表面。为了达到均匀地磨削成形表面，砂纸的工作端需剪成窄条形式。

刷式磨削适合于磨削具有复杂型面的成形零件。磨刷上的毛束装成几列，当磨刷头旋转时，零件靠近磨刷头。由于毛束是弹性体，因此能产生一定的压力，使砂带紧贴在工件上，从而磨削复杂的成形表面。切成条状的砂带绕在磨刷头的内筒上，通过外筒的槽伸出。随着砂带的磨损，可从磨刷头内拉出砂带，截去磨损的部分。

还有一些刷式砂光机适合于平面成形板件的磨削加工。将砂带条粘在一薄圆环上，在做回转运动的滚筒上叠压若干个这样的薄圆环，在滚筒做回转运动的同时，滚筒还要在轴向上做振动，砂带条即可对木材工件的表面进行磨削。

5.4 辊式砂光机的应用

辊式砂光机又称为鼓式砂光机（图5-21）。它是将砂带条缠绕在圆柱辊筒表面上，并通过其回转对工件进行磨削加工。其按砂辊的数目分为单辊和多辊砂光机；按加工工艺不同分为单面磨削和双面磨削砂光机（图5-22）；按进给方式分为手工进给和机械进给磨光机。

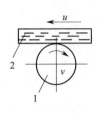

(a) 单辊式砂光机

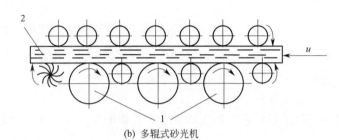

(b) 多辊式砂光机

图 5-21 辊式砂光机工作示意图
1—磨削辊；2—工件

5.4.1 单辊式砂光机的应用

单砂辊砂光机一般都是手工进给的，它又分为立式和卧式两种，多用于磨削木材边缘部分和不规则的曲面共建。其砂辊直径较小，一般为50～150mm，高出台面150mm，除了做回转运动，还做轴向往复窜动。砂辊有用金属制成的，也有用木材或橡胶制成的。

5.4.2 多辊式砂光机的应用

多辊式砂光机大多是机械进给，适用于大量或成批生产，磨削各种人造板、拼板和框架等。单面多辊砂光机通常具有2～3个砂辊，如果采用履带进料，则砂辊布置在工作台的上面；若采用辊筒进料，则砂辊布置在工作台下面，也可布置在工作台上面。砂辊在上面时更换砂纸方便，而砂辊在下面时，则必须把机床上部的进料辊筒架抬高才能更换砂纸。双面多辊砂光机通常具有6～8个砂辊，砂辊被布置在工作台的上下两面，因此采用辊筒进料。

多辊砂光机以三砂辊为主，一般用于大幅面工件的磨光，如胶合板、细木工板、拼板和平面框架组件等。多辊砂光机都是机械进给的，进给方式有辊筒或履带两种。砂辊可以安装在工作台上面也可以安装在工作台下面或者工作台上下两面均安装。

三砂辊砂光机的三个砂辊分别为粗砂辊、细砂辊、精砂辊，所以缠绕砂带粒度由粗到细。三砂辊式砂光机磨削工件的过程分为三个阶段：粗磨阶段，即磨削

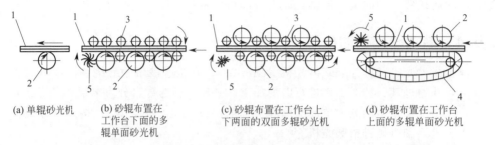

图 5-22 辊式砂光机的类型

1—工件；2—砂辊；3—进给辊；4—进给履带；5—刷辊

被加工件的粗糙表面，所用砂带粒度较粗，磨削辊筒高于基准面的数值较大，辊筒的压紧力较大，磨削厚度平均为 0.2～0.3mm，通常为 0.1～0.6mm；细磨阶段，磨掉零件表面微小的不平度（粗砂后留下的沟痕、小凹坑等），砂带粒度要细（属中硬性）磨削辊筒高于基准面的数值在减小，压紧力也相应减少，磨削厚度平均为 0.1～0.15mm，通常为 0.05～0.2mm；精磨阶段，对工件表面精细加工，砂带的砂粒度更细，磨削厚度平均为 0.05～0.1mm。

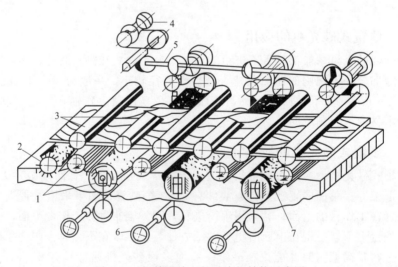

图 5-23 辊筒进给三辊砂光机结构示意图

1—下进给辊筒；2—固定工作台；3—上进给辊筒；4—电动机；5—通轴；6—手轮；7—砂光辊筒

图 5-23 为砂辊安装在工作台下面、辊筒进给的三辊砂光机结构示意图。工件在固定工作台 2 上定基准。在工作台的凹槽处放置了下进给辊筒 1。辊筒高出工作台面的凸出量可以调节。砂光辊筒 7 由单独电动机带动做旋转运动，转速为 1500r/min，同时，辊筒还做轴向摆动运动，摆动频率为 100 次/min，摆幅为 6～10min。三个辊筒上各与一个偏心机构相连，三个偏心机构在通轴 5 上。由

电动机 4 通过蜗杆蜗轮传至通轴 5 而实现辊筒的摆动运动。每一个辊筒通过手轮 6 可直接调正辊筒在高度方向的位置以保证磨削掉所要求的加工余量。上进给辊筒 3 保证进给并把工件压向砂光辊筒 7，起进给和压紧作用。进给辊筒安装在框架上，框架可以升降以保证有足够的空间来更换磨损了的砂带。

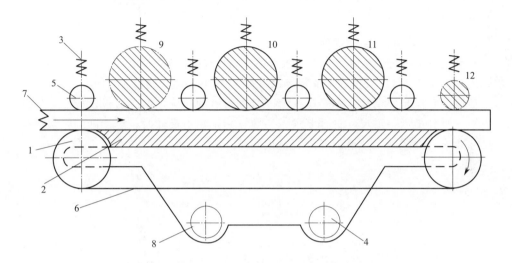

图 5-24　履带进料三辊砂光机结构原理示意图

图 5-24 为履带进料的三辊砂光机结构原理示意图，磨削辊 9、10、11 外面包裹砂布，并由电动机经传动带带动旋转，在旋转同时，还作轴向窜动；工件由履带 6 压紧送进，并由一组弹簧和压紧辊 5 压紧在工作台的平面上进行磨削。刷辊 12 用于清洗工件表面的粉尘。工作台的升降靠偏心轴 8 来实现。

5.5　砂光机的调整与操作

5.5.1　磨削量分配

由于人造板生产厂规模不断扩大，目前砂光线大多采用 2 台或 3 台砂光机组合的形式，即"2＋4"、"4＋4"或"2＋4＋4"组合，砂光分成 3 道、4 道、5 道。采用这种多道磨削的组合形式就必须正确分配各道砂光的磨削量。

5.5.1.1　磨削量分配前提

首先应确定下列前提：①磨削总量；②砂光机砂光道数；③砂带粒度分配，特别是最后一道的砂带粒度。

5.5.1.2　磨削量分配原则

具体是：①充分利用粗、精、细砂带特点，适量分配磨削量，一般精磨、细磨的磨削量可以预先确定下来，粗砂视实际情况而定；②精砂量、细砂量不能太小，必须能去除上一道砂痕；③在达到最佳磨削表面的同时使电能、砂带消耗最少。

5.5.1.3　磨削量分配

磨削量分配一般采用倒推法。先确定最后一道磨削量，再确定最后第二道磨削量，最后确定第一道磨削量。

5.5.1.4　磨削量分配的操作

采用逐道分配的方法，首先根据磨削量的分配，确定每道砂光完成以后的板厚尺寸（图5-25）。根据确定的板厚尺寸，先砂第一道，再砂后几道。第一道砂光板厚尺寸满足要求后，套上第一道砂带进行磨削，确定第二道板厚尺寸。依次类推，直到最后一道尺寸符合要求。一般在确定每道尺寸时，至少砂两张板符合尺寸要求，方能确定这道砂光已调整正确。

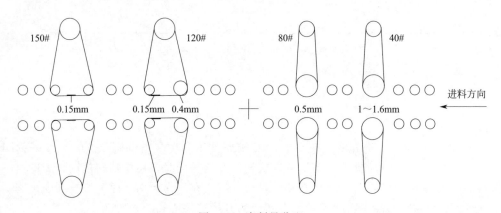

图 5-25　磨削量分配

5.5.2　磨削量分配不当引发的问题

① 粗砂磨削量太小，会增加精砂、细砂的负担，使精、细砂带消耗量增加，同时不能充分利用粗砂功能，送进速度有所下降，影响生产效率。

② 前道磨削量太多或后道磨削量太少，都会引起密集模向波纹（实际是前道横向波纹未消除，后道又同时产生，两道横向波纹重叠），表面光洁度降低。

可见，正确分配磨削量，不仅可以提高板面质量，而且可以节省砂带，降低能耗，提高生产效率。值得注意的是采用上述办法调整完毕后，应根据实际情况在使用过程中做适当微量调整，在磨削过程中，砂带产生磨损，磨垫也有磨损，导致板的密度和硬度也会随之发生改变。如何进行微调，需要不断积累经验，摸透每一台设备的机械特性。按上述方法调整完毕后，以后一般不需要做大的调整，即使在变换板坯的规格时也不需要做大的调整，但为此应对偏心轮、磨垫位置作记录，避免有人误操作而导致需要重新调整。

5.5.3 砂光机调整措施

5.5.3.1 调整前的准备工作

①准备两把塞尺，一根长度大于 1.5m 的平尺（平尺上下平面度及其平行度应小于 0.02mm），一个条式水平仪，镜子及若干扳手；②升起上机架，并用安全撑保险；③根据磨削量分配方案，确定调整要求；④各砂辊偏心轮指针为 0。

砂光机调整见图 5-26。

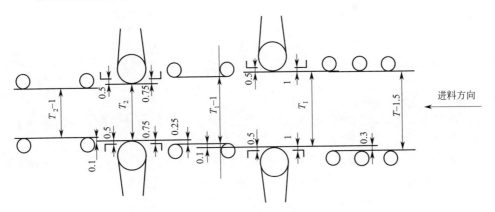

图 5-26 砂光机调整

T—毛板的厚度；T_1—第一道的厚度；T_2—第二道的厚度

5.5.3.2 下机架调整

调整时先调整下机架，以辊式四砂架为例。

① 取下砂带，分别测量下砂辊水平度，误差应小于 0.02mm，如超差应调整悬臂锁紧块螺栓，直到达到水平要求。

② 确定下机架两砂辊平行度。套上砂带按照图 5-27 所示放置平尺、水平仪，并按图 5-28 所示位置要求放置塞尺，适当调节偏心轮及下输送辊支板底部两侧螺栓，直到水平仪水泡在中间位置。调节导板上下位置直到满足图 5-28 所示位置要求。

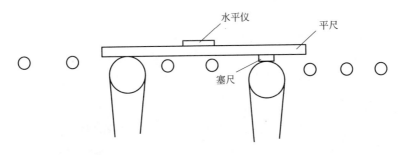

图 5-27 调节砂辊与水平仪

③ 调整时应先在砂光机操作端调整，再在砂光机操作端调整，反复几遍，直到前后一致，再用同样的方法依次往后调整，直到所有的接触辊下输送辊及导板都满足图 5-28 中所示的位置要求。

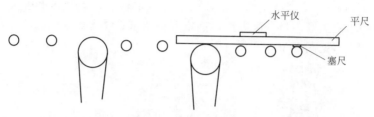

图 5-28　调节下输送辊

5.5.3.3　上机架调整

取出安全撑，放置厚度规（按板规格），降下机架，加载反压，上机架套上砂带，并按下列方法调整。

① 用塞尺分别测量两对砂架接触间的距离 T_1、T_2（T_1、T_2 分别为按磨削量分配方法确定的每道砂光尺寸）。应保证每对接触辊前后端尺寸一致，手感一样。如有误差，可调节厚度调整螺栓，直到满足要求为止。

② 把上输送辊反压弹簧缩量调整至三分之二（剩三分之一），调节上输送辊两端调节螺栓，调节各导板位置，满足图 5-28 所示位置要求。用同样方法调整后面四砂架砂光机。应注意磨垫是柔性体，当用塞尺塞时，完全取决于手感，一般应略紧些。当全部调节完毕后，进行每道试磨，如有误差，一般调节偏心轮或磨垫手柄，做适当调整。

5.6　砂削常见问题及解决方案

5.6.1　砂削技术问题及解决方案

5.6.1.1　砂带跑偏

砂带跑偏一般由于调整不当引起。正常的砂带摆动应该是摆幅为 15～20mm，摆频为 15～20 次/min，摆速适中且摆进摆出速度一致。如果处在非正常状态，时间一长，可能出现跑偏现象，尤其是摆进摆出不一致，更容易引发。砂带跑偏可能是由光电管失灵、摆动气阀或摆动缸损坏引起的（图 5-29）。吸尘不佳，粉尘浓度高会影响光电管正常工作，也可能引起砂带跑偏。

5.6.1.2　限位失灵

砂带两侧均有限位开关，当砂带摆动失灵，往一侧跑偏时，碰到限位开关，砂带松开，主电机自动停止，可有效保护砂带。一旦限位失灵可引起砂带损坏，摩擦机架产生火星，甚至引起火灾和爆炸。因此限位开关应经常检查动作是否

图 5-29 进口光电控制砂带摆动

可靠。

5.6.1.3 砂带起皱

砂带（输送带，图 5-30）一旦起皱就无法再使用，一般引起砂带起皱有三种可能。一是砂辊与张紧辊在垂直平面投影中平行，需在中心支承缸处加垫校

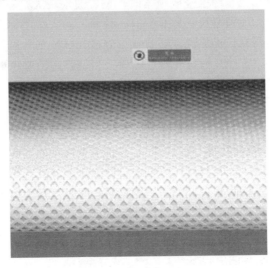

图 5-30 砂光机输送带

正。二是砂带受潮发软引发起皱,可采用烘干、晒干等办法使之复原。三是砂光机长时间不使用。砂辊表面生锈粗糙,砂带摆动困难引发起皱,此时应对辊筒除锈或用较细砂纸打磨。

5.6.1.4 砂带断裂

砂带断裂主要由于砂带跑偏,或砂带磨钝没有及时更换,或砂削负荷过大,或砂削过程中遇硬物,或砂带本身质量问题引起。应尽量避免砂带断裂,否则可能引起火灾或爆炸。当操作台的砂辊电流发生异常时,应观察砂带是否已磨钝,如果是应及时更换。

5.6.1.5 下机架油压表压力不正常

采用液压升降的砂光机在下机架前侧都有油压表,正常情况油压表压力为 $70\sim90\mathrm{kgf/cm^2}$（$1\mathrm{kgf/cm^2}=98.0665\mathrm{kPa}$）,且相对稳定;如果压力频繁在 $70\sim90\mathrm{kgf/cm^2}$ 之间波动,说明升降油缸可能产生内泄漏或外泄漏;如果压力小于 $70\sim90\mathrm{kgf/cm^2}$,说明液压系统不正常需调整;如果没有压力,可能到位开关没有压住。压力表在非正常情况下时,可能引起砂光板尺寸超差或不稳定,影响砂光板质量。

5.6.1.6 进板跑偏、打滑、反弹

在砂光机的调整中要求把上输送辊反压弹簧调整到三分之二（剩三分之一）,上输送辊和下输送辊间隔应比通过的板坯厚度少1.5mm或1mm,否则会引起板坯跑偏或打滑。严重时引起反弹,这可能会伤及人身安全。

5.6.1.7 更换砂带后砂削板尺寸发生变化

砂光机的悬臂在锁紧块松开或锁紧时,位置波动较大,正常应在0.5mm以内。如果波动太大,当锁紧块锁紧悬臂时,锁紧力的大小差异会使悬臂的重复精度发生差别,引起砂光板尺寸波动,直接影响砂光机砂削精度。当悬臂误差太大时（超过0.5mm）,应拧开锁紧块固定螺栓适当调整;同时在更换砂带时,锁紧块锁紧力度应一致。

5.6.1.8 上砂架上升或下降时发生倾斜

上机架上升或下降有时会发生倾斜,原因有三:一是由于上机架前后端重量差异大;二是前后油缸的内摩擦力不同;三是由于四角油缸的二位二通阀发生故障。前两个原因可以通过调节液压系统中单向节流阀解决,第三个原因应检查二位二通阀是否通电,阀芯是否卡死。当产生倾斜时必须马上纠正。观察上机架倾斜方向,断开较低机架处油缸二位二通阀电器,下降机架直到上机架平衡,再接通电磁阀电源,同时应调节液压系统中单向节流阀,使机架上升下降平稳。

5.6.1.9 张紧辊张紧速度过快

通常张紧辊在张紧和松开砂带时,上升或下降的速度平稳适中,不会对砂带

产生冲击，但有时候会出现上升或下降速度过快的情况，这样对砂带不利。产生的原因是中间支撑缸漏油，缸中已无油或少油，支撑缸就不能起到缓冲作用，应找出支撑缸漏油原因，同时加满液压油。

5.6.1.10　主传动万向联轴器断裂

主传动万向联轴器由德国进口，允许传递扭矩远大于实际传递扭矩，即使采用适当反激制动，也不会使万向联轴器断裂。但一般非紧急状态不要采用反激制动，尤其停车时，应让设备自然停车，频繁使用制动或制动太猛，可能会导致万向联轴器断裂。在使用过程中，尽量不制动，以延长万向联轴器使用寿命。

5.6.1.11　空车时下输送辊断续转或不转

工作时一般不能观察上述情况，只有在空车时才能发现，原因是传递动力的蜗轮减速中蜗轮部分磨损或全部磨损。虽然不会对工作造成影响，但其他蜗轮会由于工作负荷加重而缩短寿命，造成更大损失。因此，一旦发现这种情况，应立即更换蜗轮。

5.6.1.12　主轴承发热或声音异常

砂轴、导向辊和张紧轴承称主轴承。主轴承出现故障，就会影响正常工作，而且更换主轴承非常费时，在更换过程中有可能会损坏其他关键部件。因此砂光机操作员应认真负责，经常检查其是否发热和有异常声音，一旦发现，应及时查明原因。在平时维护过程中按时按要求的牌号加油是至关重要的。

5.6.1.13　主轴承座振动异常

正常情况下主轴承座振动很小，有经验的操作员一摸就能判断是否正常。在现场一般没有条件用仪器测量，但可以采用和其他轴承座对比来判断，也可以从砂光板表面优劣来判断。当发生轴承振动异常时，可以认为有两种原因：一是轴承损坏，只要更换轴承即可；二是接触辊发生磨损、失圆，原有动平衡破坏，造成振动异常，这种情况必须拆下砂辊进行维修。

5.6.1.14　上机架不能上升、悬停、下降

当升降油缸产生内泄漏、外泄漏，或系统压力无法建立时，上机架无法上升；当油缸产生内泄漏，或到位开关没有松开，或机架四角油缸二位二通阀发生故障时，上机架不能悬停；当机架四角油缸二位二通阀发生故障，或系统压力无法建立，或油缸外泄漏，或机架发生倾斜时，机架不能下降。由于机架升降频率不高，尤其升高 300mm 高度进行维修的频率更低，因此在上升机架时不能一下子升得太高，应在较低位置先升降若干次，确认升降正常，再大幅度升降，否则会带来更大麻烦。

5.6.1.15　刹车失灵

表面砂光机刹车失灵一般来讲原因有四：

① 一是刹车锁阀失灵。

② 二是控制刹车阀的光电管发生故障。在砂光机悬臂侧面有三对光电管，中间一对控制砂带摆动，两边两对控制刹车，一对暗动，一对亮动，在砂带启动时，应检查光电管是否动作，一般常由于光电管没有对齐而影响动作。

③ 三是气路系统压力未调好或系统压力不足。

④ 四是刹车片磨损。

5.6.1.16　弹性联轴器的断裂

这也是 M 型砂光机特有的。当主传动轴与砂辊中心偏差超过 2mm 时，弹性联轴器的寿命会大大缩短。应严格控制这种偏差，一般出厂的砂光机偏心轮的指针在 0 位，此时的偏心为 0。因此在调整时，初始状态务必使偏心在 0 位附近。当必须调整偏心轮时，可在 0 位附近变动，尽量不要超出两大格。

5.6.1.17　主传动皮带打滑

在 Q 型与 M 型砂光机中，都采用了高速平皮带。这种传动形式从理论上讲比三角带传动效率高。但在实际使用中，会产生皮带跑偏或打滑现象，这主要是调整不当引起的，应严格按照皮带延伸率为 1.5%～2% 的要求调整，并且皮带两侧应松紧一致。当按要求调整完毕后，应进行试运转，特别是主电机电流突然升高时，观察皮带是否跑偏，如果跑偏，应进行二次调整。

5.6.1.18　上机架升降后引起砂光板尺寸波动

当变更厚度规格时，须升起上机架，但有时会发现，当机架下降到位进行砂光时，砂光板尺寸发生厚度偏差，需重新调整，严重影响生产效率。产生原因有三种：一是机架发生变形，这是最难判断的，也是最难处理的，但通常这种情况较少；二是厚度调整螺栓处在未锁紧状态，升降机架时，产生旋转，引起尺寸波动；三是在厚度规上下有异物。

5.6.1.19　板件本身形状不规则或中间有工艺开孔

板件本身形状不规则或中间有工艺开孔见图 5-31。

5.6.2　砂削质量分析及解决方案

砂光板质量缺陷主要有两种：一是砂光板厚度精度缺陷；二是砂光板表面质量缺陷。根据实际生产状况发现，控制砂光板厚度精度较容易，但控制砂光板表面质量十分困难。厚度精度有数据可确定，而表面质量只能凭手感、目测，有较大的不确定性。

5.6.2.1　表面砂光机厚度精度误差分析

① 表面砂光机砂光板两侧尺寸不一致，截面成斜楔形，这是由于上下砂辊不平行所致。

图 5-31　不规则板件

　　② 表面砂光机砂光板两侧薄、中间厚，截面近似菱形。此现象出现在四砂架以上的砂光机，相邻两对砂辊都不平行，且方向相反。

　　③ 表面砂光机砂光板厚薄不均，在截面上无规则，但位置相对固定。原因有二：一是砂辊出现无规则磨损；二是磨垫、羊毛毡、石墨带厚度不均，或磨垫体变形，或磨垫安装（指安装羊毛毡、石墨带）不当。

　　④ 在表面砂光机砂光板两侧距端部 10～15mm 范围内，尺寸明显低于正常范围，称塌边。

　　⑤ 啃头、啃尾、啃角。在砂光板前后端或四角距端部 10～15mm 处，尺寸明显小于正常范围，称啃头、啃尾、啃角。在常规检测中容易忽略，检测方法和塌边一样。主要采取以下措施：a. 严格按调整输送辊和导板的位置，过高或过低都会产生啃头、啃尾、啃角的现象，尤其在砂削厚板时，这个问题更加突出；b. 在多道砂光组合中当产生上述现象时，应找出啃头、啃尾、啃角的现象在哪道工序产生，如果在粗砂时就产生，而且程度严重，后道工序无法消除，必须在粗砂时解决问题；c. 当毛板挠曲过大时，也会产生上述现象，应控制毛板质量；d. 下输送辊在长期运行中，会不同程度地磨损，当磨损达到某一程度时，下输送辊的位置实际也发生变化，所以有时会发现砂光机运行一段时间后产生啃头、

啃尾、啃角现象，应更换下输送辊。

⑥ 砂光板上下磨削量分配不当。大部分刨花板、中纤板表面都有预固化层，这种预固化层强度低，对今后使用会有影响，必须砂掉。对刨花板而言，不仅存在预固化层问题，还存在表面结构细、中间粗的实际情况，在砂削过程中应保存表面细刨花，所以应根据实际情况适当分配上、下磨削量。一般采用以下措施：a. 分道检查，找出主要由哪道工序产生偏磨，一般是粗砂；b. 对顶砂辊只需调整砂辊偏心轮，同时升或同时降，两辊间隔保持不变；c. 对叉开砂架只需调整反压辊，减少或增加间距。

5.6.2.2　表面缺陷分析

（1）横向波纹

① 横向波纹产生的原因　横向波纹主要有两种，一种是由砂带接头引起的，另一种是由砂光机砂辊振动或跳动引起的。大部分横向波纹属第一种，后一种情况极少。砂带接头引起的横向波纹是有规律的，横纹间隔均匀，且与进给速度有关，进给速度大，间隔大；进给速度小，间隔小。

② 横向波纹对板的影响　彻底消除横向波纹十分困难。有些波纹看不见，画得出（用一支长粉笔平放在板面上，呈 45°方向均匀画出）；有些看得见但画不出的波纹对使用影响很小，如果能达到这样的效果就可以了。画得出的波纹也要视情况而定，轻微的对一般使用没有影响，严重的对使用肯定会造成影响。

③ 如何消除或减轻横向波纹　消除横向波纹主要依靠砂光机的磨垫。一道磨垫只能减弱横向波纹。有些厂采用两道磨垫，效果会很明显。另外应注意以下几点：a. 磨垫上使用的羊毛毡、石应厚度均匀；b. 砂带接头应采用对接接头，接头处的厚度比其他部分薄一些；c. 磨垫与板面的接触力应均匀，不宜过大，也不宜过小，通常以磨削量作为衡量标准，磨削量一般为单面 0.075mm。

（2）稀疏性横向波纹

上述横纹较密集，而稀疏性横向波纹在一张板上只有 1～4 条，分析如下：

① 如果整张板只有 1～2 条横纹，且距板头或板尾距离固定，一般可判断为由下输送辊位置过高或过低引起，调整下输送辊即可。

② 如果整张板有 4 条，且间隔相等，约为下输送辊周长，则可判断为下输送辊失圆，必须更换。

（3）纵纹

① 纵向直纹　纵向直纹由设备中磨垫和砂辊引起，顺着产生纵纹的相应位置可找出原因，有以下几种情况：a. 砂辊表面粘有石墨、胶团或损伤；b. 磨垫表面石墨带成波浪形、破损，或石墨带和羊毛毡厚度不均；c. 导板机械划伤。

② 纵向S形纹　纵向S形纹由砂带引起，顺着产生 S 形纵纹的相应位置可找出原因，有以下几种情况：a. 砂带表面有凸出粗砂粒；b. 砂带局部起皱；

c. 砂带背面粘有石墨或胶团；d. 砂带接头处有缺陷。

（4）点画线

有时经砂光的板上有类似于点画线的纵纹，这种点和线一般凸出于表面，是砂带由于本身质量或被砂光板硬物擦伤产生掉粒所造成的。这种砂带如果是细砂带，则必须报废。人造板在砂光过程中还会发生其他表面缺陷，如板表面局部粗糙、局部斑点，这是板本身质量问题。大多数砂光后的板用手可感觉到顺、逆方向粗糙度不同，这是由于被砂光板表面细纤维在砂光过只是被烫平，并没有齐根去除，解决这个问题须从改变砂光机工艺着手。在六砂架或八砂架中一般可以改变最后第二道砂带旋转方向来改善顺逆之差异。

5.6.3 砂光机参数使用技巧及疑难问题的解决方法

5.6.3.1 砂带的选择以及安装

图 5-32 为砂带实物图。

图 5-32　砂带

（1）砂光机工作参数的确定

正式工作前先调整砂光机厚度的显数：砂光机显数＝板材厚度＋砂带厚度。

用游标卡尺测板材的实际厚度，再加上砂带的厚度，用砂光机定厚键输入以上参数，开传输带使板材经过砂光机，观看砂光机前砂的状态，参数是砂光机砂带微动的前提下向下调 0.05mm，再次使板材经过砂光机砂带不动（0.05mm 的概念是手动调节轮向下转动半圈）。

（2）砂光机的调试

① 新砂带不同目数的砂带的调试有不同的标准。

② 可根据不同板材的不同工艺要求进行调试

a. 如地板底材定厚打磨可用 P60 砂带做,砂带选择一条就可以。底漆打磨用 P320 砂带砂光,速度为 6～9r/min。

b. 地板水性腻子的砂光,要前砂装 P100 砂带,后砂装 P150 砂带。做精砂时用后砂先装 P240 砂带,后装 P320 砂带。

c. 地板水性漆要求砂光纹理必须符合面漆流平要求,也就是说打磨精度较高,P320 砂光,需要注意调节砂带速度,用目视法观察砂光纹理,对后砂进行调节。以砂过后不漏四边且无明显砂粒痕迹为标准。

图 5-33 为砂光机的工作参数。

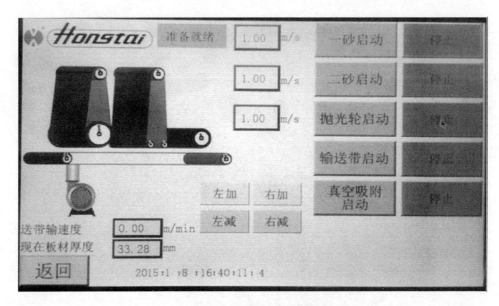

图 5-33 砂光机工作参数

5.6.3.2 砂光过程中疑难问题的解决方法

(1) 砂光效果差

① 查看砂带型号是否与工艺要求相同。

② 查看砂带速度是否与工艺要求相同。

③ 调节后砂高度查看效果,并检查砂带磨损状态。

(2) 砂光出现异常纹理

① 开机查看砂带摆动是否正常,如果正常,停机检查砂带的磨损状态,用手触摸砂带,感觉是否有附着物,用刷子刷去表面附着物,用压缩空气吹去灰尘。检查所砂光板上油漆是否到达所要砂光的干燥程度,并进行干燥处理。

② 检查板材时出现纹理粗而有序,查看砂带型号以及速度是否正常。停机检查砂带的磨损状态,以及砂带上是否有附着物,并进行处理。

（3）砂光机平台异常问题的判定

① 查看传送带是否有异常，并消除隐患。

② 查看砂带的磨损情况是否相同，若不同要注意以后的工作方法。应均匀上料不可只上一边或多少不一。

③ 把砂带拆下观察传动轮和被动轮是否有异常不平。后砂要注意石墨布是否有异常纹理和划痕及明显的高低不平。

④ 用卡尺测板材厚度是否有异常不平。

⑤ 若以上四点都正常，则需调整砂光平台平行螺钉，直到所砂光板材厚度相同为止。

参考文献

［1］ 沈文荣．砂光机调整、常见故障及砂光板缺陷分析[J]．中国人造板，2004，11(12):21-25.
［2］ 黄荣文主编．木工机械．北京：中国林业出版社，2007.
［3］ 刘艳丽．宽带式砂光机的类型与结构[J]．中国人造板，2013，20(1): 23-26.
［4］ 顾志平．带式砂光机(s1t-ff-110×610): CN, CN 301553401 S[P].2011.

第 6 章

表面砂光机的选用与维护

砂光机属于精密加工设备，无论这个机器有多么坚固耐用，只有通过合理的保养维护才能得到最好的使用效果和最长的使用寿命。完善的日常保养不仅能提高砂板质量和延长机器的使用寿命，良好的设备状态也能激发操作者维护好设备、操作好设备的热情。机器的长久使用主要取决于对设备的合理保养。包括机器内和吸尘口处的砂光粉和砂带碎片，电气控制元件和气路元件等必须定期清理。在易损件损坏之前及时更换。认真仔细地按计划保养设备，保证机器无故障运行，有利于设备保持加工精度。

6.1 砂光机的选用

6.1.1 金属砂光机

6.1.1.1 湿式金属砂光机

水磨金属砂光机也称为金属水磨砂光机，其主要特点是机体升降工作高度相对地面恒定，升降系统刚度大、精度高，保证机床大负荷工作条件下的高精度和稳定性辊式进料可实现高速、大进给力，砂削区支撑刚度高，可提高定厚精度和砂削量。其还具有加工效率高，散热快，板材变形小，耗材消耗相对低等特点，加工后板面表面更加光洁平滑，丝纹更加细腻美观。

水磨金属砂光机广泛应用于五金、机床、电子、机箱、机柜、健身器材等行业；主要适用于金属薄板的水磨砂光，可对不锈钢、铝板、铝合金板、钛合金板、铜板、压合钢板等各种金属进行表面砂光、拉丝、抛光、去毛刺、去氧化皮、拉毛、去熔渣、倒角倒钝等湿式加工，也可对五金件、冲压件、钣金件、铸件、机加工件等平面除锈、去毛刺、修补划痕及焊缝；特别对易黏附砂带的金属件加工效果尤为理想。其加工过程采用冷态研磨，工件不会因发热而变形，且极大地延长了砂带的使用寿命。

6.1.1.2 干磨金属砂光机

干磨金属砂光机用于平面板类零部件表面砂光、拉丝、抛光、去毛刺、去氧化皮、拉毛、去熔渣、倒角倒钝等加工。整个加工过程在干式磨削状态下进行，加工效率高，配套湿式吸尘机处理磨削粉尘，安全环保。其基本原理如图 6-1(a) 所示。

(a) 金属砂光机原理图　　　　　　　(b) 金属砂光机外形图

图 6-1　金属砂光机原理图及外形图

6.1.2 建材砂光机

建材砂光机如图 6-2 所示。

6.1.2.1 单砂架建材砂光机

单砂架建材砂光机主要用于密度板、多层板、硅钙板、集成材等板面的强力定厚砂光，机架结构坚固稳定，采用双压料系统，能大大提高机床生产率。

6.1.2.2 双砂架宽带快进料砂光机

双砂架宽带快进料砂光机主要用于水泥板、硅钙板以及建材表面的强力定

图 6-2　快进料建材砂光机

厚、精细抛光。其装有压靴、压辊系统，能有效矫正板材的弯曲度，采用偏心调

节胶辊高低，定厚辊加粗，加工精度更高、更稳。

双砂架宽带建材砂光机可由机架、进给装置、升降装置、电气装置以及自动控制装置组成。它可对实木门、胶合板、刨花板、水泥板、纤维板以及集成板、框架等各种板材进行强力定厚砂光、精细砂光。其由机架、进给装置、升降装置、电气装置以及自动控制装置组成，有两个定厚辊和一个砂光垫，砂光垫可以单独工作，加工板材表面更细致，效率更高。其优点有：①适合于刨花板、多层板、胶合板、硅酸钙板的定厚及精细砂光；②砂削速度快、定厚精度高、砂削表面质量好；③进料采用变频器控制进料速度、操作灵活便捷；④维修保养方便、安全性好、故障率低；⑤机身刚度强、重量大、稳定性好，使用寿命长。

6.1.3　水磨砂光机

主要用于铝板、人造石、不锈钢、石材等板材表面的研磨、拉丝、砂光，其电器件、轴承等都经过防水、防锈处理，使用寿命更长。装有过载、气压过低、漏电、跑带、缺相等保护，以上任何一种出现故障，设备都会自动停止，并紧急制动，使生产得到最好的安全保护。

① 双砂架宽带水磨砂光机　主要用于密度板、多层板、硅钙板、集成材等板面的强力定厚砂光，机架结构坚固稳定，采用双压料系统，定厚辊采用偏心调节，能大大提高机床生产率。

② 重型三砂架宽带水磨砂光机　主要用于水泥板、木塑板等建材表面的强力定厚、精细抛光。装有压靴压辊系统，能有效矫正板材的弯曲度，采用偏心调节胶辊高低，定厚辊加粗，加工精度更高、更稳。采用液压传动系统，传送更稳定、有力。

6.1.4　人造石砂光机

与建材砂光机、金属砂光机等砂光机一样，人造石砂光机也是表面净化处理设备的一种。人造石砂光机分为干砂、水砂两种。

干式人造石砂光机，在砂光、抛光树脂板材的过程中，灰尘相当多，因此，在人造石的砂光、抛光的过程中，就要求工人做好充分的防尘工序。

湿式人造石砂光机配备了水循环防尘系统，可以大大地增加人造石板材的生产效率，在为工厂创造更大效益的同时，使工人的身心健康也得到相应的提高。

根据生产的需要，人造石砂光机可选择单砂架、双砂架、三砂架或者四砂架的组合结构形式。目前，人造石板材大部分的宽度都是在760mm左右，因而可以选择1000mm宽的宽带人造石砂光机，有些更大的板材可达到1200mm的宽度，加工的时候就可以选择市场上加工宽度为1300mm的人造石砂光机；少数人造石板材会达到1600mm的宽度，这就需要与人造石砂光机厂商议技术详细进行设备的量身定做。

6.1.5　木工砂光机

6.1.5.1　辊式砂光机

　　单辊的辊式砂光机由于其砂削面近似于圆弧，不易砂光大面零部件，无论卧式还是立式的在实际生产中常常用于砂光直线型零部件的边部、曲线形零部件、环状零部件以及环状零部件的内表面。在实际生产中，由于其砂光质量较差，易留下波纹，因此不适合人造板的定厚砂光。多辊的辊式砂光机恰恰相反，它通常用于砂光大幅面的工件，如细木工板、拼板、胶合板和平面框架组件等。

　　此设备生产率不高，都是用于小批量生产，有一些小型企业使用辊式砂光机，现在在实际生产中很少使用此设备，在对曲线形零部件的加工时一般都用一些窄带式砂光机来代替。

　　砂光机都是净料加工的机械，如图 6-3 所示为单辊磨削与多辊磨削，辊式砂光机也不例外，但由于人为手工操作，且受设备本身影响，其加工精度很难保证。

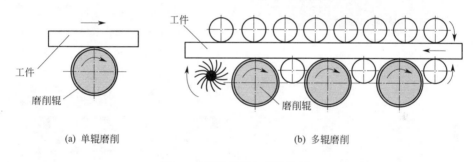

(a) 单辊磨削　　　　　　　　　　　　(b) 多辊磨削

图 6-3　单辊磨削与多辊磨削

6.1.5.2　盘式砂光机

　　图 6-4 所示为盘式砂光机，此种砂光机在砂光时可使木材的纤维方向与砂盘线速度方向一致，以获得较好的表面粗糙度，主要用于木制品构件小平面及侧面的砂光，由于靠近砂盘中心的区域线速度较低，因此砂削区域主要为砂盘的周边。

　　由于盘式砂光机在不同的圆周内各点的线速度不同，砂光表面较大的零部件会由于砂削速度不等而使被加工表面不均匀，因此适合对较小零部件进行砂光。它常常用于对零部件的端部和脚部进行砂光，在椅子的加

图 6-4　盘式砂光机

工中，常用卧式盘式砂光机对椅子后腿部进行校平砂光。

　　在现代家具的实际生产中，盘式砂光机也已很少使用，有些小型企业还在使

用，进行小批量生产。

盘式砂光机也是用于净料加工，如上所述，由于其圆周内各点的线速度参差不齐，使得其加工效率不高。

6.1.5.3 带式砂光机

图6-5所示为带式砂光机，此种砂光机有水平带式、侧立带式、垂直带式等

几种方式，工作台是固定的，进料方式为手工进料，其中侧立带式通常设计为上下窜动，又称振荡砂光机。砂带的驱动辊和张紧辊通常为钢制辊筒，有的根据加工的需要采用不同硬度的海绵辊。此种砂光机主要用于木制品构件小平面和边面的砂光。

（1）窄带式砂光机的选用

窄带式砂光机的种类繁多，应用历史也较为长久，可适用于许多零部件的磨削加工和表面修整。图6-6所示为窄带式砂光机外形。

图6-5　带式砂光机

图6-6　窄带式砂光机外形

① 卧式窄带砂光机　卧式窄带砂
光机（图6-7）的砂带是水平放置的，
最常见的是手压式砂光机（即上窄带
式砂光机）和下窄带式砂光机，其中
手压式砂光机多适用于较大幅面板式
部件的表面砂光加工，最大加工尺寸
一般为 2400mm×1200mm，且它的
操作非常灵活，可根据所需的质量要
求和工件表面的状况随时调整砂带压
力和进料速度，与此同时还可以通过
移动工作台和手压砂靴的位置来调整

图 6-7　卧式窄带砂光机

其砂光部位，适用于不同纹理方向的砂光，例如拼花工件的纹理方向是纵横交错
的，因此采用手压式砂光机对其进行砂光处理可以得到满意的效果。下窄带式砂
光机主要适用于板式部件边线和小幅面工件表面以及窄小工件的砂光加工。

手压式砂光机的生产率较低，适合小规模的生产。但其使用灵活且耗能少，
大中小型企业都会配有此设备。下窄带式砂光机也是适合于小批量生产，现代的
企业中已很少使用，但其占地面积小，价格便宜，有一些小企业在使用此设备。

卧式窄带砂光机用于净料加工，但手压式砂光机是通过人手的人为压力控制
砂光量的，因此被加工工件表面的平整性受到一定影响，尤其是被涂饰高光漆的
工件，加工精度受人为因素影响，精度一般。如图6-8所示为采用下窄带式砂光
机对小幅面工件进行砂光加工。

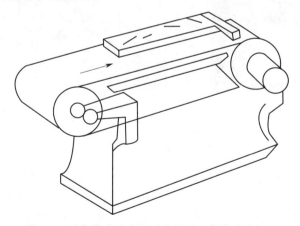

图 6-8　下窄带式砂光机对小幅面工件的砂光加工

② 立式窄带砂光机　立式窄带砂光机与卧式不同的是其砂带是垂直于工作
台放置的，根据加工类型的不同有很多种类，其中砂带能够上下窜动的振荡砂光
机可以对具有弧度或弯曲的工件弧面砂光加工，通常最大加工高度不超过

250mm，最大砂光长度不超过 1500mm。它还可用于加工板式部件平边线和窄小的实木零件。立式的曲面砂光机可以完成对零部件不同弯曲程度的曲面砂光加工，主要用于实木弯曲件的砂光加工，一般来讲其所加工的工件高度不超过150mm，宽度不超过 120mm，且长度一般不小于 350mm。曲型砂光机由于其带动砂带的滚筒是海绵材料，在砂光工件时可以迎合工件的表面形状对工件进行型面砂光，实木和板式的曲型部件都可以用此设备进行砂光加工，通常此窄带砂光机的最大砂光高度不会超过 300mm，其砂光厚度为 9~100mm。

振荡砂光机的使用频率很高，但由于人为手工操作，其生产效率一般，适合小规模生产，但也因其使用方便灵活，结构简单，在大中小型企业中都是常见的砂光设备；立式曲面砂光机适合专门生产，易于批量生产，但因其功能较单一，很少有企业会使用此设备，一般部分中型企业会配有此机床。

立式窄带砂光机也是用于净料加工，其中振荡砂光机是手动进给，人为控制砂光，因此其砂光精度受工人经验控制，很难保证，而立式曲型和曲面砂光机的结构相对精密，砂光精度尚可。

如图 6-9 所示，采用曲面砂光机，通过送料辊、出料辊和砂架的适当移动可以完成对零部件不同弯曲程度的曲面砂光加工。

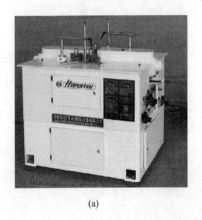
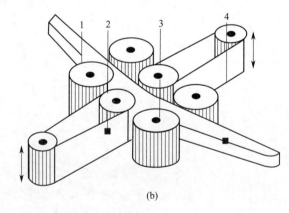

图 6-9　曲面砂光机及其对弯曲零部件的加工
1—送料辊；2—砂带；3—出料辊；4—工件

在窄带式砂光机中，有一种砂带安装方式介于立式窄带砂光机和卧式窄带砂光机之间的设备，其角度可以调节，可垂直于工作台，也可以根据加工要求与工作台成一定的角度进行砂光加工，由于其功能性，通常把它叫作边部砂光机。边部砂光机的砂架与零件角度均为可调，砂型面和砂平面时需要更换不同形状的砂靴，由于其可以砂光不同的型面，因此也称作边部型面砂光机。边部型面与基面的角度不同，通过砂架调整角度来适应，不同的工件厚度通过调节立柱高度来适应。砂靴与被砂表面形状是正反轮廓关系，采用不同形状的砂靴可以对不同形状的边部进行边部砂光加工。因此边部砂光机适用于砂光零件边部，包括平面、斜面、花形、油漆等。此设备的生产效率高，形状的保持率也非常高。边部砂光机一般最大的砂削宽度不超过 1500mm，最大高度不大于 100mm，倾斜角度通常为 70°～90°。

在现在的家具企业实际生产中，所用的边部砂光机都是将多个砂光单元串联起来的砂光设备，且其砂靴由气动装置控制弹出和收回，通常此设备上还会配有砂轮和磨刷等砂光单元，分别调整出所需角度，分点式压料，适合表面不规则的工件，通过履带进给，一次性完成对工件的边部砂光加工。这种砂光机的生产连续，效率高，精度大，并有可伸长的滑轨，适合多种大小工件的加工，在中大型企业中较为常见。

（2）宽带式砂光机的选用

宽带式砂光机的种类及其使用范围比较广泛，现已成熟应用到中密度纤维板、刨花板、胶合板、家具、钢板、皮革等工业领域。

① 带式平面砂光机　宽带式平面砂光机是现在实际生产中应用最为广泛的砂光机，宽带砂光机的最大磨削量可达到 1.27mm，但每次砂削厚度最好不要超过 0.5mm，进料速度为 18～60m/min，最大加工厚度不会超过 170mm，最大加工宽度一般小于 1350mm，但个别的设备可对更大的幅面进行砂光加工，它的工作效率高，砂光质量好，在对平面的砂削中几乎代替了其他形式的砂光机，频繁地用于各种板件大幅面的砂光加工，既可以用于人造板的定厚，又可以用于对实木工件的加工。

宽带砂光机的工作效率高，适合大批量的砂光加工，在任何企业中，无论规模大小，都会使用此设备。

宽带式平面砂光机主要用于净料的砂光加工，加工精度可以很高但也需要看砂架的组合和砂纸的利用。

宽带式平面砂光机适用于许多工件的加工，根据砂架上张紧砂辊的材料不同，所具备的功能也就不同，质地较软的胶辊适用于漆膜、油膜的砂光，而钢辊适用于白茬工件的砂光加工。如前文所述，砂架是砂光机中重要的组成部分，砂光机内根据不同砂架的组合形式可以对工件进行不同的砂光加工，如表 6-1 所示。

表 6-1　宽带式平面砂光机不同砂架组合形式的选用

砂架组合形式示意图	适用场合
	采用组合砂光头的单砂架宽带砂光机，适用于木制家具板方材、地板块、短小料木制品零件的定厚砂光和表面砂光

砂架组合形式示意图	适用场合
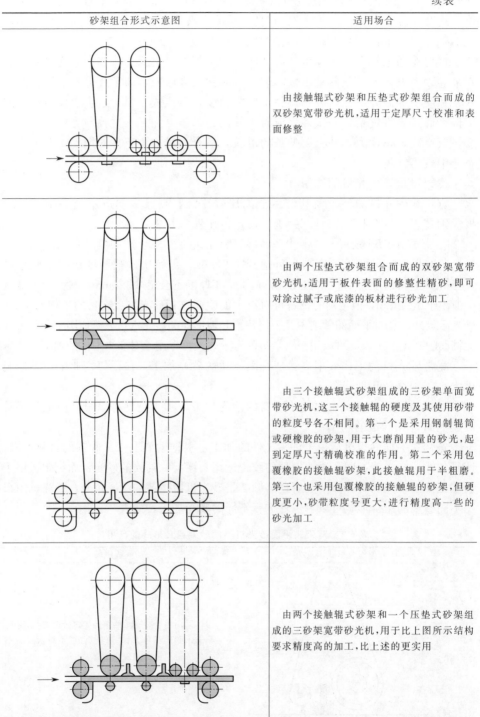	由接触辊式砂架和压垫式砂架组合而成的双砂架宽带砂光机,适用于定厚尺寸校准和表面修整
	由两个压垫式砂架组合而成的双砂架宽带砂光机,适用于板件表面的修整性精砂,即可对涂过腻子或底漆的板材进行砂光加工
	由三个接触辊式砂架组成的三砂架单面宽带砂光机,这三个接触辊的硬度及其使用砂带的粒度号各不相同。第一个是采用钢制辊筒或硬橡胶的砂架,用于大磨削用量的砂光,起到定厚尺寸精确校准的作用。第二个采用包覆橡胶的接触辊砂架,此接触辊用于半粗磨。第三个也采用包覆橡胶的接触辊的砂架,但硬度小,砂带粒度号更大,进行精度高一些的砂光加工
	由两个接触辊式砂架和一个压垫式砂架组成的三砂架宽带砂光机,用于比上图所示结构要求精度高的加工,比上述的更实用

续表

砂架组合形式示意图	适用场合
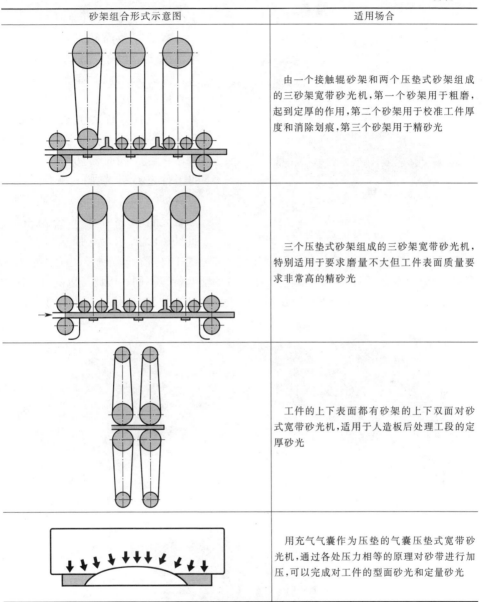	由一个接触辊砂架和两个压垫式砂架组成的三砂架宽带砂光机,第一个砂架用于粗磨,起到定厚的作用,第二个砂架用于校准工件厚度和消除划痕,第三个砂架用于精砂光
	三个压垫式砂架组成的三砂架宽带砂光机,特别适用于要求磨量不大但工件表面质量要求非常高的精砂光
	工件的上下表面都有砂架的上下双面对砂式宽带砂光机,适用于人造板后处理工段的定厚砂光
	用充气气囊作为压垫的气囊压垫式宽带砂光机,通过各处压力相等的原理对砂带进行加压,可以完成对工件的型面砂光和定量砂光

　　② 宽带式型面砂光机的选用　　图 6-10 所示宽带式型面砂光机（即琴键式宽带砂光机）是现在较新较实用的砂光机械,琴键式砂光压垫是近几年才开发出来的。它可以对不同型面的零部件、不等厚的零部件、不等宽的零部件和不连续的零部件进行精度较高的砂光加工,既适用于实木工件又适用于板式工件的砂光加工。宽带式型面砂光机起步较晚,有很多企业都还没有使用此设备,但其生产率

图 6-10　琴键式宽带砂光机

高，自动化程度高，适用于批量生产，适合大中型企业使用。

　　宽带式型面砂光机可以进行净料加工，由于其科学技术含量高，因此采用此设备加工的工件砂光精度非常高。

　　宽带式型面砂光机可以砂光两个不等厚的工件，如图 6-11 所示，它可以同时对两个厚度不同的工件进行砂光加工，不同的琴键式垫的小气缸的活塞行程不同，因此允许板材厚度的公差不同。如图 6-12 所示，宽带式型面砂光机还可以对存在凹面的工件和中间有被铣掉部分的工件进行砂光加工，且不会使工件边缘形成倒棱。不同的琴键式垫的小气缸的活塞行程不同，因此可以随着工件的不平而波动。此设备还能进行不规则幅面工件的砂光加工（图 6-13、图 6-14）。

图 6-11　砂光机允许板材厚度公差　　　　图 6-12　用于砂光有凹面的工件

图 6-13　用于砂光不规则幅面

(a) 不等厚的工件

(b) 不规则幅面工件　　　　　　　　(c) 有凹面的工件

图 6-14　宽带式型面砂光机所适用砂光的各种工件

图 6-15　单、双砂架宽带砂光机

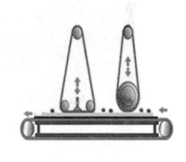

图 6-16　超短料砂光机

如图 6-15 所示，单砂架宽带砂光机适用于定厚砂光，是胶合板、多层板、细木工板、刨花板、中密度纤维板加工的首选设备。该砂光机的整体结构刚性好，机床的使用寿命长。砂光辊为钢辊，定厚效果好。砂光机送料采用变频调速，工作稳定，效率高。板材砂光机采用触摸屏显示工作状态，形象直观，操作简便，稳定可靠。如图 6-16 所示为超短料砂光机：压料输送采用压靴压辊组合结构，用以解决工件翘曲变形和短料加工的啃头扫尾现象。图 6-17 所示宽带式型面砂光机是目前市面上使用最为广泛的一种砂光机。

图 6-17　宽带式型面砂光机

6.1.5.4　刷式砂光机

　　刷式砂光机是将若干刷子和砂纸交错地分布在圆筒的圆周上，砂纸的另一端卷绕在套筒上（图 6-18）。当圆筒高速回转时，砂纸利用本身的离心力和刷子的弹力压向工件表面进行砂光。刷式砂光机可用于砂削成形表面。

图 6-18　刷式砂光机

6.1.5.5　刨砂机

　　如图 6-19 所示，由于其刨砂头的原因，使得刨砂机适用于对实木板、指接材拼板、细木工芯板、门板、嵌木地板等厚度公差较大、硬度较大的板材进行强力的砂光加工。

图 6-19　刨砂机对厚度公差较大工件的刨砂加工

6.1.5.6　联合砂光机

可以将辊式和盘式结合在一起，盘式和带式联合在一起，也可以与车削、四面刨、精光刨等组合在一起，用于精砂和抛光加工。将砂光装置与其他木材加工方式的组合，为板式家具工业的大小企业提供了各种加工方案，广泛适用于室内装修业、小工厂以及接受委托加工的大工厂，适合小批量多品种加工任务，而且砂光精度高、加工质量好，无论是怎样的加工工艺，无论是单机还是生产线，无论是手工操作还是计算机控制，都表现为针对性强、灵活性大、效率高而且经济合理。如刷辊砂光机，可以适应不规则平面木材的砂光，各种不同轮廓的镶板、窗框、门框及木门等，提供了对工件立体砂光与光漆砂光的功能。刷辊质地是柔软的，能够伸缩自如，能够砂光厚度公差较大的变截面、波浪形槽体的平面板，可以将工件表面及沟槽内的毛刺砂光掉，还可以将工件上的残余粉尘和木毛清洁干净，让工件后道工序的染色吸收更加均匀，漆的黏合效果更好。另外，此种砂光机还可以进行油漆上光，砂光掉凸起的底漆，消除底漆的亮度，使其上光更加均匀[1]。

按照其他选用方式，砂光机还可以分为：

① 普通砂光机　普通型砂光机配置功率较小，机架比较轻便，机型小巧重量轻，砂辊小，砂削力相对较小，容易过载操作造成损坏，但价格比较低，适合小规模生产使用。

② 重型砂光机　重型砂光机配置功率较大，机架厚重，机型庞大较厚重，砂光辊大，砂削力大，结实耐用，但是价格比普通型的要高出 30% 左右，适合规模生产使用。

③ 高架砂光机　高架砂光机是在重型砂光机的基础上，针对板边砂光开发生产的砂光机，工作台升降高度可在 0～650mm 范围内调节，定制机升降范围可达 1m 以上。

④ 双面砂光机　一次性同时砂光两面的砂光机，结构较为复杂、调节不方

便、造价比较高，只有大型的板材加工企业才会使用。

⑤ 底漆砂光机　专门打磨底漆的砂光机。

6.2　影响砂削质量的主要因素

影响砂削质量的主要因素如下。

① 砂光速度　随磨削速度的增加，磨削表面不平度的高度减小。同时因为单位时间内参与切削的磨粒数多，所以磨削表面上的刻痕数多，则相邻刻痕之间的残留面积减小，表面粗糙度降低。但是，磨削速度的提高应控制在一定的范围内，以避免由于磨削速度提高引起磨削温度的急剧升高而使木材工件烧焦。

② 磨削压力　磨削压力加大，磨削深度增加，磨削表面质量下降。磨削压力的影响对含水率较高的木材工件更严重。对于干木材，磨削表面的粗糙度几乎不受磨削速度和磨削压力的影响；但对于湿材，其表面粗糙度随磨削压力的增加而增加。另外，随着磨削压力的增加，磨削温度急剧提高，也将导致磨削质量变坏。因此，控制一定的磨削压力，适当减小磨削深度，有利于提高加工质量。

③ 磨具粒度　磨削粗糙度的支配因子主要是磨料粒度，磨料粒度对表面质量的影响与对磨削效率的影响呈现相反的结果。磨料粒度越小，即砂带号越大，磨削表面粗糙度越小，光洁度越好。

④ 进给速度　工件的进给速度越大，加工表面的不平度高度下降，加工表面磨料刻痕数减少，残留面积加大，表面粗糙度减小。

⑤ 木材工件的性质　在相同的磨削条件下，树种不同，即木材构造不同时，磨削质量不同，同一树种的木材，当含水率增加时，加工表面不平度增大。在同一加工表面上，当顺纤维磨削时，刻痕明显；而在横纤维方向磨削时，由于纤维被割断，因此起毛严重。

⑥ 磨具横向振动　磨具横向振动的磨削与一般磨削相比，不仅可以获得较高的磨削表面光洁度，而且单位时间内的磨削用量也可以提高。因此，宽带砂光机中，砂带都采用横向振摆。由于砂带的横向振摆是往复的，因此磨粒运动方向经常改变，从而造成单位时间内参加磨削而不在同一轨迹上的磨粒数增加，相邻刻痕间的残留面积减小，加工表面光洁度提高。其次，横向振动使磨粒在不同方向上受力，易使变钝磨粒脱落，即提高砂带的自生能力，磨具也不易堵塞，从而提高了单位时间的磨削量，表面加工光洁度也高。下面就影响砂光质量的设备及其他因素来具体说明各因素对砂光质量的影响。

6.2.1　影响砂削质量的砂光设备因素

对不同厂家生产的砂光机而言，尽管砂光机的基本工作原理都是相同的，但设备的局部设计和结构不尽相同，下面主要以苏州意玛斯砂光设备有限公司生产的重型定厚砂光机为例进行分析。

6.2.1.1 设备主要部件对加工质量的影响

（1）升降机构

对于高精度宽带双面定厚砂光机来说，上机架升降机构是保证砂光质量的核心部件之一。机械式高精度滚珠丝杆升降机构（图 6-20）与其他类型的升降机构相比，具有很多优点：①成本较低、维护保养简便，除正常的保养外，不需要做特别的维护；②重复定位精度高；③操作简便，根据用户要求，可选择自动或手动调节，从设备的人机界面操作面板上极为方便地调节到指定的加工高度；④设备具有厚度微调手轮，通过旋转编码器可以对滚珠丝杆升降机构进行高达 1/100mm 精度的调节，便于控制板厚的公差。

因设备具有上述特点，故可在生产中快速更换产品的加工厚度规格，方便地达到加工精度要求，适应多规格小批量的生产模式。

图 6-20　机械式高精度
滚珠丝杆升降机构

（2）防厚板装置

防厚板装置是保证砂光机安全生产和非"野蛮"生产的重要部件，它安装在砂光生产线第一台定厚砂光机的前面，以防止超厚板或其他规格的毛板进入机器对砂带特别是升降机构造成严重损害。防厚板装置是按机器所允许的最大砂光余量在设备安装调试时由设备制造厂家的工程技术人员进行定位的，使用厂家不得随意更改已设定的数值。砂光机不是可以对任何厚度的砂削余量进行加工的"万能机器"，对超厚板进行砂光可能导致设备损伤甚至是永久性的损伤。所以防厚板装置绝对不可以随意调节甚至取消。

（3）定厚接触辊

对砂光机而言，定厚接触辊是整台设备的最关键部件之一。在砂光生产中，为了获得良好的板面质量和经济的砂带消耗量，要求定厚接触辊必须砂削掉总砂光量的 85%，经过定厚接触辊校正后的工件尺寸偏差必须在规定的范围内，以便为后续的精磨加工提供一个良好的基础，因此定厚接触辊的设计和制造必须满足切削量大、加工精度高、切削效率高、砂削噪声小的工艺要求。目前常用的螺旋槽钢质接触砂辊（图 6-21），辊筒直径为 400mm，比通常使用的接触辊直径更大，这样在相同的转速下，砂带具有更高的线切削速度，从而提高了砂带的切削效率。辊筒的表面开有较深的螺旋槽，不仅增加了散热面积，减少了因粉尘聚积在辊筒表面而影响板面质量的机会，而且由于工作时受力面积减少，提高了砂带的切削力。辊筒内部设计为加装加强筋的结构，从而有效增强了辊筒的刚性和强度，减少了加工时的噪声。辊筒两端的轴头与辊筒采用热装过盈配合工艺，增加了辊筒整体的强度和稳定性，提高了辊筒的旋转精度。辊筒在装配到机器之前经过精确的动平衡试验，以确保机器在工作转速下平稳无振动、被加工板件表面无颤纹。

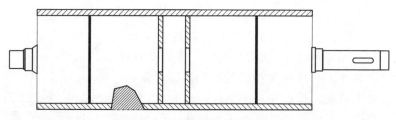

图 6-21　螺旋槽钢质接触砂辊

在对砂光设备保养时，接触辊的润滑是重点，其润滑量要适中。如果轴承位润滑不足，轴承在高负载条件下工作，温度升高，会加速轴承的磨损。如果接触辊的轴承位润滑油过量，将影响散热，轴承的温度也会上升，影响轴承的使用寿命。轴承磨损后，即使定厚接触辊的制造精度再高，被加工板件表面也会留下较深的横向纹路，这将直接影响精磨工序的最后效果。润滑脂最好选用设备使用维修说明书上推荐的品名和型号。

（4）运输辊

与普通轻型砂光机不同，重型砂光机的送料机构采用运输辊筒的形式。当包胶运输辊表面磨损后，会产生送料速度的不一致，使工件在送进过程中产生波动，造成送料不畅或不平稳，从而影响加工质量，因此当包胶运输辊磨损到一定程度时，必须全部进行更换。另外一种较常见的情况是，当运输辊表面粘有胶和粉尘混合的斑块时，同样也会造成工件表面的波浪纹，在此情况下需要及时清理运输辊表面。

（5）压磨器

压磨器（图 6-22）是精抛加工时的磨头，压磨器材料的变形、弹性衬垫的老化、石墨润滑布的磨损等均会直接影响工件的最终加工质量。

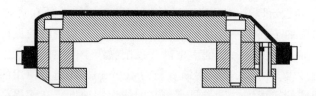

图 6-22　压磨器

砂光机的压磨基板，配合风冷系统，能加快压磨器的散热；可以根据不同要求，选择宽度最大到 110mm 的不同规格的羊毛毡或橡塑海绵弹性衬垫；采用石墨润滑带张紧装置，对弹性衬垫施加一定的预压力，使压磨器更平整。被砂光过的工件表面出纵向的直线状条纹与压磨器本身有很大的直接关系。如出现这种情况，应该马上对其进行检查，并做适当的处理[2]。

6.2.1.2 砂光机的调整对加工质量的影响

（1）机器精度调整

根据不同的砂光余量要求，需要对砂光机进行调整以达到对多个砂光头进行合理的砂削加工量的分配。简单地说，加工 3mm 薄板和加工 18mm 厚板时机器的调整是有所不同的。机器在厚板和薄板之间转换规格时会产生质量问题，这些问题往往出现在加工薄板时，因为薄板强度低、容易变形和破损，而且进给速度快。解决的方法就是必须重新调整机器，保证工件的运输和加工顺畅。

（2）生产过程中的微调

在加工板材时，需要对砂光机进行经常性的微调，这是由于砂带的磨损属动态性的渐变过程，使得工件厚度尺寸和表面质量也处于一个规律性的变化过程之中。操作者应根据砂带的磨损规律对机器进行适当的、适时的微调，真正做到心中有数。但过度频繁的盲目调整不仅难以保证正常稳定的生产，而且生产出的产品质量波动也会很大。

6.2.2 影响砂光质量的另外三个因素

除了砂光设备本身以外，影响砂光质量的主要还有下列因素。

6.2.2.1 砂带

砂带是砂光机使用的切削工具，它的消耗占砂光总成本约 1/3，是一个相当高的比例，砂光质量的好坏与砂带的合理使用有十分密切的关系。

（1）砂带的组成

从断面看，砂带由基体、黏结剂和磨料三部分组成。基体是承受拉力的载体，同时也是黏结剂和磨料的载体。按其材料可分为纸基、布基和纸布复合基。黏结剂分为两层，紧贴基底的称为底胶，上面的称为覆胶。磨料是砂带的工作部分。

（2）砂带接头

粗略地划分，砂带有两种接头方式：对接和搭接。根据接口的形状，对接又有平接和 S 形接法之分。对接比较普遍地用在粗粒度的布基或纸布复合基砂带的接头，搭接方式在纸基砂带接头中用得最多。衡量接头好坏的两个指标是：接头抗拉强度和接头厚度。接头的抗拉强度不得低于砂带本身的抗拉强度；对于粗粒度的砂带来说，接头的厚度可以比基体稍厚，以保证足够的强度；对于精抛砂带来说，偏厚的接头会在工件表面上反映出来，因此，细粒度砂带的接头厚度要比基体本身薄一些。比较合理的配置方式是：负荷大的工序如定厚砂光采用对接的布基或纸布复合基砂带，其他工序采用搭接的纸基砂带。以上配置可以在保证生产效率的情况下，提高工件的加工质量，大幅降低砂带成本，因为相同粒度相同规格的纸砂带的价格还不到布带价格的一半。

（3）砂带的磨损规律

砂带的磨削能力是以砂带上磨料的露出部分的高度来衡量的，一般露出部分高度是砂粒直径的 2/3。砂带在使用过程中会慢慢磨损，砂粒的高度会降低。砂带的磨损快慢受很多因素的影响，如温度、压力（负荷）、磨料种类、工件材料的表面硬度等。温度的影响：温度越高，砂带磨损越快。压力的影响：施加给砂带的正压力越大，砂带负荷越大，砂粒磨损也越快。工件表面的硬度越高，砂带磨损越快。环境温度稳定、砂带负荷恒定的情况下，砂带的磨损规律见图 6-23。

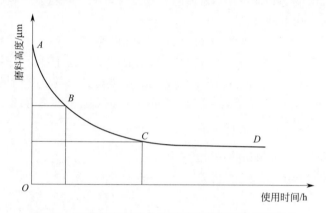

图 6-23 砂带负荷恒定的情况下砂带的磨损规律图示

AB 段：为新砂带使用最初期，磨损速度最快，磨料高度随时间呈线性下降；这段时间比短，在这段时间内工作时，需要经常调整机器。*BC* 段：在这个磨损期，磨料最尖锐的部分已经被磨掉，砂带的磨损变慢，机器需要调节，但调整频率降低，此时开始产生磨削热。*CD* 段：为稳定磨损阶段；这个阶段基本不需要调节设备，加工工件的质量处于最好最稳定的状态。

（4）影响砂带使用寿命的一些主要因素

① 过大的砂削余量由压机压制公差所造成。

② 人造板中胶黏剂的含量及表面预固化层的硬度。

③ 进板温度不宜超过 50～60℃，否则高温容易使树脂变软并粘在砂带上。

④ 吸尘系统的有效性。这是一个非常重要的因素，必须保证砂削粉尘被全部地抽离砂光机。

⑤ 机器进给速度过高对砂带寿命是不利的。

⑥ 人造板中含有金属砂石颗粒或其他坚硬的杂质。

⑦ 人造板材料及工作环境的湿度过高。

（5）砂带的使用

不同粒度的砂带在砂光工序中的作用是不同的。粗粒度的砂带用在磨削量大的定厚磨削工序，一般要求能砂去毛板厚度公差的 $80\%\sim85\%$；后续的较细粒度的砂带用于消除前道砂带在工件表面的磨痕；最后一道最细粒度的砂带对工件表面只起抛光作用，通常这个头的单面砂削量以 $0.03\sim0.05mm$ 为宜，砂削量很小，通俗地说就是轻轻地摸一遍，该砂光头应使用 P150 或 P180 高质量砂带。因此合理地调整好砂光机的定厚部分是非常重要的，要使其尽可能多地砂削掉加工余量，尽量让粗砂接触辊砂光头在接近满负荷的状态下运行，通常是尽量接近该砂光头的最大许可电流值。相邻两道砂光工序使用的砂带不要超过两个粒度号，这是砂带制造商和使用者通过多年实践所总结出来的经验，违反这种规律性的"清规戒律"会对设备性能、产品质量和生产成本造成相当严重的负面影响。最好在设备条件许可的条件下，不同工序采用不同基底的砂带。布基砂带能承受很大负荷，可适应比较恶劣的环境，但价格贵，削后表面质量较低，常被用于定厚磨削。纸基砂带的成本低，具有较高的柔韧性，接缝平整，砂光质量更高，是理想的抛光磨具。

（6）砂带的保管

寒冷、高温、潮湿和阳光曝晒的环境都不适合砂带存放，砂带库房的最适宜条件是：温度 $18\sim25℃$，湿度 $5\%\sim65\%$，有条件的话最好采用空调房间。砂带从包装盒中拿出来后不宜立即使用，可将其悬挂一两天，使其舒展、消除折痕。切忌将砂带直接放在地面上，或与水、油渍接触；避免砂带过度卷压和表面的相互接触摩擦。

6.2.2.2　加工板材

工件的物理化学性质对砂光质量有非常大的影响。很多工厂出现的不正常的辅料消耗和质量事故往往都与板材本身有关，因此需要基本掌握和了解工件材料性质对砂光工艺的影响。

（1）原材料

木材有不同的纤维特性，如松科木材比阔叶材的树脂含量要多。而树脂含量多的原材料制成的板材，砂光时较容易出现砂带堵塞等缺陷。

（2）板材的密度

图 6-24 是中/高密度板、刨花板的剖面密度示意图。由图可以看出：AB 和 EF 段是上、下板面的预固化层，此层的密度最低，纤维间结合强度差，是需要砂光去除的；C、D 点附近是板材的硬化层，是理想的需要得到的砂光后的表面；当实际板面处于 C 点左边和 D 点的右边时，说明板面的预固化层没有被全部砂除，此时表面比较粗糙，不适宜深加工，但可以将工件再砂磨一层后进行深加工，毛板厚度达不到工艺要求的厚度时会出现这种现象。当实际板

面处于 C 点右边和 D 点的左边时，说明板面的硬化层已经被砂除，此时表面也比较粗糙，这样的板材不适宜深加工，而且没有办法可以弥补，超厚的工件加工后会产生这种情况。

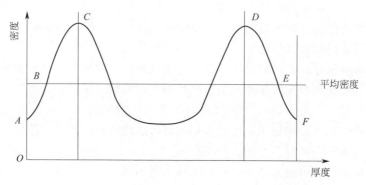

图 6-24　中/高密度板、刨花板的剖面密度示意图

因此，毛板厚度太薄或太厚都会影响砂光表面质量。要得到良好的表面砂光质量，首先必须严格控制好毛板的厚度及其偏差。需要提及的一点是目前国内大多数厂家生产的毛板厚度偏差过大，给砂光作业带来较大的负面影响，不仅很难砂出高质量的板面，严重时甚至会对砂光设备主要部件造成难以修复的损伤。对于厚度偏差过大的毛板，我们建议采用两次砂光。无论如何，要提高板材的表面砂光质量必须从铺装、热压工段这些源头抓起。

（3）含水率

MDF、PB 的纤维含水率必须控制在约 8%～10% 的范围内。较高含水率的板面纤维柔韧性较好，砂带不容易将纤维从根部切断，而磨掉的纤维粉尘容易黏附在砂带表面，形成堵塞；较低含水率的砂光表面会吸收空气中的水分，使板面起毛变涩，如果板件的两面吸潮速度不一致，工件则会产生翘曲变形，此外吸潮后的板件会产生膨胀，使厚度尺寸变得不均匀。

（4）时效处理

从热压机出来的板材必须经过时效处理后才能进行砂光加工。时效处理的目的是降低板材的温度，平衡板内部的含水率，让胶适当固化，时间以 24～48h 为宜。时间太短，板材温度太高，胶层没有固化，没有固化的胶会粘在砂带表面，使得砂带磨损加快，缩短使用寿命，同时板材的尺寸稳定性也较差；时间太长，胶层已经完全固化，板面变硬，也会增加砂带和电能的消耗。工件压制成形过程中的施胶量的多少决定工件的表面硬度。施胶量越多，表面越硬，越难砂光。

6.2.2.3　吸尘

砂光质量问题的产生在相当多的时候与吸尘效果不好有着最直接的关系。砂光产生的粉尘、磨削产生的热量都需要被气流带走。由于工件在砂光头处被加工时，空气流只能从两侧进入吸尘口，中间部位没有气流通过，因此中间部位的粉尘很难被一次性完全吸收，没有被吸走的粉尘会随砂带旋转形成的空气层运动，并逐步造成砂带堵塞。砂光设备配备的吸尘装置必须有足够的能力将粉尘和热量带走，否则由于温度的升高和粉尘的聚集会对砂带产生破坏性的影响，并且造成工作环境恶劣，产品质量低下，设备磨损加快[3]。

6.3　砂削缺陷及解决方法

砂光板缺陷主要有两种，一是砂光板厚度精度；二是砂光板表面质量。

6.3.1　精度误差分析

6.3.1.1　砂光板两侧尺寸不一致

砂光板两侧尺寸不一致，截面成斜楔形，这是由于上、下砂辊不平行所导致的。

6.3.1.2　砂光板薄厚不均

① 砂光板两侧薄、中间厚，截面近似菱形。此现象出现在四砂架以上的砂光机上，原因是相邻两对砂辊都不平行，且方向相反。

② 砂光板厚薄不均，在截面上无规则，但位置相对固定。原因有二：一是砂辊出现无规则磨损；二是磨垫、羊毛毡、石墨带厚度不均，或磨垫体变形，或磨垫安装（指安装羊毛毡、石墨带）不当。要减轻或消除这种情况需要做到以下两点：

a. 如果砂光机进给工作台与砂架不平行将导致部件砂光后左右尺寸不一致，这时应使用千分表对砂架进行逐个校正，使校正后的砂辊、抛光垫与进给工作台均保持水平。

b. 如果砂光部件薄厚不均，而且缺陷部位相对固定，首先要检查砂光机的第二道胶辊和输送带是否出现不规则磨损，如无磨损，要继续检查第三道砂架的抛光垫，查看羊毛毡、石墨带是否磨损后厚度不均，抛光垫是否整体变形，抛光垫上的羊毛毡、石墨带是否安装不当。

6.3.1.3　塌边

在砂光板两侧距端部 10～15mm 范围内，尺寸明显低于正常范围，称塌边。

在常规测量中，塌边往往会忽视，检测方法有两种：①把钢皮尺或游标卡尺直线段侧放在板端部，用塞尺塞端部间隙或用肉眼观察；②观察或用塞尺塞成垛板两侧端部。塌边对贴面十分不利，贴面后边部容易脱落，所以应严格控制，一般采取以下措施：

① 减少磨垫磨削量，从而减小板两侧的磨削压力，减轻塌边程度。

② 把接近砂光板两侧端部的羊毛毡截成三角形或把石墨带剪一个矩形孔（20mm×50mm），减少板两侧的磨削量，减轻塌边程度。采用这种办法比较有效，但板边部的光洁度有所下降，应适可而止。

③ 采用先砂后锯工艺，可彻底解决塌边问题，对砂光机调整要求明显下降。但采用这种工艺方式有两大缺点：一是砂光与锯边由于各自的故障，会相互影响，锯边强烈噪声对操作环境也有影响；二是增加边部砂光，耗费电能大。

6.3.1.4　啃头、啃尾、啃角

在砂光板前后端或四角距端部 10～15mm 处尺寸明显小于正常范围，称为啃头、啃尾、啃角。当砂光机压料辊的位置过高或过低时，部件就会产生啃头、啃尾现象，尤其在砂削厚台面时这两种现象更严重。在常规检测中容易忽略，检测方法和塌边一样。这种现象对贴面同样会产生不利，必须严格控制，主要采取以下措施：

① 严格按调整要求调整输送辊和导板的位置，过高或过低都会产生啃头、啃尾、啃角的现象。尤其在砂削厚板时，这个问题更加突出。

② 在多道砂光组合中当产生上述现象时，应找出啃头、啃尾、啃角在哪道工序产生，如果在粗砂时就产生，而且程度严重，后道工序无法消除，则必须在粗砂时解决问题。

③ 当毛板挠曲过大时，也会产生上述现象，应控制毛板质量。

④ 下输送辊在长期运行中，会有不同程度磨损，当磨损达到某一程度时，下输送辊的位置实际也发生变化，所以有时会发现砂光机运行一段时间后产生啃头、啃尾、啃角现象，应更换下输送辊。

6.3.1.5　砂光板上下磨削量分配不当

大部分刨花板、中纤板表面都有预固化层，这种预固化层强度低，对今后使用会有影响，必须砂掉。对刨花板而言，不仅存在预固化层问题，还存在表面结构细、中间粗的实际情况，在砂削过程中应保存表面细刨花，所以应根据实际情况适当分配上、下磨削量。一般采用以下措施。

① 分道检查，找出主要由哪道工序产生偏磨，一般是粗砂。

② 对顶砂辊只需调整砂辊偏心轮，同时升或同时降，两辊间隔保持不变。

③ 对叉开砂架只需调整反压辊，减少或增加间距。

6.3.2　表面缺陷分析

经验表明，控制砂光板表面质量十分困难。厚度、精度有数据可确定，而表面质量只能凭手感、目测，有较大的不确定性。针对上述情况，下面重点分析砂光板表面缺陷。

6.3.2.1　横向波纹

（1）横向波纹产生的原因

一种是由于砂带接头部位的负差没有控制好而引起的，尤其在砂带采用搭接时出现较多，而采用对接时几乎不会发生。砂带接头引起的横向波纹是有规律的，波纹间隔均匀，且与进给速度有关，进给速度大，波纹间隔大；进给速度小，波纹间隔小。另一种是由砂光机胶辊振动或跳动引起的，但这种情况极少发生。大部分横向波纹属第一种。砂带接头引起的横向波纹是有规律的，横纹间隔均匀，且与进给速度有关，进给速度大，间隔大；进给速度小，间隔小。间隔距离 S 为：

$$S = \frac{L}{v_{砂}} v_{进} \frac{1000}{60}$$

式中　$v_{砂}$——砂带线速度，m/s；

　　　L——砂带周长，m；

　　　$v_{进}$——进给速度，m/min。

（2）横向波纹对板的影响

理论上横向波纹是不可能彻底消除的，只能是最大限度地将其减少到最小程度。台面部件砂光后产生的横向波纹可分为三种，一种是波纹看不见但画得出（用一支长粉笔平放在板面，呈 45°方向均匀画出）；另一种波纹看得见但画不出；最后一种是看得见又画得出。看得见但画不出的波纹对台面质量影响很小，可以忽略，如果能达到这样的效果就可以了。画得出的波纹也要视情况而定，轻微的对一般使用没有影响，严重的对使用肯定会造成影响。

（3）消除或减轻横向波纹的方法

消除横向波纹主要依靠砂光机的最后一道抛光垫。这就要求在抛光垫上使用的羊毛毡、石墨带厚度要均匀；砂带接头方式最好采用对接接头，并控制好负偏差；抛光垫与部件的接触力应均匀，不宜过大或过小，通常以砂削量作为衡量标准，砂削量一般为单面 0.075mm。一道抛光垫只能减弱横向波纹，因此要特别控制好前两道砂带的砂光表面质量。

（4）稀疏性横向波纹

上述横纹较密集，而稀疏性横向波纹在一张板上只有 1～4 条，分析如下：①如果整张板只有 1～2 条横纹，且距板头或板尾距离固定，则一般可判断为下输送辊位置过高或过低引起，调整下输送辊即可；②如果整张板有 4 条，且间隔相等，约为下输送辊周长，则可判断为下输送辊失圆，必须更换。

6.3.2.2　纵向波纹

纵纹可分成直纹、S 形纹、点画线三种。

（1）纵向直纹

直纹通常是由砂光机的磨垫和砂辊引起的，如砂辊表面有损伤或设备吸尘效果不好使砂辊表面粘有粉尘；磨垫表面的石墨带破损或石墨带、羊毛毡厚度不均等。顺着产生纵纹的相应位置可找出原因，有以下几种情况：①砂辊表面粘有石墨、胶团或损伤；②磨垫表面石墨带成波浪形、破损，或石墨带和羊毛毡厚度不均；③导板机械划伤。

（2）纵向 S 形纹

纵向 S 形纹多数是由砂带引起的，如砂带表面有凸出的粗砂粒，砂带背面粘有大量粉尘，砂带接头处有缺陷或砂带局部打褶等。发生以上两种情况时，通常顺着产生 S 形纵纹的相应位置便可查找出原因，有以下几种情况：①砂带表面有凸出粗砂粒；②砂带局部起皱；③砂带背面粘有石墨或胶团；④砂带接头处有缺陷。

（3）点画线

个别台面砂光后表面出现类似点画线的凸起，产生这种现象的原因是砂带本身质量存在问题，如掉砂粒或是砂带被硬物擦伤产生掉粒，如果是粗砂光时产生此现象砂带还可以继续使用，台面的表面缺陷会在后续的精砂光时消除，但如果是精砂光时产生凸起的点画线，则该砂带必须更换。

人造板在砂光过程中还会发生其他表面缺陷，如板表面局部粗糙、局部斑点，这是板本身的质量问题。大多数砂光后的板用手可感觉到顺、逆方向粗糙度不同，这是由于被砂光板表面细纤维在砂光过程中只是被烫平，并没有齐根去除，解决这个问题须从改变砂光机工艺着手。在六砂架或八砂架中一般可以改变倒数第二道砂带旋转方向来改善顺逆之差异[4]。

砂光机加工工件常见缺陷及解决方法如表 6-2 所示。

表 6-2　砂光机加工工件常见缺陷及解决方法

缺陷	产生原因	解决方法
被加工表面出现烧伤痕迹	砂带超载	①降低送料速度 ②降低砂削量
被加工表面出现弯曲的纵向纹路	①砂带砂粒有缺陷 ②砂带内表面不清洁 ③砂带的接缝处接缝不良	①更换砂带 ②对砂带内表面进行清洁
有横向倾斜的等距痕迹出现	砂带连接不良	更换砂带
有直线纵向纹路出现	①板材砂削量不够 ②光辊上有损伤 ③机床内某位置存在异物 ④砂光垫有损伤或毛毡海绵中夹杂异物	①调整工件厚度或使用较粗沙粒的砂带 ②打磨光辊 ③取出异物 ④清洁或修整砂光垫
上下表面不平行	①砂光辊上存在不规则磨损 ②送料辊存在不规则磨损 ③送料辊上母线不平行	①修磨砂光辊 ②修磨送料辊 ③调整送料辊位置

6.4　砂光机故障分析及安全使用注意事项

掌握砂光机调整方法，及时处理砂光机常见故障才能使砂光机正常运行。

6.4.1　砂光机常见故障分析与排除

砂光机在运行过程中，经常会出现故障，大多数故障可及时排除，但如果处理不当，可能会影响生产，增加成本。这就要求操作人员对常见故障做到心中有数，迅速反应，及时排除。有些故障发现时并不严重，但如果不适当处理，就会引发大的故障，严重影响生产。

（1）砂带跑偏

一般由于调整不当引起。正常的砂带摆动应该是摆幅为 $15\sim20mm$，摆频为 $15\sim20$ 次/min，摆速适中且摆进摆出速度一致。如果处在非正常状态，时间一长，可能出现跑偏现象，尤其是摆进摆出速度不一致，更易引发。砂带跑偏可能是由光电管失灵、摆动气阀或摆动缸损坏引起的。吸尘不佳，粉尘浓度高会影响光电管正常工作，也可能引起砂带跑偏。

（2）限位失灵

砂带两侧均有限位开关，当砂带摆动失灵，往一侧跑偏时，碰到限位开关，砂带松开，主电机自动停止，可有效保护砂带。一旦限位失灵可引起砂带损坏，摩擦机架产生火星，甚至引起火灾和爆炸。因此限位开关应经常检查动作是否可靠。

（3）砂带起皱

砂带一旦起皱就无法再使用，一般引起砂带起皱有三种可能。一是砂辊与张紧辊在垂直平面投影中不平行，需在中心支承缸处加垫校正。二是砂带受潮发软引发起皱，可采用烘干、晒干等办法使之复原。三是砂光机长时间不使用，砂辊表面生锈粗糙，砂带摆动困难引发起皱，此时应对辊筒除锈或用较细砂纸打磨。

（4）砂带断裂

砂带断裂主要由于砂带跑偏，或砂带磨钝没有及时更换，或砂削负荷过大，或砂削过程中遇硬物，或砂带本身质量问题引起。应尽量避免砂带断裂，否则可能引起火灾或爆炸。当操作台的砂辊电流发生异常时，应观察砂带是否已磨钝，如果是，应及时更换。

（5）下机架油压表压力不正常

采用液压升降的砂光机在下机架前侧都有油压表，正常情况油压表压力为 $70\sim90kgf/cm^2$，且相对稳定。如果压力频繁在 $70\sim90\ kgf/cm^2$ 之间波动，说明升降油缸可能产生内泄漏或外泄漏；如果压力小于 $70kgf/cm^2$，说明液压系统不正常，需调整；如果没有压力，可能到位开关没有压住。压力表在非正常情况下时，可能引起砂光板尺寸超差或不稳定，影响砂光板质量。

（6）进板跑偏、打滑、反弹

在砂光机的调整中要求把上输送辊反压弹簧调整到三分之二（剩三分之一），上输送辊和下输送辊间隔应比通过的板坯厚度少1.5mm或1mm，否则会引起板坯跑偏或打滑。严重时引起反弹，这可能会伤及人身安全。

（7）更换砂带后砂削板尺寸发生变化

砂光机的悬臂在锁紧块松开或锁紧时，位置波动较大，正常应在0.5mm以内。如果波动太大，当锁紧块锁紧悬臂时，锁紧力的大小差异会使悬臂的重复精度发生差别，引起砂光板尺寸波动，直接影响砂光机砂削精度。当悬臂误差太大时（超过0.5mm），应拧开锁紧块固定螺栓适当调整；同时在更换砂带时，锁紧块锁紧力度应一致。

（8）上砂架上升或下降时发生倾斜

上机架上升或下降有时会发生倾斜，原因有三：一是由于上机架前后端重量差异大；二是前、后油缸的内摩擦力不同；三是由于四角油缸的二位二通阀发生故障。前两个原因可以通过调节液压系统中单向节流阀解决，第三个原因应检查二位二通阀是否通电，阀芯是否卡死。当产生倾斜时必须马上纠正。观察上机架倾斜方向，断开较低机架处油缸二位二通阀电源，下降机架直到上机架平衡，再接通电磁阀电源，同时应调节液压系统中单向节流阀，使机架上升下降平稳。

（9）张紧辊张紧速度过快

通常张紧辊在张紧和松开砂带时，上升或下降的速度平稳适中，不会对砂带产生冲击，但有时候会出现上升或下降速度过快的情况，这样对砂带不利。产生的原因是中间支撑缸漏油，缸中已无油或少油，支撑缸就不能起到缓冲作用，应找出支撑缸漏油原因，同时加满液压油。

（10）主传动万向联轴器断裂

主传动万向联轴器允许传递扭矩远大于实际传递扭矩。一般非紧急状态不要采用反激制动，尤其停车时，应让设备自然停车，频繁使用制动或制动太猛，可能会导致万向联轴器断裂。在使用过程中，尽量不制动，以延长万向联轴器使用寿命。

（11）空车时下输送辊断续转动或不转

工作时一般不能观察上述情况，只有在空车时才能发现，原因是传递动力的蜗轮减速中蜗轮部分磨损或全部磨损。虽然不会对工作造成影响，但其他蜗轮会由于工作负荷加重而缩短寿命，造成更大损失。因此，一旦发现这种情况，应立即更换蜗轮。

（12）主轴承发热或声音异常

砂辊、导向辊和张紧轴承称主轴承。主轴承只有正常工作，才可以保证砂光板质量稳定。一旦主轴承出现故障，就会影响正常工作，而且更换主轴承非常费时，在更换过程中有可能会损坏其他关键部件。因此砂光机操作员应认真负责，经常检查其是否发热和有异常声音，一旦发现，应及时查明原因。在平时维护过程中按时按要求的牌号加油是至关重要的。

（13）主轴承座振动异常

正常情况下主轴承座振动很小，有经验的操作员一摸就能判断是否正常。在现场一般没有条件用仪器测量，但可以采用和其他轴承座对比来判断，也可以从砂光板表面优劣来判断。当发生轴承座振动异常时，可以认为有两种原因：一是轴承损坏，只要更换轴承即可；二是接触辊发生磨损、失圆，原有动平衡破坏，造成振动异常，这种情况必须拆下砂辊进行维修。

（14）上机架不能上升、悬停、下降

当升降油缸产生内泄漏、外泄漏，或系统压力无法建立时，上机架无法上升；当油缸产生内泄漏，或到位开关没有松开，或机架四角油缸二位二通阀发生故障时，上机架不能悬停；当机架四角油缸二位二通阀发生故障，或系统压力无法建立，或油缸外泄漏，或机架发生倾斜时，机架不能下降。由于机架升降频率不高，尤其升高 300mm 高度进行维修的频率更低，因此在上升机架时不能一下子升得太高，应在较低位置先升降若干次，确认升降正常，再大幅度升降，否则会带来更大麻烦。

（15）刹车失灵

刹车系统可有效保护砂带，但有时会发生刹车失灵。原因有四：

① 一是刹车气阀失灵。

② 二是控制刹车阀的光电管发生故障。在砂光机悬臂侧面有三对光电管，中间一对控制砂带摆动，两边两对控制刹车，一对暗动，一对亮动，在砂带启动时，应检查光电管是否动作，一般常由于光电管没有对齐而影响动作。

③ 三是气路系统压力未调好或系统压力不足。

④ 四是刹车片磨损。

（16）弹性联轴器的断裂

主传动轴与砂辊中心偏差超过 2mm 时，弹性联轴器的寿命会大大缩短。应严格控制这种偏差，一般出厂的砂光机偏心轮的指针在 0 位，此时的偏心为 0。因此在调整时，初始状态务必使偏心在 0 位附近。当必须调整偏心轮时，可在 0 位附近变动，尽量不要超出两大格。

（17）主传动皮带打滑

对于高速平皮带，这种传动形式从理论上讲比三角带传动效率高。但在实际使用中，会产生皮带跑偏或打滑现象，这主要是调整不当引起的。应严格按照皮带延伸率 1.5%～2% 的要求调整，并且皮带两侧应松紧一致。当按要求调整完毕后，应进行试运转，特别是主电机电流突然升高时，观察皮带是否跑偏，如果跑偏，应进行二次调整。

（18）上机架升降后引起砂光板尺寸波动

当变更厚度规格时，须升起上机架，但有时会发现，当机架下降到位进行砂光时，砂光板尺寸发生厚度偏差，需重新调整，严重影响生产效率。产生原因有三种：一是机架发生变形，这是最难判断的，是最难处理的，但通常这种情况较少；二是厚度调整螺栓处在未锁紧状态，升降机架时，产生旋转，引起尺寸波动；三是在厚度规上下有异物。

在砂光机运行过程中，可能会产生其他更多问题，但经验证明，砂光机大部分故障在上述 18 种中。对于这些问题的分析和处理可能有更好的办法，需要从事砂光机的维修操作人员不断摸索。有些问题可能交叉产生，这需要我们去认真对待。砂光机能否正常运行，很大程度上依靠使用者的精心维护[5]。

6.4.2 砂光机安全操作规程与注意事项

6.4.2.1 砂光机安全装置的调节

具体实例操作方法详见附录：HTS130 R-P-P(A) 宽带砂光机使用说明书。

（1）防板厚开关的调节

防板厚装置总成安装在定厚砂光机进料口处的一个悬臂梁上。

① 粗调 调节悬臂梁的高度，直到厚度检测轮的下边缘距运输辊的距离与机器的开挡尺寸大致相等。

② 检测原理 刚性杠杆的放大原理。即短臂端的微小位移能够在长臂端反映出较大位移。当超厚工件进入到厚度检测轮处时，厚度检测轮带动连接杆绕旋转轴转动一个微小的角度，限位开关端的连接杆有较大的位置变化，使限位开关动作。

③ 微调 先将上机架调节到所需要的开挡高度（如 16mm），然后在检测轮的底下放一张相同规格的没有砂光的板材，并测量其厚度 T_1。根据设定的毛板的最大厚度允许值（如 18.5mm）通过调节螺钉调节检测轮的高度，用塞尺测量毛板与检测轮的间隙 T_2，直到 $T_1 + T_2 = 18.5$（mm）。最后调节限位开关位置，使限位开关头部被连接杆压住并刚好动作，见图 6-25。

值得注意的是，复位气缸的压力设定在 0.1MPa 左右，调好后调节螺钉上的螺母要锁紧。工作时，调节螺钉起保护限位开关的作用，因此不可随意调节。

（2）上机架位置安全开关的调节

如图 6-26 所示为砂光机上机架位置安全开关，上机架位置安全高度（即上、下运输辊筒的距离）不小于 4mm，（砂薄板时为 2mm），调节下限位挡块，直至人机界面上下极限指示灯为红色即可。上机架位置安全高度不大于 120mm，调节方法与调节最低安全高度一样。

6.4.2.2 砂光机安全操作规程

（1）开机前检查

① 检查机器和电源是否正常；

② 将手表、手镯放好，袖口要系紧，长发要束好，不要穿拖鞋；

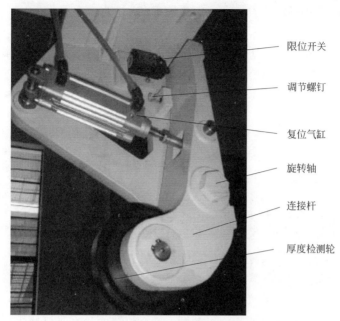

限位开关

调节螺钉

复位气缸

旋转轴

连接杆

厚度检测轮

图 6-25 砂光机防厚开关

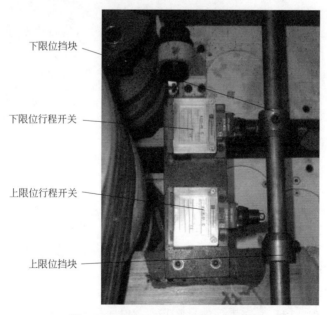

下限位挡块

下限位行程开关

上限位行程开关

上限位挡块

图 6-26 砂光机上机架位置安全开关

③ 绝不能使用有划痕或裂痕的砂带，检查砂光装置，应锁紧牢固。

（2）操作过程

① 安装砂带，拧紧锁紧手把，张紧砂带；

② 接通气源；

③ 调节压力表，使气压符合机床所需的压力范围，打开电源控制旋钮；

④ 机床操作面板示意图及厚度指示器校准；

⑤ 注意事项：一定要根据加工对象选择好合适的加工量；调整工作台高度时，砂轮及送料电机必须处于停机状态，以确保机床以及操作人员的人身安全；重叠进板或板厚大大超过所设定的砂削厚度，都有使板材被机器打出造成人身伤害的危险，送料时人必须站在进料两侧。

（3）每日工作完毕

① 清扫机床，送料工作台面板和砂轮辊表面不应留有灰尘；

② 清除光电开关表面及电控箱内粉尘；

③ 检查压缩空气过滤器，清除其中凝结物等杂质及水；

④ 检查压辊、压靴装置，确保工作正常；

⑤ 检查传动皮带的张紧程度应符合要求；

⑥ 按机床标贴指示及机床润滑要求，加注润滑油；

⑦ 及时更换已损坏有缺陷的零部件，确保机床持续安全有效工作。

（4）定期检修与保养事项

① 需润滑部位经常加润滑油，保证运转灵活；

② 经常检查机械、电气各部分，对损坏各部分及时进行修理、更换；

③ 润滑时，先用刷子清洁油嘴，防止杂物进入；

④ 轴承润滑应在机床电源、气源切断的情况下进行，润滑后，应用手转动数分钟，均衡轴承内的油脂，不得高速开动机床；

⑤ 用机油润滑时，废油一定要妥善处理，以免污染环境。

6.4.2.3 砂光机操作注意事项

① 依据所砂板材种类选择不同型号的砂带。

② 砂纸要安装平整，检查砂带接口有无磨损。

③ 卧式砂光机台面要与砂带保持平衡。立式砂光机台面要与砂带保持垂直。

④ 使用立式砂光机时，手距离砂带不得小于 100mm。

⑤ 传送带的调速电机一定要在运动中进行调整。

⑥ 在砂辊充分启动前不能进行砂光工作。

⑦ 若不是使用型面砂光机，则在板材薄厚不均匀时禁止同时进料，因为可能会反弹出将人打伤，应先单片进料砂光，等薄厚均匀后再多片砂光。

⑧ 入料时，工作人员需站在侧面。

⑨ 用砂光辊砂光时，传送带与工件的预紧量为 0.5mm。

⑩ 停止操作时需把压托提起，使砂带放松。

⑪ 发现异常现象需立即停车检查，当故障解除后才能继续工作。

⑫ 砂光机在运转时，工作人员严禁离开机床，防止出现事故。

6.5　砂光机的维护

砂光机属于精密加工设备，无论这个机器有多么坚固耐用，只有通过合理的保养维护才能得到最好的使用效果和最长的使用寿命。完善的日常保养不仅能提高砂板质量和延长机器的使用寿命，良好的设备状态也能激发操作者维护好设备、操作好设备的热情。机器的长久使用主要取决于对设备的合理保养。机器内和吸尘口处的砂光粉和砂带碎片，电气控制元件和气路元件等必须定期清理。在易损件损坏之前及时更换。认真仔细地按计划保养设备，保证机器无故障运行，有利于设备保持加工精度。任何设备从安装调试完成，到投入使用都与保养维修分不开。对使用的砂光机保养不当或者是不按时保养，都会造成砂光机的损坏。所以保养和维修是不可分割的要素，正确的保养能降低砂光机的故障率，延长砂光机使用寿命，使砂光机的价值最大限度地体现。

6.5.1　砂光机的养护

在实际生产中会有很多因素影响工件的砂光质量，砂光机若在平时不做好保养工作，则会对工件砂光造成一定的影响。且经常对砂光机进行保养工作，还可以降低砂光机损坏的概率，避免设备损坏影响正常的生产，且可以保持砂光机的砂光精度。

① 要定期按润滑要求对砂光机上的齿轮副、蜗轮蜗杆副、丝杠螺母机构、导轨副及各轴承进行润滑。润滑时，要用刷子清洁油嘴，不准有杂物，用润滑脂润滑轴承时，油脂的填充量要适度，一般以填充量占轴承与外壳空间的 1/3 或 1/2 为宜，轴承润滑应在机床静止的情况下进行，润滑后应用手转动数分钟，均衡轴承内的油脂，不得立刻高速开动机床。

② 当班工作完毕后要清除机床上及周围的杂物和粉尘，防止它们在设备中堆积，避免砂光机的散热出现问题而影响设备。

③ 对砂光机输送带进行修磨，砂光垫升起，工作台水平调整好，启动砂光机和输送带，升起工作台，至工作台轻轻触及砂带。输送带修磨量每次不大于 0.1mm，以免输送带发热变形。调整完毕，清除磨屑，厚度设定归零。

④ 定期对定厚辊进行修磨。调整好工作台水平，卸去砂带，把一块经过定厚砂光表面贴有 P60～P80 砂纸的模板放在输送带上、定厚辊下，模板宽度要达到一定的宽度值。启动定厚辊电动机，升起工作台，使砂纸轻轻触及辊子沿钢辊长度方向来回移动模板，平稳、匀速、不停留地调整完毕，清除磨屑，厚度设定归零。

⑤ 对压辊进行调整，升起砂光垫，卸去砂带，升起工作台，使定厚辊轻轻接触输送带，然后根据厚度显示读数将工作台下降 1mm，松开压辊两端螺母，直到压辊轻轻接触输送带拧紧螺母。

⑥ 对砂垫进行校平，将砂光垫升起，卸去砂带，将一小型水平尺放在输送带上，升起工作台，直到定厚辊与水平尺轻轻接触，将砂垫下降与水平尺轻轻接触，把平尺从砂垫的一端移到另一端，检查砂垫的水平度，若存在误差，则通过砂光垫左右螺纹调整。

⑦ 每周检查空气过滤器，清除其中凝结物。

⑧ 定期检查砂光机送料情况和升降传动链条的张紧度，必要时给予张紧。

6.5.2 砂光机定期保养

6.5.2.1 每隔一段时间的保养

（1）进给减速箱

① 检查油位；

② 定期更换；

③ 检查是否有不正常的过热。

（2）砂带调偏装置

① 当停机时用压缩空气清洁盒子外面；

② 用干净的压缩空气清除光电管和反光板上的沉积物。

（3）压缩空气过滤器

将油水分离器中的冷凝水和其他杂质排掉（必须先释放压缩空气）。

（4）气路系统润滑器

① 检查油位，不足时应随时加油；

② 确认油滴是周期性地滴下。

（5）压缩空气仪表

检查压力是否准确（平时随时观察）。

（6）接触辊和张紧辊轴承座

① 检查是否有过热的现象，如果出现过热，则应立即停机检查（最高温度为 60~70℃）；

② 检查轴承座是否有异常振动。

6.5.2.2 每周须做的保养

上机架升降立柱导向部分和丝杠加机油润滑。要注意油量不可过多。

6.5.2.3 每两周要做的保养

驱动电机：给相关的注油点加黄油。

6.5.2.4 每月要做的保养

① 驱动电机：用压缩空气清洁电机叶片，清洁过滤器。

② 进给辊轴承：在相关的注油点加黄油。

③ 检查润滑油回路，特别是软管，如有损坏，需立即更换。

6.5.2.5　每年要做的保养

对压缩空气管路系统是否漏气进行检查：

① 首先将压缩空气管路堵起来。

② 装置必须在最大工作压力下运行，并在持续的一段时间里检查气缸里的压力。如果该设备是连续运转的，则可通过压缩机启动的频率来测试泄漏。

③ 如果空气压力的损失超过10%，就有必要找出泄漏点。可在管子接口连接处用小刷子将肥皂水涂到各个接头处进行查找，看是否有气泡产生来查找漏气点。

6.5.2.6　砂光机的润滑

润滑脂润滑说明：润滑油脂如果不能填入轴承的内部空间和其侧面，就有可能造成轴承内部磨损和温度升高。轴承只能有1/3的空间被充满润滑脂。如果一个轴承的温度很高，一般是由于轴承内的润滑脂过多，而不是润滑脂太少。如果采用油枪手工加油，则手动加油量大约为10g。

（1）主要轴承的润滑

建议用户按机器上的润滑示意图或者表6-3推荐的计划进行润滑。

表6-3　推荐润滑计划（一）

润滑点	润滑周期/h	加油量/g	润滑脂牌号
直径400mm接触辊轴承	120	40	高速润滑脂锂2#
直径350mm接触辊轴承	120	40	高速润滑脂锂2#
直径315mm张紧辊轴承	120	40	高速润滑脂锂2#
直径230mm导向辊轴承	120	40	高速润滑脂锂2#
直径184mm导向辊轴承	60	15	高速润滑脂锂2#

需要注意：

① 只有在停机状态下才可进行润滑工作。

② 润滑油脂的质量是至关重要的。

③ 定期检查填充润滑油脂是极其重要的。

④ 绝对不能将合成油脂与天然油脂混合使用。

⑤ 砂光机在发运前所有润滑点都已添加适量的油脂，首次开机时不需润滑。

润滑步骤：先要清洁出油嘴，应该定期检查出油口是否被堵塞，避免废油过多，造成轴承发热；第一次润滑时，为使油脂在轴承内均匀分布，可缓慢转动滚筒，反复添加几次，直到符合要求；如果机器在润滑后立即高速运转，有可能损坏轴承，缩短轴承使用寿命；减速机油箱内蜗杆两端的轴承、进给运输辊的轴承、升降立柱内丝杆上的轴承、角向传动箱内的轴承等都是密闭的，一般情况下不需要润滑。

（2）润滑计划

建议用户按机器上的润滑示意图或者表6-4推荐的计划进行润滑。

表 6-4　推荐润滑计划（二）

润滑点	润滑周期/h	润滑工具	润滑油牌号
接触辊轴承	120	黄油枪	
张紧辊轴承	120	黄油枪	
升降立柱	1200		N15 机械油
进给减速机	更换周期：第一次 200h，以后 500h		N150 齿轮油
进给运速辊轴承	200	黄油枪	
带座轴承	200	黄油枪	
砂光主电机	按电机使用说明书	按电机使用说明书	按电机使用说明书
气路系统	根据需要添加		1# 透平油

（3）中央集中润滑（根据要求选装）

中央润滑系统将所有的接触辊、张紧辊和导向辊等需要油脂润滑的润滑点通过管道集中在一个手动油脂泵上集中进行润滑。需要润滑油的润滑点通过另外的管道进行润滑。手动油泵一般安装在机器的操作边的机器侧面，一般每台机器配一个油脂泵。加油时要缓慢均匀操作油脂泵手柄。

润滑周期：机器每工作 160h 润滑一次；对于 24h 工作的机器，每周润滑一次，每次润滑量为手动油脂泵手柄按 20 次的量。需要注意，只有在停机状态时才能加油。

6.5.3　砂光机的维修

设备维修，并不是简单的体力劳动。它是在对设备的结构、性能等关键因素熟知的情况下，通过采用相应的技术措施，使设备恢复和保持其技术性能。

6.5.3.1　部件的装卸

（1）接触辊的更换

① 下机架接触辊的更换　在拆卸接触辊之前，先用压紧钢圈将弹性联轴器箍紧。松开联轴器的六个连接螺栓；松开接触辊轴承座的固定螺栓（建议对前后轴承座做好标记，以免安装时出错）；在叉车或升降车上装上专用工具，用钢丝绳将接触辊与专用工具固定在一起，用叉车将接触辊抬起一段距离，将接触辊安全从机器内拉出。注意：如接触辊是包胶辊，则严禁直接起吊辊面，否则将会损坏辊面精度。

② 上机架接触辊的更换　将一块木板放在机器内的一个专用工具上，这个专用工具装在叉车或升降车上。然后下降上机架，直到木板刚好受到接触辊的压力。松开接触辊轴承座的固定螺栓。建议对前、后轴承座做好标记，以免安装时出错。将前、后轴承座的固定螺栓全部卸掉后，上升上机架，然后用叉车将专用工具连同接触辊一起从机器内部拉出。注意：如同一位置的上、下接触辊都要拆

卸，应该先拆上机架的接触辊。

③ 接触辊的平衡 表面经过重新加工的接触辊必须做动平衡校核。如重新加工、开槽和磨光后，接触辊在转速为 1400r/min 时的不平衡重量需要控制在 1g 以内。平衡精度不好或达不到精度要求的接触辊会对砂光质量造成严重影响。

（2）张紧辊的拆卸

① 下张紧辊的拆卸 提起张紧辊，在叉车上装上专用工具，从机架内放入张紧辊，放掉压缩空气，使张紧辊落在专用工具上。松开轴承座的固定螺栓，建议对前后轴承座做好标记，以免安装时出错。升起张紧横梁，使张紧辊与横梁脱离。用叉车将专用工具连同张紧辊一起拉出。

② 上张紧辊的拆卸 将滚筒的两个轴端用钢丝绳和叉车脚连接起来。松开轴承座的固定螺栓，建议对前、后轴承座做好标记，以免安装时出错。降低张紧横梁，使张紧辊与横梁脱离。在张紧辊和横梁之间放一木板。缓慢下降张紧辊，让张紧辊落在木板上。将木板连同张紧辊一起从机器内拉出。将张紧辊张紧，使其升高。注意：在将辊筒拉出机器时，必须采取适当措施防止辊筒滚动或滑动。

（3）三角皮带和齿型同步带的更换

主电机三角皮带更换，如图 6-27 所示：先松开电机固定螺母和调节螺栓固定螺母，调节电机高度使皮带放松，直至皮带能够从皮带盘中取出；取出旧皮带，将相同规格的新皮带依次装到两个皮带盘上；将新皮带张紧。在安装新皮带时可能比较费时费力，这是因为旧皮带的长度要比新皮带长，建议在需要时可以再次调节电机的高度。

电机紧固螺母　　　　调节螺栓紧固螺母　　　　调节螺栓

图 6-27　主电机三角皮带

进给传动齿型带的更换，如图 6-28 所示：将水平传动轴轴承支座螺栓拆开，便可更换齿形带。

(a)   (b)

图 6-28　水平传动轴轴承支座

（4）轴承的拆装

接触辊、张紧辊轴承的拆装：用专用轴承拆装工具（如拉马）拆卸，安装时用轴承加热器加热轴承，温度为 100～120℃。

运输辊轴承的拆装：用专用轴承拆装工具（如拉马）拆卸，安装时用铜棒轻轻装入轴承即可。

6.5.3.2　砂光机的维修

砂光机在运行的过程中，经常会出现故障，大多数的故障是可以及时排除的，但如果处理不当，便可能会影响到生产，增加成本。这就要求操作人员对常见故障做到心中有数，反应迅速，及时排除。有些故障发现时并不严重，但如果不进行及时地处理，就会引发大的故障，严重影响车间的生产。

（1）砂带起皱

一般砂带起皱后就无法再继续使用，引起砂带起皱的最常见可能有三种。一是由于砂光机长时间不使用，使得砂辊表面因生锈而粗糙，令砂带摆动困难使得砂带起皱，此时应对辊筒进行除锈处理或用较细的砂纸对其进行打磨。二是砂辊与张紧辊在垂直平面投影中平行，需在中心支承缸处加垫校正。三是因为砂带受潮后会发软，引发砂带起皱，此时可采用烘干、晒干等办法对其进行修复。

（2）砂带跑偏

砂带的跑偏通常是由于调整不当引起的，如果砂带的摆动处在非正常状态，时间一长，可能出现跑偏现象，尤其是摆进、摆出的速度不一致，更容易出现砂带跑偏的问题，此时应及时地对砂带进行调整，使得摆进、摆出的速度相同；砂带跑偏还有可能是光电管失灵、摆动气阀或摆动缸损坏引起的，吸尘不佳、粉尘浓度高会影响光电管正常工作，也可能引起砂带跑偏，此时应及时地更换损坏的零部件。

（3）砂带断裂

砂带断裂主要由于砂带跑偏，或砂带磨钝没有及时更换，或砂削负荷过大，或砂削过程中遇硬物，或砂带本身质量问题所引起。应尽量避免砂带断裂，否则可能引起火灾或爆炸。当操作台的砂辊电流发生异常时应观察砂带是否已磨钝，如果是应及时更换。

（4）工作台和浮动装置的液压压力表压力值不正常

采用液压升降的砂光机在下机架前侧都装有油压表，它会有一个正常的压力值，且相对稳定，如果压力频繁在这个正常值之间波动，说明升降油缸可能产生内泄漏或外泄漏；如果压力小于这个正常值，说明液压系统不正常需调整；如果没有压力，则可能是到位开关没有压住。压力表在非正常情况下时，可能引起砂光板尺寸超差或不稳定影响砂光板质量。

（5）上砂架上升或下降时倾斜

这种故障的发生可能有三个原因：一是由于上机架前后端重量差异大；二是前、后油缸的内摩擦力不同；三是由于四角油缸的二位二通阀发生故障。前两个原因可以通过调节液压系统中的单向节流阀来解决，第三个原因应检查二位二通阀是否通电，阀芯是否卡死。当产生倾斜时必须马上纠正。观察上机架倾斜方向，断开较低机架处油缸二位二通阀电器，下降机架直到上机架平衡，再接通电磁阀电源，同时应调节液压系统中单向节流阀，使机架上升下降平稳。

（6）主轴承座振动异常

砂光机在正常运转的情况下主轴承座振动很小，有经验的操作员一摸就能判断是否正常。在现场一般没有条件用仪器测量，但可以通过和其他轴承座对比来判断，也可以从砂光板表面优劣来判断。可能有两种原因导致轴承座振动异常：一是轴承损坏，只要更换轴承即可；二是接触辊发生磨损、失圆，原有动平衡破坏，造成振动异常，此时必须拆下砂辊并对其进行修理。

（7）主轴承发热或声音异常

砂轴、导向辊和张紧轴承称主轴承。主轴承出现故障，就会影响正常工作，而且更换主轴承非常费时，在更换过程中有可能会损坏其他关键部件。因此砂光机操作员应认真负责，经常检查轴承是否发热和有异常声音，一旦发现，应及时查明原因。通常很有可能是由于主轴缺油，此时一定要按要求的牌号加油，不能乱加。

（8）传动皮带打滑

有些砂光机采用高速平带，这种传动形式从理论上讲，比三角带传动效率高。但在实际使用中，会产生皮带跑偏或打滑现象，这主要是由调整不当引起，应严格按照皮带延伸率为 $1.5\% \sim 2\%$ 的要求调整，并且皮带两侧应松紧一致。

当按要求调整完毕后，应进行试运转，特别是主电动机电流突然升高时，观察皮带是否跑偏，如果跑偏，应进行二次调整。

6.5.4 砂光机在使用维修中的注意事项

6.5.4.1 砂光机的安装

首先，应保证砂光机前、后的运输机的中线和砂光鼓的中线基本一致，这样才能保证砂光机工作时，砂带的中线、砂光鼓、张紧鼓的中线、板件的中线大致一致。如果砂光机前的进给运输机的中线偏离砂光鼓的中线太远，砂带工作时，被迫偏装，张紧鼓左右负荷不等，则不仅会使砂带工作不稳定，而且也造成张紧气缸导向套快速磨损。

其次，应保证砂光机底部机架水平以及运输机胶辊顶面和前、后运输机的辊筒顶面大致水平，这样才能保证板件顺利地进、出砂光机。

砂光机使用一段时间后，橡胶辊会逐渐磨损。前、后运输机的高度也应做相应的调整，使它们的高度始终保持一致。另外，砂光机的地脚螺栓应足够稳固，平时要多检查地脚螺栓有无松动以避免机器振动，保证砂光质量。

6.5.4.2 砂光机的调校

砂光机使用前必须进行一次系统的调校，否则，产品的精度和质量难以保证，同时也会增加砂带耗量。

调校砂光机的步骤如下：
① 检查下部机架的水平度；
② 根据制造厂家提供的基准点和基准参数调校上部机架；
③ 调校砂光鼓、压带器导轨的平行度；
④ 根据运输机胶辊的弹性（或达到一定的输送能力需压缩的程度）和砂光余量，调校运输机上、下进料辊筒的间距；
⑤ 调校运输机支架舌条；
⑥ 调校砂带追踪和气摆装置；
⑦ 试砂板。

当砂光机的工作精度不够，或经过较大的维修后，都应该做一次上述的系统调校。

6.5.4.3 压缩空气的供应

张紧砂带、砂带的追踪和摆动、制动气缸等均依靠压缩空气工作。为了保证这些系统能够正常工作，气压必须大于 0.6MPa。砂光机配有气压监测器，保证机器在气压不够时，自动停机。取消气压监测器，或将要求的压力调低，都会损伤砂光机。当气压不够时，不仅砂带张不紧，砂带的追踪系统也会因压力不足而出现故障，制动系统的单作用气缸也会令制动器缓慢刹车，制动碟片会因摩擦发热而起火。为了保证气压在 0.6MPa 以上，砂光机应配备专用空压机。

6.5.4.4　砂带的追踪和气摆装置

该套装置的主要功能是保证砂带在规定的范围内轴向窜动。压缩空气的压力和水分含量，直接影响追踪装置的簧片和皮托管的正常工作。压力不够，会令追踪中断。水分太多，会令簧片等粘满粉尘，无法工作。所以，在压缩空气进入砂光机之前，必须安装过滤和气水分离装置，以保证空气质量。平时，对这些重点部位也应加强清洁。气摆摆动的频率，不仅决定砂带轴向窜动的幅度，也影响砂带工作的稳定性和寿命。粗砂带线速度较大，负荷也大，摆动频率一般为 10～12 次/min。精砂带线速度略小，摆动频率一般为 8～10 次/min，摆动必须在左右两个方向上一致。如果出现不一致的情形，则证明砂带位置不当，应做适当的校正。

6.5.4.5　运输机

板件进入砂光机后，运输机的橡胶辊被压缩产生压力，将板件压紧以克服砂削的反作用力向前进给，同时避免板件振动，保证板面光滑。运输机调节的好坏，直接影响砂光质量。有时，板子端头或附近被砂损，或板子中间的某一处被砂出凹痕，这些凹痕即使改变进给速度，也不会改变位置，因为它们与某对辊筒位置过高或过低有关。当板面出现这样的凹痕时，首先必须判断它是由哪个砂光鼓砂成的，然后测量凹痕与板子某个端头的距离，再以这个距离值为依据，即可推知哪对辊筒过高或过低，对它们做适当调整即可解决问题。

调整运输机时，必须注意以下几个问题：

① 运输机胶辊必须包覆聚氨酯等高弹性、抗老化、高摩擦系数的材料。表面开槽要合理。

② 调节运输机之前，必须先调整好砂光鼓。

③ 胶辊的压缩量一般取 0.5～0.8mm，再结合实际，预留合适的砂光余量。板子在砂光机中爬行、振动、走偏，就是由于这两个数据不合理引起的。

④ 运输机包含多对运输辊筒，它们之间的位置是互相关联的。一般不主张单独对某对辊筒做过多的调整，以防损坏各对辊筒之间的相互关系。

⑤ 运输机靠近砂光鼓的地方，设置有进、出板舌条。舌条的主要功能是在板子进入或离开砂光鼓，到达下一对运输辊之前，对板子起导向作用。舌条的高低，必须依据舌条的位置、其附近砂光鼓的砂削量、运输胶辊的压缩值等数据做调整。如果某对舌条的高度不合理，板子的端头或端头附近就会被砂损，出现这种现象时，往往凭直觉就可观察到哪对舌条的位置不合理，对它们做适当的调整即可。

⑥ 在实际生产中，有时会出现砂薄板正常而砂厚板就有凹砂痕的现象。原因可能有三个：某对运输辊的高度有轻微的不平衡，或某对舌条的高度有轻微不

合理，或某个砂光鼓的砂削量过大。在砂薄板时，由于板件柔软变形容易，这些不合理的地方体现不出来，当砂厚板时，由于板件刚度大，这些不合理的地方，就会影响砂光表面。处理这些问题时，应先从简易处着手，反复尝试，解决并不难。

⑦ 运输机的辊筒是由蜗杆蜗轮减速箱驱动的。在维修减速箱时，要留意蜗杆一端止推轴承的安装位置。止推轴承是用于克服蜗杆工作时的轴向推力的。但有些粗心的维修工常将止推轴承的位置装错，导致蜗轮很快磨损甚至无法工作。止推轴承的位置和方向，应根据蜗杆的具体受力方向来定。

6.5.4.6　砂光鼓

砂光鼓虽然不直接加工板面，但它驱动柔性砂带工作，对板件的砂削精度和表面质量有重大影响。砂光机要能够正常工作，砂光鼓必须事先调整好。如果某对砂光鼓不平行，砂出的板子必定成左右楔形。砂光鼓表面不平直，砂出的板子的横向厚度偏差就大，使用时间长的砂光机，砂光鼓的表面会因砂带的行走而逐渐磨损，板子的厚度偏差超差时，就必须更换新的砂光鼓，也可以对砂光鼓进行修后再用。修复的方法是：先将砂光鼓退火，将螺旋槽加深，再淬火，最后将外圆磨平。当然，这种修复的次数很有限，因为砂光鼓的直径不能变化太多。砂光鼓表面的螺旋槽能保证鼓面具有良好的驱动性，让砂带具有足够的切削力，同时还有散热和排尘等功用。砂光鼓淬火的目的是为了获得合适的表面硬度，具体的硬度值应根据砂带的粒度、砂光鼓的负荷、被加工表面的质量要求等来决定。

6.5.4.7　压带器

压带器的功能是变直线砂削为平面砂削，以获得优质表面。压带器表面包覆石墨布，目的是为了减小压带器和砂带背面的摩擦系数，延长砂带寿命。石墨布表面的石墨必须黏附平整、牢固、结实。石墨布底面衬垫的毛毡，主要作用是支承石墨布和减少振动。毛毡的软硬要适中，毛毡太软，砂出的板虽然光滑，但厚度偏差大，施压太紧，板子边缘会被砂成圆角。毛毡太硬，尺寸偏差小，但难以获得光滑的表面。毛毡的软硬度应根据砂带粒度和砂光量来选择。一般来说，粗砂鼓负荷较重，砂带粒度较粗，鼓面要求有较高的刚度和硬度，表面硬度要求在 59HRC 左右。精砂鼓则要求较软并具有一定弹性，表面硬度一般在 45HRC 左右。

6.5.4.8　砂带

使用砂带，首先必须根据砂光量正确地选择和搭配各砂带的粒度。对一定粒度的砂带来说，其最大砂削量和最佳砂削质量基本上有一个定值。砂带对砂光质量的影响如前文所述。

6.5.4.9　砂光速度

如前文中提到的，砂带的粒度、砂带的线速度以及砂光机的进给速度都会影响到砂光的效率和质量。

6.5.4.10 润滑保养

每次启动砂光机前，应做一次全面的清洁和检查，再逐一点动各砂光鼓，发现异常现象，应及时停机处理。砂光鼓、张紧鼓、传动架等处的轴承体积较大、转速高，每两个月内加润滑脂一次。其他轴承，每三个月加油一次。减速箱油位应始终保持在视镜中线处，发现油位过低，应及时补注。砂光机的维护保养应由专人负责，并要做好维修、润滑等记录。

参考文献

[1] 董仙. 国外木工砂光机基本情况(续)[J]. 木工机床，1999(2)：43-63.

[2] 申风，黄昌明. 人造板砂光技术(3)——砂光设备对加工质量的影响[J]. 林产工业，2005，32(3)：44-45.

[3] 申风. 人造板砂光技术(2)——影响人造板砂光质量的一些主要因素[J]. 林产工业，2005，32(2)：44-45.

[4] 王柏英，乔洪君. 实木家具部件机械砂光缺陷浅析[J]. 林业机械与木工设备，2013(7)：52-53.

[5] 沈文荣. 砂光机调整、常见故障及砂光板缺陷分析[J]. 中国人造板，2004，11(12)：21-25.

第 7 章

发 展 趋 势

7.1 砂光机技术发展趋势

砂光机技术发展到今天，已经系列纵横，品种繁多。目前世界砂光机技术发展的主要趋势如下所述。

7.1.1 一体化砂削技术

砂带横向摆动方式趋于普遍应用。许多砂光机上采用了电子控制砂带的横向摆动，气垫式压带器，电子控制分段式压带器，采用大直径低硬度接触辊，附设精光辊等措施。

7.1.2 高效砂削技术

为提高砂光效率，有的砂光机上采用大功率电机，高砂削速度（达 40m/s），高进给速度（达 75 m/s）。为提高加工短工件和油漆面的能力，许多砂光机上采用真空输送带式工作台，采用橡胶输送带，采用特制的进料压管、压板、压靴式组合式进料装置，采用各种软质压带器等，加工工件最短为 100mm，最薄可至 2mm，厚度为 3mm 的一组工件也可同时加工。

7.1.3 智能化砂光

如工件自动定厚实现定厚精细砂自动转换，采用电子程序控制压带器砂带和输送带自动对中等，近年又出现了微机控制的仿型砂光机。

7.1.4 低碳加工技术

荷兰砂霸公司制造的"砂度美"护指装置可保护手指和自动定厚。意大利DMC公司和SCB公司等采用各种紧急制动装置，一旦砂带断裂等事故发生，可在一秒内自动停机，气动系统压力不足时机器无法启动，在各种砂光机上普遍采用高效的集尘除尘装置，改善工作环境卫生条件，保持工件表面清洁。

人造板宽带砂光机作为砂带磨削技术在人造板定厚、光整加工中应用的典型设备，其发展依托砂带磨削技术的发展与进步，应能不断适应人造板行业发展的新需求，应不断地研发新技术、新工艺，提升宽带砂光机的整体技术水平。

7.2 木工机械砂光机发展趋势

7.2.1 研磨产品多元化

在国内外人造板宽带砂光机制造的发展历程中，各种研磨产品的发展推动了砂光机的发展，进一步提高了砂光机的性能和质量。如聚酯纤维为主的混纺布和聚酯布的砂带布基的应用，碳化硅、锆刚玉等磨料的出现，满足了板面结合强度较高的中/高密度纤维板、刨花板等砂光的要求；抗静电砂带技术的应用有效地减少了机床和砂带上粉尘的静电聚集，改善了工件烧伤，提高了板材砂光的砂带利用率；超涂层砂带具有特殊功能的填料，它在磨削过程中伴随着一定的化学反应发生，从而改善磨削条件，提高磨削效率，在解决表面堵塞、静电吸附、表面散热、烧伤工件等方面具有明显的效果，有效地用于饰面、漆面等人造板材料的砂光。随着砂带磨削技术的进步和各种砂带研磨产品的进一步发展，人造板宽带砂光机在加工精度、表面质量、生产效率等技术性能上必然有进一步的提升。

7.2.2 砂光机设计模块化

随着人造板工业的发展，人造板市场竞争日趋激烈。市场的竞争必将促进人造板产业的技术升级与革新。未来，人造板产业必将呈现高产量、高质量、低能耗、集约化的良性发展态势，如何降低人造板的生产成本将是生产企业在竞争环境下要解决的重要课题。如今在中/高密度纤维板、刨花板等领域，连续平压生产线以产能大、质量好、能耗低等优点渐渐受到市场的追捧。由于连续平压生产线已实现了国产化，在国内人造板新建项目中，投资连续平压生产线的比重将逐渐加大。

基于人造板行业的发展态势，宽带砂光机的发展趋势如下：

① 高速砂光。随着连续平压生产线的逐步推广，与连续平压相配套的宽带砂光机将逐步成为主流。砂光余量低、砂光速度高是该砂光设备的主要特点，与连续压机配套的宽带砂光机要从技术上解决高速砂光带来的安全性、稳定性和可靠性问题。

② 加工质量更高。加工精度与表面质量是人造板表面加工的质量指标，也是评价宽带砂光机技术性能的重要指标。人造板的砂光质量直接决定了人造板二次加工的生产成本，如何减少人造板砂光缺陷、降低二次加工成本是人造板宽带砂光机技术革新的一个重要方向。苏福马公司围绕砂光机加工精度和表面质量等性能已进行了积极深入地研究，新近推出的 V 型砂光机运转精度大大提高，加工精度达±0.05 mm，砂光表面质量大大提升，砂光能耗也有一定程度的降低。

③ 多头配置砂光。由于高速砂光是人造板宽带砂光机发展的必然趋势，而砂带的单位时间材料去除率是一定的，因此多头配置砂光是解决高速砂光的切削量分配问题的重要途径。为实现人造板宽带砂光机快速、灵活地配置，砂光机设计要融入模块化的设计思想，这样才能使制造企业技术管理更简洁、生产组织更有效、市场适应更迅速。

④ 节能降耗。人造板宽带砂光机在人造板生产线中是"耗能大户"，其装机容量较高，砂带磨具的消耗大，配置的风力除尘系统装机容量也较大等，因此节能降耗是人造板宽带砂光机技术升级的重要方向。

7.2.3 宽带砂光机智能化

人造板宽带砂光机要发展、进步，就必须解决生产实践过程中的各种课题，比如减少设备接触辊的磨损、快速更换砂带、实现砂光工艺自动调整等。从人造板宽带砂光机发展的需求来看，其发展趋势如下：

① 设备更可靠。可靠性是评价所有机械设备技术性能的重要指标，宽带砂光机应从设备运动部件运转可靠性、接触辊耐磨性等方面提升其可靠性。

② 安全性更高。国外知名宽带砂光机制造商较为重视设备的安全性，其产品设计严格按照国际的有关安全规则，采取安全保护措施，保证操作人员的人身安全及健康。人造板宽带砂光机要实现高速砂光，设备的安全性能更需提升，不仅要保护设备的主要关键件安全，更要保证操作人员的人身安全。

③ 自动化程度更高。国外先进宽带砂光机控制的自动化程度较高，但在砂光工艺自动调整方面仍是空白。砂光工艺自动调整是指运用检测和伺服驱动技术完成砂光过程中砂光量的分配、砂带磨损的自动补偿等功能，以减少现场操作者的操作调整工作、减少人为因素对加工板材质量的影响。现在国内外一些厂商已着手该技术的研发工作。

④ 人机性能更高。设备的外观、操作、维护等都是人机性能方面需要研究的重要内容，精美的外观、舒适的操作、便捷的维护是人造板宽带砂光机进步的一个重要方向。

当前，国内外人造板宽带砂光机市场的竞争异常激烈，砂光机制造企业要在竞争中持续发展，就必须正确把握人造板宽带砂光机的技术发展方向，把产品做"精"，把技术做"专"，把品牌做"实"。与此同时，我国砂光机制造企业要正确认识自身技术与国外先进技术水平的差距，坚持新品开发，力求自主创新，紧跟步伐，敢于超越，把"中国制造"提高到"中国创造"的更高境界。

参考文献

[1]　李砚咸，高丙元. 我国涂附磨具现状及其在木材加工中的应用[J]. 中国人造板，2010，17(12)：6-11.

[2]　庞辉. 木工砂光机的品种和发展趋势[J]. 木工机床，2002(4)：27-28.

[3]　徐迎军，李道育. 人造板宽带砂光机发展历程、现状与发展趋势[J]. 中国人造板，2012(9)：23-29.

HTS130R-P-P(A)宽带砂光机使用说明书

HTS130R-P-P(A)宽带砂光机

HTS130R-P-P(A) WIDE BELT SANDER

使 用 说 明 书

USER MANUAL

鸿泰伟业（青岛）新型设备有限公司

Hongtai Great (Qingdao) Advanced Machinery Co., Ltd.

Hongtai Road, Chenjia, Jimo, Qingdao 266229, P.R. China

安全通则

1 保持防护装置处于相应的位置和工作状态。

2 保持工作场所清洁。

3 请勿在危险的环境中使用机床。请勿在潮湿或多雨的地方使用机床，或存放易燃易爆物品的场所，排放有害气体的场使用机床，保持工作场所有良好的照明。

4 请勿让孩子和围观者靠近机床。所有的孩子和围观者应当与工作区域保持一个安全距离。

5 禁止强制使用机床。按设计性能使用机床，将使机床发挥更好地性能，也更安全。

6 正确使用机器。禁止强制超过设计性能使用机床及部件加工进行工作。

7 工作时请穿着劳动保护的工装。请勿穿戴宽松的衣服、佩戴领带、耳环、手镯和其他珠宝等一些容易脱落的东西，建议戴手套，穿着防滑的鞋子，并用头巾将长脱发包裹起来。

8 工作过程中始终使用防护眼镜。如果砂削灰尘过大的部件，请使用面罩。

9 禁止超范围内走动。在任何时候都要保持一个固定的位置和适当的平衡立足点。

10 仔细保养机床。遵循说明书中的规定对设备进行润滑和更换部件。

11 使用推荐的部件。参照制造手册中推荐的部件。不适宜的配件容易因危险而造成伤害。

12 减小无意启动的风险。在机床维修时，在调试和维修机床前始终保持电流是断开的，再接合前确认开关在 OFF 位置上。

13 检查损坏的部件。在下一次使用机床前，应仔细检查防护装置或其他被损坏的部件，确定它能够灵活操作并具备相应的功能，检验并列的移动部件、相连的移动部件、破碎的部件，装备和其他影响操作的部件，对被损坏的防护装置或其他部件应适当地进行修补或更换。

14 永远不要离开没有看管的正在运转的机床。将电源开关置于 OFF。在机床没有完全停止前不要离开机床。

15 永远不要在疲劳或药物、酒精麻醉的状态下操作机床。在机床运转时保持充沛的精力和机敏的反应是十分必要的。

16 永远不允许无人监管或未经训练的人员操作机床。确认你在操作注意事项中所提供的所有的操作规程是经过批准的、正确的、安全的并且人人明确的。

17 仅仅在防护装置和安全装置处于工作状态后方才重新启动机床。

18 在机床维护和修理时将电源开关置于 OFF，并锁定在 OFF 位置上。

19 集尘装备必须在砂光机运转前开启，集尘管的外部阻力应小于 10^6 Ω，机床所需风量：10000m³/h，净压 2300Pa，风速 25~30m/s。

 ## GRNERAL SAFETY RULES

1 **KEEP GUARDS IN PLACE** and in working order.

2 **KEEP WORK AREA CLEAN.**

3 **DO NOT USE IN DANGEROUS ENVIRONMENT.** Do not use machine in damp or wet locations, or where any flammable or noxious fumes may exist. Keep work area well lighted.

4 **KEEP CHILDREN AND VISITORS AWAY.** All children and visitors should be kept at a safe distance from work area.

5 **DO NOT FORCE MACHINE.** It will do the job better and safer at the rate for which it was designed.

6 **USE RIGHT MACHINE.** Do not force machine or attachment to do a job for which it was not designed.

7 **WEAR PROPER APPAREL.** Do not wear loose clothing, neckties, rings, bracelets, or other jewelry, which may get caught in moving parts. Glove and non-slip footwear is recommended. Wear protective hair covering to contain long hair.

8 **ALWAYS USE SAFETY GLASSES.** Also use face of dust mask if sanding operation is dusty.

9 **DO NOT OVERREACH.** Keep proper footing and balance at all times.

10 **MAINTAIN MACHINES WITH CARE.** Follow instructions for lubricating and changing accessories.

11 **USE RECOMMENDED ACCESSORIES.** Consult the owner's manual for recommended accessories. The use of improper accessories may cause risk of injury.

12 **REDUCE THE RISK OF UNINTENTIONAL STARTING.** Always disconnect from power source before adjusting or maintaining. Make sure switch is in **OFF** position before reconnecting.

13 **CHECK DAMAGED PARTS.** Before further use of the **MACHINE**, a guard or other part that is damaged should be carefully checked to determine that it will operate properly and perform its intended function. Check for alignment of moving parts, binding of moving parts, breakage of parts, mounting, and any other conditions that may affect its operation, A guard or other part that is damaged should be properly repaired or replaced.

14 **NEVER LEAVE MACHINE RUNNING UNATTENDED. TURN POWER OFF.** Do not leave MACHINE until it comes to a complete stop.

15 **NEVER OPERATE A MACHINE WHEN TIRED, OR UNDER THE INFLUENCE OF DRUGS OF ALCOHOL.** Full mental alertness is required at all times when running a machine.

16 **NEVER ALLOW UNSUPERVISED OR UNTRAINED PERSONNEL TO OPERATE THE MACHINE.** Mack sure any instructions you give in regards to the operation of the machine are approve, correct, safe, and clearly understood.

17 Restart the machine only after the guard and safety device are in working place.

18 **OFF** the power supply and lock the switch in **OFF** position when changing machines maintenance or repair.

19 Dust-collecting equipment must be started before the sander runs. The resistance of the external dust-collecting pipe should be less than 10^6 Ω. Suction volume the machine needed: 10000m^3/h, net air pressure 2300Pa, wind speed 25~30m/s.

目 录

中文

CONTENTS

总 则 GENERAL INFORMATION

P1

1.1. 操作指南

本操作手册是机床实际应用的准则，确保能够安全正确地操作机床，更好地维护和保养设备。

按本手册的规定，使设备能够持久和最好地运行，最大限度地防止设备操作中可能发生的普通故障。

本手册中的图片没有实际的意义，仅供参考。

1.2. 设备描述

HTS130R-P-P(A)是按标准来完成木材砂削的设备。

集悠久的、专业的经验，校准原理，采用新鸿泰公司砂光设备原理制作而成。

设计：有关机床操作人员的功能和安全性能。

该机结构稳固可靠，适用于工件的平面砂削，电脑定厚仪使加工精度有一个可靠稳定的参考值。

HTS130R-P-P(A)由三个操作单元组成：第一砂头装配钢制或胶制定厚辊，第二砂头装配钢辊或胶辊；第三砂头配备了标准弹性砂光垫。三组砂头可独立使用，亦可组合使用。

砂带的更换装置是一套便于快速、简便、安全操作的手动系统。

控制面板在前面，便于操作。

1.1. PURPOSES OF THIS MANUAL

This manual is meant as a practical guideline for the correct and safe utilization of the machine, as well as for its rational maintenance.

The compliance with the regulations of this manual grants the best performances, a long lasting machine running, and prevents the most common causes of accidents, which might occur during the machine operation.

The description and the pictures of this manual are not to be meant as binding.

1.2. DESCRIPTION OF THE MACHINE

The HTS130R-P-P(A) is an calibrating-finishing and sanding machine for wood machining.

Resulting from a long and specialized experience, the new generation of calibrating-finishing and sanding machines adopts the project principles of the NEW HONGTAI.

Design: functionality and safety in the machine-operator relationship

Its strong and reliable structure, the plane grinding, where the working units are installed, and the computer settles thickness instrument allow a safe and steady reference for working precision.

The HTS130R-P-P(A) line is composed of 3 working units: the 1st unit is equipped with steel or rubber-covered roller, the 2nd unit is equipped with steel or rubber-covered roller.; the 3rd unit is equipped with standard flexible pad. The rubber-covered roller is with 25Sh to 85Sh hardness; All of them can be used solely and be used fit together.

The replacement or the sanding belts is extremely easy and fast, thanks to a simple and safe hand-system.
The control panel is placed on the front, in a handy position.

235

总 则　GENERAL INFORMATION

P2

1.3. 设备标识	1.3. MACHINE IDENTIFICATION
机床的前侧有一个识别性标牌,	The model is identified by the label which is placed at the machine base front side. The following data can be found on the label:
其内容为:	
A- 名称	A – Name
B- 型号	B – Model
C- 电压	C – Voltage
D- 功率	D- Power
E- 最大压力	E – Max Pressure
F- 额定电流	F – Full Load Capacity
G- 频率	G – Frequency
H- 短路电流	H – Short Circuit Capacity
I- 重量	I – Weight
J- 加工宽度	J – Working Width
K- 编号	K– Sericl No.
L- 日期	L– Date

> 主意: 本资料详细说明将始终由鸿泰伟业公司提供。

> Remark: These data shall be always specified whenever applying to Hongtai Great for information, spares, etc.

1.4. 制造商 THE MANUFACTURER

HTS130R-P-P(A)独家专门制造于:

The HTS130R-P-P(A), and the deriving models are manufactured exclusively by:

鸿泰伟业(青岛)新型设备有限公司

中国·青岛·即墨大信镇陈家鸿泰路，266229

电话：86-532-83517656 / 83517657　传真：86-532-83517655

网址：http://www.hongtai-china.com　　电子信箱：master@hongtai-china.com

---

Hongtai Great (Qingdao) Advanced Machinery Co., Ltd.

Hongtai Road, Chenjia, Jimo, Qingdao 266229, P.R.China

TEL：86-532-83517656 / 83517657　FAX：86-532-83517655

http://www.hongtai-china.com　　E-mail:master@hongtai-china.com

---

详　述　SPECIFICATIONS

2.1. 机床外形尺寸 OVERALL DIMENSIONS（Fig.1 图 1）

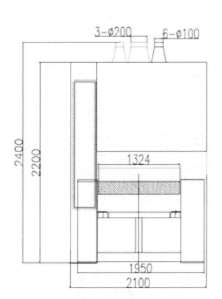
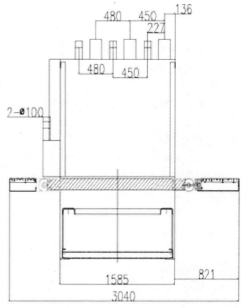

Fig.1

2.2. 技术参数 TECHNICAL DATA

加工宽度	Available working width	mm	50~1300
加工厚度	Available working height	mm	3~100
砂带尺寸	Size of sanding belt	mm	2620×1315
输送带尺寸	Size of conveyer belt	mm	4460×1300
第一组砂带线速度	1st sanding belt speed	m/s	23
第二组砂带线速度	2nd sanding belt speed	m/s	15
第三组砂带线速度	3rd sanding belt speed	m/s	15
第一组马达	1st unit motor power	kW	30
第二组马达	2nd unit motor power	kW	15
第三组马达	3rd unit motor power	kW	15
输送带马达	Feeding belt motor power	kW	4
升降马达	Lifting motor power	kW	0.37
除尘马达	Cleaning motor power	kW	0.37
真空装置马达(可选配)	Vacuum pump motor power (Optional)	kW	7.5
输送带速度	Conveyer belt speed	m/min	4~21
气动系统工作压力	Pneumatic system working pressure	MPa	0.6
吸尘装置所需风量	Air suction of each hood	m³/h	10000
净　重	Net weight	kg	4000

详 述 SPECIFICATIONS

P4

2.3. 配置

— 第一组钢制定厚辊，Φ240mm；
— 第二组标准弹性砂光垫；
— 第三组标准弹性砂光垫；
— 砂头自动摆动装置(光电控制)；
— 输送带变频调速；
— 工作台升降马达，电脑定厚仪调整加工厚度；
— 进出料辊组；
— 紧急停止装置；
— 压辊结构，压辊Φ70mm。

可选配：
— 除尘毛刷；
— 真空吸附装置。

2.4. 最高性能

机床的全面、最高性能和最佳水平被安排并在试验中优化，绝对禁止更改试验数据：
— 加工板材的最小厚度............3mm
— 加工板材的最大厚度......... 100mm
— 加工板材的最大宽度...... 1300mm
— 加工板材的最小宽度......... 50mm
— 加工板材的最大进给速度......21m/min

2.5. 噪声级别

听觉的平均水平所承受的压力为：
空载运转时..................77dB(A)
负载运转时..................84dB(A)
上述评估值根据对机械工具的有关规章来确定的，不作为强制校准的标准机床的标准。

⚠ 注 意

长时间处于超过85分贝的噪音环境会影响人体健康，建议采取保护措施(如耳套，耳塞等)。

2.3. EQUIPMENT

- First unit is with steel roller, Φ240mm.
- Second unit is with standard flexible pad.
- Third unit is with standard flexible pad.
- The sanding unit auto swing (electronic control).
- The feeding belt is with frequency control.
- Table lifting motor with functions selector factory height with single lather control.
- Inlet and outlet roller unit.
- Emergency stop devices.
- Press rollers, Φ70mm.

Optional:
- Cleaning brushes roller.
- Vacuum devices.

2.4. HIGHEST PERFORMANCES

The machine global highest performance level is programmed and optimized on testing.
It is absolutely forbidden to modify the test data:
- Panel minimum thickness... ...3mm
- Panel maximum thickness... ...100mm
- Panel maximum width...... ...1300mm
- Panel minimum width......... ..50mm
- Panel maximum feed speed... 21m/min

2.5. NOISE LEVEL

Average level of acoustic radiation pressure on the surface:
Load less........................ ...77dB(A)
During the working cycle... ... .84dB(A)
These values have been measured according to the regulation relevant to machine tools, as no specific regulations for calibrating machines are in force.

⚠ ATTENTION

A long exposure to a higher than dB(A)85 noise level may cause health troubles. Protection systems (like hear sets, plugs, etc) are recommended.

Honstai 详 述 SPECIFICATIONS

2.6.机床的急停和安全装置

本机床配有一个急停装置，此装置有自动刹车功能，它是一个气动活塞 A(图 2)带动刹车片使部件立即停止运行。刹车部件只在紧急情况下使用，频繁使用会加速刹车的磨损加速。刹车部件由控制面板上的急停装置控制运转。机床的安全装置有(图 3)：

B—紧急情况按动的蘑菇状按钮。它在控制面板上和机床背部。

C—砂带限位光电开关(图 4)。两组砂带均在侧面配置了砂带限位光电开关，限定砂带的运行范围，只要超出光电开关工作，机床立即停止工作。

D—砂带摆动光电开关(图 4)。砂带是在摆动运行的，当砂带偏离时光电开关动作，自动调整砂带向另一侧运行。

其他安全装置是：

E—前紧急制动板(图 5)。它保护操作人员防备偶发事故，并防止超厚板材的进入。

F—总开关(图 6)。此装置在机床背后。它不仅保护机床，而且防止操作人员接近机床的带电部分。它接通或断开机床的电源。将开关置于"ON"，打开机床的电源开关；置于"OFF"关闭机床电源。

G—工作台限定开关(图 7)。限定工作台上下运行范围。

2.7. 电器和气动原理图

本说明书包含下列文件：

A—电路系统图；

B—气动系统图。

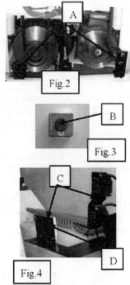

Fig.2

Fig.3

Fig.4

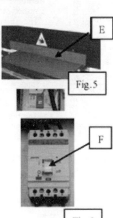

Fig.5

Fig.6

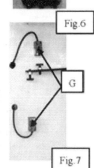

Fig.7

2.6.MACHINE STOPPING AND SAFETY DEVICES

The machine is equipped with working unit immediate stopping devices. Such devices act on an automatic brake which is made up of an A pneumatic position (fig 2), which operates the lining, which stops the units immediately.

The braking unit shall be used only in case of emergency, for, a too frequent utilization produces a fast The braking unit is operated by the following devices, as shown in fig.3:

B- Emergency mushroom- head push button. One is placed on the control board another is on the back of the machine.

C- Side, abrasive belt limited position optoelectronic switches (fig.4). There are limited the running range of abrasive belts. If the belt out of the range, the switch running, and the machine stop immediately.

D- Side, abrasive belt swing optoelectronic switches(fig.4). The belt is swing during working. The switch operates whenever the belt tends to come out on the side and make the belt running to another side.

Other safety devices are:

E -Front emergency strap(fig5). It protects the operator against incidental accidents and prevents the enter of thickness which exceed the machine operation capacity.

F -General switch (fig.6) It is on the back of the machine. Not only does this device protect the machine, but it also prevents the operator from having access to the electrical components. It switches on or off the power.

Put the switch to "ON" power on, to "OFF", power off.

G-Working table limit switches (fig.7) They limit the up and down feeding belt running range.

2.7. ELECTRICAL-PNEUMATIC-ELECTRONIC DIAGRAMS

The manual including the following documents:

A –Electric system diagram

B – Pneumatic system diagram

 安全预防 **SAFETY PRECAUTIONS**

P6

3.1. 安全建议

> △特别警告：在进行机床的所有操作
> 之前必须确保机床接地！

本手册内部的每一个章节使用了下列符号：

> △ 警 告

它告知我们任何故障遵守的有关指令，可能
损坏机器或造成人员伤亡。

> △ 注 意

它告知我们任何故障遵循的指令，可能给操
作者或其他人带来麻烦。

所以，在启动、运转或维修设备和在所有与
本机床有关的操作之前，请仔细阅读本手册，
而查看放置于机床附近的安全标签并遵守它
们所给的说明同样十分重要。

任何运输、装配和拆除须由指定的、有专业
技能的操作人员完成。任何电器系统的故障，
均由经培训的有熟练技术的人员来排除。机
床的操作人员应当达到所有必要的先决条
件，才能操作复杂的设备。

禁止将手放置在控制面板和砂带之间，以及
靠近输送辊或靠近砂带。

在机床前面的工作区域必须保持清洁，有适
当的空间，使紧急制动有一个宽松的通道。

当机器或系统启动时，不要无故打开门或保
护装置。在每周休息期间，请将机床关闭。

长时间休假时，请将机床总电源开关置于"O"
位(关闭)。

许多的经验表明，任何人的不当穿戴可能导
致严重的意外事故，因此，工作前请摘下手
镯，手表，挂断电话。

扣紧工作服袖口处的衣扣，护好手腕。

拿走衣物以及任何可能引起工作现场混乱的
物品。按规定穿好工作鞋，戴好防护眼镜。

禁止使用能够引起火花的材料(如钢)与易燃
物品的混合物(如铝或镁的粉末)，因为这能够
导致火灾。

禁止未经认可的人员安装或维修机床。

新设备在使用前必须用汽油将钢辊和工作台
面上的防锈油清洁干净。在机床操作、启动
或维修前，请仔细阅读本说明书和保养指南。

因未按本安全守则操作而导致的人身、设备
事故，**鸿泰公司**拒绝承担任何责任。

3.1. SAFETY RECOMMENDATIONS

> △Especially Caution: Please be sure the
> machine is grounding before operating it.

In the course of this manual, within each paragraph, the
following symbols are used:

> △CAUTION

It informs us that any failure to comply with
the instructions may damage the machine or
may casualty the people

> △ATTENTION

It informs us that any failure to comply with
the instructions may cause troubles to the
operator or to other people.

Therefore, it is fundamental to read this manual carefully
before starting, operating or servicing the machine, and
before any intervention to the machine. It is also
important to examine the safety labels, which are placed
on the machine, and to comply with the instructions they
give.

Any transport, assembly and dismantling is to be made
only by trained staff, who shall have specific skill for
the specified operation. Any intervention on the
electric system is to be made only by trained and
skilled staff.

The machine operator shall have all necessary
prerequisites in order to operate complex machinery.
Never place hands between the panels and the belt near
the feeding rollers, or near the sanding belts.

The working area in front of the machine must be always kept
clean and free, in order to have easy access to the emergency
strap.

Never, and for no reason, doors and protections shall
be opened when the machine or the system are
running.

During any working cycle break, switch the machine
off. In case of long breaks, set the general switch to O
(OFF).

Many unpleasant experiences have shown that anybody may
wear objects, which could cause serious accidents. Therefore,
before starting working, take any bracelet, watch or ring off.
Button the working garment sleeve well around the
wrists.

Take any garment off which, by hanging out, may get tangled
in the MOVING UNITS. Always wear strong working
foot-wear, as prescribed by the accident-prevention regulations
of all countries. Use protection glasses.

Never use materials which could cause sparkles (like steel)
in combination with combustible materials (like aluminium
or magnesium powder), for this could cause a fire.

Never let un-authorized people fix or service the machine.

It must be clear the antirust oil on the steel and workface by
gas. Read this instruction and Maintenance Manual
carefully, before starting, operating or servicing the
machine.

Hongtai disclaims all responsibilities for damages to
persons or things, which might be caused by any failure to
comply with the above mentioned safety regulations.

装 配 INSTALLATION

4.1. 机床的吊拉或铲装

> 注意：必须检查起重机的承载能力与机床的重量相匹配，与印制的识别标签一致。

用起重机或桥式起重设备吊起机床时，取出工具箱内的四个吊环将机床顶部四角的螺栓换成吊环，用钢丝绳或链条钩住机床上部的吊环 A(图 8)，缓慢平稳地吊、装机床。或用铲车铲装机床底部的预留铲位，缓慢地移动至相应的位置。

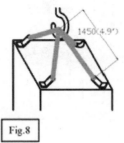

Fig.8

> ⚠ 注 意

所使用的钢丝绳或链条不能短于1450mm，这是最低限度的要求，否则将导致对机床、人或物品造成严重损害。
铲车装卸时，建议使用 10T 以上铲车。

4.2. 安装区域

为尽可能合理地安置机床，应仔细考虑机床的外形尺寸和加工板材最大的尺寸。
最好的放置是给机床留有在 360°内的空地。
确定机床的位置时，必须考虑留有空间 A(图 9)，以适合于砂带的研磨和安装。
工作区域内应有合适可用的照明装置，压缩空气管道通风口和电源插座。

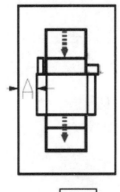

Fig.9

4.1. MACHINE LIFTING OR FORKLIFT

> Remark: Always check that the lifting means carrying capacity matches the machine weight, as printed on the identification label.

The machine shall be lifted by means of a crane or a bridge crane. Take out four rings from the toolbox and fit on the four corners in top of the machine instead of four crews in there. The steel ropes, or chains shall be hooked to the A rings (fig.8) which are placed on the structure upper part.
Lift the machine without jogging and land it gradually.

> ⚠ATTENTION

Neither cable nor chains shorter than 1450 mm should be used.Any non-compliance with the minimum value recommended will cause serious damages to machine, people or things.
If forklift the machine, please used the above 10T forklift.

4.2 INSTALLATION AREA

The machine overall dimensions, the maximum size of the panels to be machined shall be taken into careful consideration in order to install the machine as rationally as possible.
It is preferable to place the machine in a 360° free area.
For the machine positioning you have to consider a space A (fig.9) for the abrasive belt installation.
The working area shall be suitably lightened; a compressed air distribution intake and an electric plug shall be available.

装 配 INSTALLATION

4.3. 机床的校平(图 10)

本机床应做到精确的水平安
装，从而可以达到最高的工
作精度。

遵循下列操作步骤：

— 调低机床侧面底部的上
　升螺栓 **A**；

— 在螺杆下放置钢板 **B**；

— 几次调整 **A** 后，用水平仪
　调整水平，拧紧底部的螺
　母。

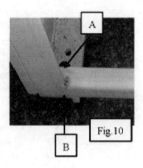

Fig.10

4.4.分解部件的安装
(图 11)

机床配有可以进料和出料的
辊架，为便于包装和运输，
己将其分解。

将出料辊和进料辊安装在工
作台前后的四个孔内，用螺
栓 **A** 紧固它们。

安装好辊架后，将辊子 **B** 放
在相应的机架上，调整辊子，
使它们与工作台在同一平面
上：

— 侧立放置金属尺 **C** 使输
　送带与辊子同时与尺 **C**
　垂直接触；

— 调整螺钉 **D** 让辊子在工
　作台左右两边与直尺（条）
　C 相靠。

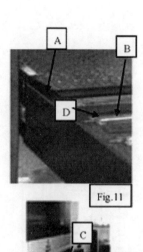

Fig.11

4.3. MACHINE LEVELING (fig.10)

The machine shall be perfectly
leveled, so that the highest
working accuracy is granted.
This operation shall be
performed as it follows:
- Lower the **A** lifting screws,
so that they come out of the
base.
- Place the **B** plates under the
screws.
- Adjust the **A** screws, so that, after
a few attempts, the machine is on
level with the water level
instrument. Tighten the locknuts
on the base.

4.4. INSTALLATION OF THEDISASSEMBLED PARTS (fig.11)

The machine can be equipped
with roller units both at the
inlet and at the outlet. For
packing and transportation
purposes, these roller units are
disassembled.
Assemble the outlet and inlet
roller units on the four holes
which are placed at the front
and at the rear of the working
table respectively, and tighten
them by means of the **A** screws.
After assembling the roller
units, place the **B** rollers in the
corresponding housings and
adjust them so that they are
land with the working table:
- Place a **C** metal ruler
perfectly straight on the belt
and on the roller unit.
- By the adjusting screws **D**,
let the rollers brush against the
ruler (strip) **C** both on the left
and on the right side of the
working table.

![Honstai]

装　配　INSTALLATION

4.5.主要线路的连接(图 12)

确保机床接地，系统功能完美，确认电源和电机频率与表所标识的内容相一致(见电气原理图)。

⚠ 注　意
机床接电由技术熟练的人员完成。

将机床后部的电源总开关 G 置于"OFF"上，打开电器箱门，将外接电源线通过孔 A 连接开关上部的三相接线端，并将黄绿色接地电线接入接线端标有符号 ⊥ 。

然后接通电源，按动控制电源按，待指示灯亮后，再按住工作台上升按钮，如果不正确，断开电源，对调三相电源，使其相序发生变化，再核对一次。

4.6. 气动系统线路的连接

确认压缩空气传输系统与冷却液或固体杂质分离。

所输送的压力应当不低于 0.6MPa。

将压缩空气导管连接到 A 处(图 13)(内径 φ8mm)。

当机床运行时，压力表 B(图 13) 的显示值不得低于 0.8MPa。

气动系统由下列装置组成

R1- 输送装置调节器(图 14)

R2- 电磁阀(图 15)，从左至右分别控制 3 组吹风摆动、刹车装置、3 组吹风。

P – 压力控制器(图 15)

B – 总压力计(图 13)

C – 砂带吹尘压力计(图 13)

— 压缩空气

消耗量……200Nl/min.

— 空压机压缩空气消耗量

…………800Nl/ min

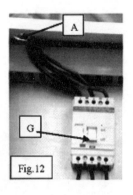

Fig.12

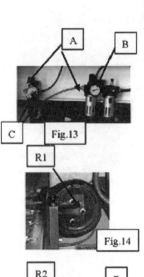

Fig.13

Fig.14

Fig.15

4.5. CONNECTION TO THE MAINS (fig.12)

Make sure that the premise grounding system is perfectly functioning. Check the power supply and the frequency (Hz) match the values which are printed on the identification label (see electric diagram).

⚠ATTENTION
For the electric connections, apply to a skilled technician.

Turn the main switch G to pos. OFF. Open the door that is on the back of the machine. Please connect the wire through hole A to the three phases black wires that are on the top of the switch to the black terminals, and the connect the yellow green grounding wire to the terminal which is marked by the symbol ⊥ .

Afterwards, apply power to the line and press the knob of control power which is on the board, when the pilot lamp was light press down the working table rising switch, if not, exchange the position of each phase line. Check again.

4.6. CONNECTION TO THE PNEUMATIC LINE

Make sure that the compressed air delivery system is free from con-densated water or solid impurities.

The distribution pressure shall not be lower than 0.6 MPa.

Connect the compressed air pipe (inner φ 8mm) to the A quick coupling (fig.13), which is placed on the base lower part.

pressure gauge B (fig.13) shall never go below the 0.6MPa optimum value.

The pneumatic system is composed of the following devices:

R1- Feeding regulator (fig.14)

R2– Electromagnetic valve (fig.15).

From left to right they control 3 units blowing and swing, brake device.3 units blowing

P – Pressure controller.(fig.15)

B– Manometer for general pressure. (fig.13)

C –Manometer for sanding belt blower (fig.13)

- Compressed air consumption…200Nl/ min.

- Compressed air consumption …………800Nl/ min

装 配　INSTALLATION 4.

P10

4.7. 吸尘系统的装配

机床配有 5 个吸尘罩作为工作部件，其中 3 个外径为 200mm，为三组砂头吸尘口，2 个外径为 100mm，为毛刷吸尘口，若设备配有砂带吹尘装置，则有 6 个外径为 100mm 的吸尘口。

它们必须用金属夹具紧固软管的方法与气动系统相联。

如果机床配备了吸尘器，允许使用外径为 200mm 的吸尘罩。每个吸尘罩保证得到下列风量：

HTS130R-P-P(A) = 2500m³/h

4.8. 真空装置的装配
(可选配的)(图 16)

如果机床配备了真空工作台，按下列步骤装配真空装置：

用相应的细螺栓 **B** 将通风设备 **A** 固定在地基上。

将软管的一端连接至真空工作台入口 **C** 处(φ120mm)，另一端连接至真空装置的出口处。用金属夹扎紧。

> **注意:特大的真空工作台有**
> **2 个吸入口 。**

真空吸附装置通过端头 **D** 与机床连接，连接时，将真空装置上的插头端插入端口 **D** 即可。

> ⚠ **警 告**

当机床未接电时进行连接。

需要说明的是：有些设备的真空吸附的控制按钮在真空吸附装置上，如需运行，按动按钮即可控制启动和停止。

Fig.16

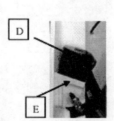

4.7. DUST SUCTION-CONNECTION TO THE SYSTEM

The machine is equipped with 5 suction hoods for the working units, 3 have outer diameters 200mm for three units, 2 have outer diameters 100mm for brush unit. If there are sanding belt blower with the machine, 6 have outer diameters 100mm with them. They must be connected to the suction system by means of metal clamp fastened hoses.

If the machine is equipped with blowers, 200mm hoods will be provided.

The suction system should ensure the following capacities for each hood:

HTS130R-P-P(A)= 2500m³/h

4.8. VACUUM DEVICE – INSTALLATION (OPTIONAL) (fig.16)

If the machine is equipped with vacuum working table, the vacuum device shall be assembled as it follows:

Fasten the A ventilator to the floor by means of the B suitably threaded screws.

Connect one end of the hose to the **C** inlet (Φ120mm) of the vacuum working table, and the other end to outlet of the vacuum device. Make use of metal clamps for fastening.

> **Remark: Very large vacuum working**
> **tables are equipped with 2 suction inlets.**

The vacuum devices is connected the machine with **D**, please insert the pin which is in the vacuum devices to **D** and then we will begin to operate it.

> ⚠ **CAUTION**

Make the connection when the machine is not on electrical power supply.

Please notice: There are control buttons on the vacuum devices. Please press the buttons in order to start or stop the vaccum.

![Hongtai logo] 装配程序 **SET-UP PROCEDURES**

P11

5.1. 控制面板 CONTROL BOARD

HTS130R-P-P(A)具有模块性和多功能性，不允许对电器面板的配置进行改动。

机床的控制面板被分解为许多区域，如图17所示：

The HTS130R-P-P(A) modularity and versatility do not allow to suggest a standard version for the composition of an Electric General Panel. Therefore, it is decomposed in many sections, as fig.17 shows:

A– 电流表 Ammeters

显示三组砂头工作电流的输入量。

Display working current quantity of three sanding units.

B–工作单元选择 Section for units

三组砂头启动、停止按钮。Start and stop buttons of three units.

C–电脑定厚仪 Auto microcomputer

进行加工厚度的操作，设定所要加工的厚度，

详见随机附件《电脑定厚仪使用说明书》。

Settles the thickness with it and Please read provide User Manual.

D–输送带启动、停止按钮

Switch for sanding belt start and stop.

E–除尘毛刷启动停止按钮

Switch for cleaning brush roller start and stop.

F–工作台升降按钮

Switch for working table lift and lower

M– 急停按钮 Emergency stop

在紧急情况下停止机床。按动按钮，停止机床。

Press the button and the machine stop.

N– 控制电源 Control power

机床的控制电源按钮，按动可启动机床。

Press the button the machine start.

O—故障报警 Trouble warning

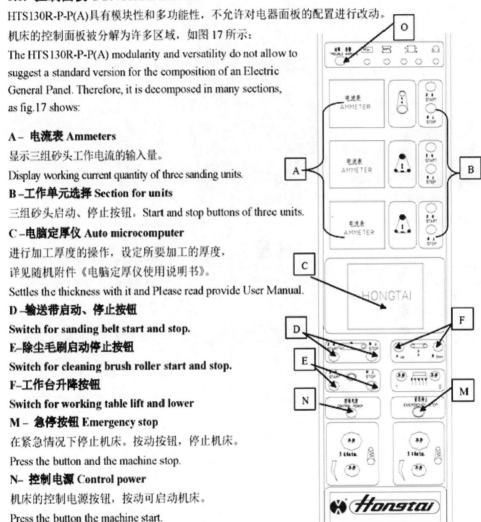

Fig.17

自左至右分别显示压力不足，断带，左右限位紧急停止等故障，如有故障相应的指示灯闪亮。

From left to right they are showing the trouble for less pressure, belts broken, limited position for left and right, emergency stop. If they have any trouble, the lights are light.

本机配有砂带吹尘装置，与砂头同步运行。

There are sanding belt blower and they are running with sanding units.

Hongtai 装配程序 SET-UP PROCEDURES

P12

5.2. 砂带的装配和拆卸(图 18)

打开压缩空气开关以便接入机床的气源。

松开阀 **A**，以松开张紧的砂带。

逆时针旋转手柄 **B** 以便分开机床底部扣住工件的锚栓，然后取出夹紧装置 **C**。

取出砂带(见图)插入新的砂带。

5.3. 辊子工作方式和 装备的校准(图 19)

只要机床有不同的砂带组合，就有必要用工作台校准工作方式。

测量砂带的厚度并在等分刻度尺 **A** 中设定数值。遵循下列指令：

— 按住机床启动按钮。

— 松开把手 **B**。

— 顺时针转动旋钮 **C** 核对指针 **A** 移动的砂带厚度的相应数值，升起辊子。

— 指向 "**0**" 等级刻度设置为绝对的 "**0**"，即辊子和工作台校直，没有砂带，这一点在工厂试车时设置。同样的操作将就砂带不同的厚度完成。

— 当调整机床定厚装置时，可通过位于气动柜中的电磁阀手动控制来选择工作方式。

然后，如先前所述完成辊子的校平。

⚠ 注 意

随着时间的推移，由于胶辊和钢辊的磨损程度不同，需要定期检查其校直状态。

Fig.18

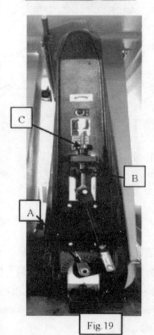

Fig.19

5.2. SANDING BELT ASSEMBLY AND DISASSEMBLY (fig.18)

Open the compressed air cock in order to feed the machine with the pneumatic power supply.

Release the belt tension by means of the A strap valve

Turn the B handle counterclockwise in order to uncouple the anchoring pin which fastens the working unit to the base, then take the C anchoring holdfast out.

Take the sanding belt out (see the picture). Insert the new sanding belt.

5.3. ALIGNMENT OF THE WORKING UNITS EQUIPPED WITH ROLLER (fig.19)

Whenever a different sanding belt is assembled on the machine it is necessary to align again the working unit with the working table.

Gauge the sanding belt thickness and indicate the measure on the graduated scale A. Keep to the following instructions:

- Press the machine start push-button.
- Loosen handle B.
- Turn knob C clockwise by checking that index A moves to the value corresponding to the belt thickness. In that way the roller lifts
- Point "0" on the graduated scale sets the absolute "0", i.e. the alignment between the roller and the working table without sanding belt. This point is set in the factory during the machine test.

The same operation should be carried out with belts having different thickness.

- When adjust the settle thick device, select the working unit through the electromagnetism valve which is in the pneumatic cabinet to control with hand.

Then, carry out the operations previously described for the roller alignment.

⚠ATTENTION

As time passes the different wear of the rubber roller with respect to the steel roller requires a periodical check of the units alignment.

Hongtai 装配程序 SET-UP PROCEDURES

5.4. 砂光垫的装配和拆卸 (图 20)(可选配)

机床标准配置中，有一个硬的和半硬的砂光垫。

为更换砂光垫，请参照下列描述：

通过阀 A 松开张紧的砂带。

逆时针转动手柄 B 松开固定底部工件的螺栓，然后取出夹紧装置 C。

取出砂光垫 D。

插入另一个砂光垫。

再次插入夹紧装置 C 并顺时针拧紧手柄 B，然后清扫工作表面灰尘。

用皮带阀 A 张紧砂带。

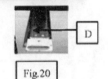

Fig.20

5.5. 砂带横断的检查

(图 21)

砂带摆动可以用气动系统或光电系统来控制。

此装置由将砂带调整至适当的位置的调整座 C 来控制。

如砂带偏移可松开紧固螺钉 E 用调节器 D 调整，使砂带置中。

气缸 C 的动力由气动部件供给。

持久稳定的性能要求有一个持续清洁的进给系统。

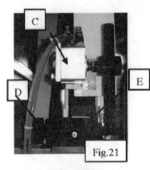

Fig.21

5.4. PAD ASSEMBLY/ DISASSEMBLY(fig. 20) (OPTIONAL)

The machine standard version is equipped with a stiff pad and with a half stiff pad.

In order to replace the pad, proceed as below described:

Release the belt tension by means of the A strap valve.

Turn the B handle counterclockwise in order to uncouple the anchoring pin which fastens the working unit to the base, then take the C anchoring holdfast out.

Take the D pad out of the guide.

Insert the other pad.

Insert the C holdfast again and tighten it by turning the B handle clockwise, after cleaning the resting surface in order to prevent any dust.

Restore the sanding belt tensioning by means of the A strap valve.

5.5. BELT TRAVERSE CHECK(fig.21)

The belt oscillation can be operated by a pneumatic system or by a photoelectric cell electronic system.

The device is operated by C plenum chamber which grants the sanding belt correct positioning.

If the belt is excursion, please loose the tighten ring nut E and adjust by means of the D adjusters and make the belt to the center. The C plenum chamber power is fed by pressure unit.

A correct and long lasting functioning requires a constant cleaning of the traverse system.

装配程序 **SET-UP PROCEDURES**

P14

5.6. 输送带的检查(图 22)

如果输送带趋向一边移动，它将十分有必要用相应的螺栓调整。

向左边移动(相对于工作的位置)：紧固螺栓 A 直到输送带在辊子的中间。

向右移动：松开螺栓 A 直到输送带移到中间位置。

Fig.22

5.7. 输送带对中装置

随着时间的推移，自动调整输送带十分必要：

— 调整螺栓 A(图 22)张紧输送带；

— 检查输送带下的阀是否打开；

— 从中间一个开始调整 3 个螺栓 B(图 23)。输送带摆动1cm。

Fig23

注意：这种调节应在输送带最高速度运转时进行。

5.6. FEED BELT CHECK (fig. 22)

If the feed belt tends to move toward one side, it will be necessary to adjust this tendency by means of the suitable screws.
Movement to the left (in relation to the working position): tighten the A screw until the feed belt runs perfectly at the center of the idle roller.
Movement to the right: loosen the same A screw until the required perfect centering is achieved.

5.7. FEED BELT AUTOMATIC CENTERING DEVICE ADJUSTMENT

Over the time, it might become necessary to adjust the automatic feed belt:
-Tension the feed belt by means of the A screw (fig. 22).
-Check that the valve under the feed belt is relieved.
-Adjust the three B dowels (fig.23), starting from the middle one.
The feed belt oscillation shall be 1 cm.

Remark: This adjustment shall be made on feed belt running at the highest speed.

Honstai

操作程序 OPERATING PROCEDURES

6.1. 加工厚度的设置

HTS130R-P-P(A) 使用电脑定厚仪对加工件的高度进行设置，这样可以避免人为的误差。具体操作详见电脑定厚仪使用说明书。

6.2. 输送带速度的设置

通过手动操作可以设置输送带的速度：启动输送带电机，调整手轮 A(图 24)选择适当的速度(逆时针旋转速度减小)。

Fig.24

6.3. 三组砂头同时工作
(出厂前已经调好) (图 25)

通过运行三组砂头进行加工，进行下列操作：
选定合适的砂带后，根据 5.2 章的详细说明装配(砂带不应过长)。

根据 §6.1 的指令设置工作厚度，取标准板件轻轻地画一些铅笔标记，启动第一组砂带和输送带，插入板件，在工件出口检查铅笔标记是否已经消除。如果没有，则升起十分之一工作台高度或松开手柄 A 调整把手 B 降低砂头，并重复操作直到标记完全被清除。
按照同样方法对第二和第三砂头进行操作。操作时，如果在出口处的工件的铅笔标记没有完全消失，松开把手 C 或 E 调整把手 D 或 F 逐渐降低砂头。实行同样的操作直到铅笔标记被清除。
可用所选择的三组砂头对工件进行加工了。

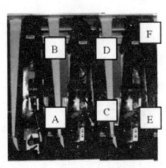

Fig.25

6.1. WORKING THICKNESS SETTING

According to process the workpiece, the HTS130R-P-P(A) has the device which can set the working height by Single lather controller, thus preventing any operator's mistake. Please read Single Lather controller.

6.2. FEED BELT SPEED SETTING

Hand operation to set the speed value: By means of the A handwheel (fig.24) on the SEW speed change gear (by turning it counterclockwise the speed is decreased).

6.3. SIMULTANEOUS THREE UNITS SANDING
(It was adjusted before leaving factory) (fig.25)

The machining shall be operated by the three units. Proceed in the following way:
After having fitted the sanding belts, assemble (the belt should not be stretched) guide by following the instructions detailed in chap.5.2.
Set the working thickness as instructed in § 6.1. Take a sample panel and gently draw some pencil marks. Start the 1st unit, start the conveyor belt and insert the panel. At the workpiece outlet check whether the pencil marks have been eliminated. If not, lift the worktable by one tenth or loosen A knob adjust B knob and repeat the operation until the mark has been completely eliminated.
According the same way to start 2nd and 3rd units. If the pencil marks have not completely disappeared at the workpiece outlet, loose the knob C or E regulate knob D or F to gradually lower the roller. Carry out the same operation until the pencil marks have been removed.
Carry out the workpieces machining by selecting three units.

Honstai 　　操作程序 OPERATING PROCEDURES

6.4. 工作台升降的操作(图26)

工作台的升降是通过面板上的升降按钮或定厚仪来完成的。按动电脑定厚辊仪上的"+"工作台下降，按动"-"则工作台上升。工作台调整到与所要加工的工件厚度大小相匹配的位置。必要时可通过工作台下面的手轮 **B** 微调工作台。

6.5. 压辊的调整(图 27)

一松开螺母拧动螺栓1，调整压辊至适当高度(一般比定厚辊低1.5~3mm 左右)，然后拧紧螺母；一调整压辊另一侧高度，使压辊两侧相对于输送床平面高度位置一致，再拧紧螺母。

6.6. 毛刷辊的升降调整(可选配)

本机床配备了毛刷辊，可以较好地清除工件表面的灰尘。毛刷辊的升降可通过机床背面的旋钮A(图28)进行调整。

6.7. 往复吹风装置的操作(可选配)

往复式吹风装置A(图29)可以延长砂带的使用寿命，并可提高加工工件的完美性。
往复吹风装置与砂头同步运行。旋转旋钮 B(图 29)将压力调整至0.6MPa，注意压力计D(图 29)上的数值。
将空压机的管道接入管接头 E(图29)，启动砂头可对砂带进行清洁处理，此装置能够持久有效地清除附着于砂带表面的灰尘，延长砂带的使用寿命。

> **注意:** 保持存水杯中的冷凝水，并使储水杯中的水在控制常数以下，防止水从吹风机的循环中进入，这将延长砂带的寿命，并有利于油漆板材加工的修整。

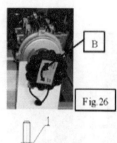

Fig.26

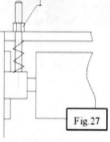

Fig.27

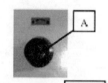

Fig.28

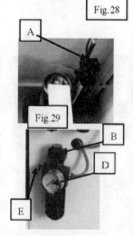

Fig.29

6.4. ASCEND AND DESCEND WORKING TABLE OPERATION(fig26)

The working table goes down or goes up by ptrddinh up or down button and operating the Auto Microcomputer which is on the board. Press "+" working table goes down, Press "-" the table goes up. Take the working table to the position which height is adapted with workpiece thickness. Sometime turning the handle B which is under the working table to adjust micro-lift or micro-lower the table.

6.5. ADJUST PRESSURE ROLLERS (fig27)

- Loose the nut and screw bolt 1, adjust pressure roller to the fit height (we suggest it is lower 1.5~3mm than unit roller) and then tighten the nut;
- Adjust another side height of pressure roller and make two sides of pressure roller are consilient position with feeding plane height. Tighten the nut again.

6.6. ASCEND AND DESCEND CLEANING BRUSH ROLLER OPERATION (OPTIONAL)

The machine is equipment cleaning brush roller, it can clean the workpieces. Turn the knob A (fig.28) to ascend and descend it.

6.7. OSCILLATING BLOWER OPERATION (OPTIONAL)

Oscillating blowers absolutely A (fig29) necessary for the machining of painted pieces. They increase the belt life and improve the machined piece finishing.
The blowers run with the sanding units. Adjust the pressure at 0.6MPa by means of the B adjuster (fig.29). Please notice the value on manometer D (fig.29). The E (fig.29) nozzles contact with air compressor, and then start the sanding unit the blower devices running with them. They cleaning grants a long lasting blower efficacy. The sanding belt will be used for a long time

> **Remark:** Keep the condensated water in the traps and in the tanks under constant control, in order to prevent any water from entering the blower circulation. This would exttnd the belt life and the good finishing of painted panels machining.

维护要求 MAINTENANCE REQUIREMEN

P17

7.1. 机床的清洁

⚠ 警 告

在维护保养之前，将常规的开关置于零。

每日用压缩空气清洁所有部件，防止灰尘堆积在机床周围，以延长设备的使用寿命，保持良好性能。

每个工作周期后，打开侧门，用压缩空气清洁机床。

用压缩空气吹风装置清洁输送带的表面(外部清洁)及压辊和输送带之间(内部清洁)。

每班工作结束后，用压缩空气吹砂带里面和外表，清洁砂带。

用压缩空气清洁工作部件(当撤去砂带时)。

⚠ 注 意

当清洁机床时，让吸尘装置保持运行。

7.2. 工作台升降系统链条的张紧(图30)

每工作200小时用润滑脂润滑链条，并检查其张紧度。

随着时间的推移链条会延伸，因此有必要调整位于工作台下导辊皮带轮的螺栓 A，沿槽移动链轮，给约 8kg 压力直到获得适当的张紧。

7.3. 三角皮带的张紧(图31)

每班工作后检查三角带的张紧度和磨损程度，必要时予以更换，同时遵循下列指令，以调整皮带 A 的压力：

— 依靠螺母 B 让电机座上的弹簧压紧。

— 在皮带的中心给约10kg压力可产生 15mm 弹性伸缩。

7.1. MACHINE CLEANING

⚠CAUTION

Before any maintenance operation, set the general switch to zero.

The daily cleaning of all components by means of compressed air will prevent the dust accumulation in all machine areas, thus granting a longer life and better performances.

Open the side doors and clean by compressed air blow after each working cycle.

Clean the feed belt by aiming the compressed air blow to its surface (outer cleaning), and between the front roller and the feed belt (inner cleaning).

Clean the sanding belts at the end of each cycle by means of compressed air blow inside and outside the belt.

Clean the working units by compressed air (when the belt is removed).

⚠ATTENTION

When cleaning the machine, keep the dust suction system in function.

7.2. WORKING TABLE LIFTING CHAIN TENSIONING (fig.30)

Please lubricate and check the table lifting chain each 200 working hours.. Along with the time later, the chain would be stretched. So it is necessary to unloose nut A of pulley guide roller located under the table and move it along the slot give it 8kg pressure until the correct chain tensioning is obtained.

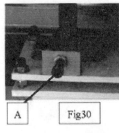

A　　Fig30

7.3. WORKING UNIT BELT TENSIONING (fig.31)

Please check the tension and abrasion of the V-belt after every workday. Please follow the instructions below, in order to adjust the A belt tension:

- By means of the B nut, let the spring exert pressure on the motor mount.

- By an approx 10 kg pressure in the center of the belts, they will yield by approx 15 mm give.

A

B

Fig.31

Hongtai 维护要求 MAINTENANCE REQUIREMEN

P18

7.4. 变速传动装置

变速传动装置的维护要求水平较低，它仅由一个固定的油面控制器组成，请在运转 1000 小时后更换专用润滑油，以后定期按说明书的要求添、换，以保持油位在油标中心以上。

用油脂润滑轴承时，必须在运行 1,500 小时后，清洁每个部分，并用新的二硫化钼润滑剂重新涂脂。

⚠ 警 告

不要将润滑剂混合或使用矿物油。

7.5. 工作台平面度的调整 (图 32)

每工作 300 小时检查机床纵向和横向水平度及工作台平面度，工作台平面度的调整步骤为：

—将一小型平尺 6 放置在机床底座的基准面 7 上；

—升高或降低工作台，使工作台上表面与平尺 6 轻轻接触；

—检查四个支座拐铁 2 上部工作台上表面 1 与平尺 6 的接触情况；

—松开螺栓 4，转动套筒 5，升降工作台，直至工作台上表面与平尺 6 的接触情况四处均相同为止；

—拧紧螺栓 4。

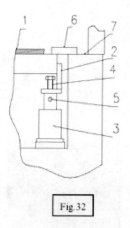

Fig.32

7.6. 定厚辊的修磨(图 33)

调整好输送床的平面，确认输送床处于良好状态，卸去砂带，把一块经过定厚砂光，上表面贴有 60~80#砂纸的木板放在输送床上面定厚辊下面，木板宽度不应小于 200mm，启动砂带电机，升起工作台，使砂纸轻轻接触辊子，沿整个辊子长度方向来回移动木板，移动时应平稳、均匀，不应停留。辊子修磨完毕后，仔细清除磨屑，并将厚度显示器调零。

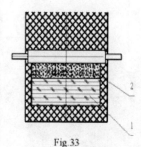

Fig.33

7.4. SPEED CHANGE GEAR

The speed change gear require a minimum maintenance, which consists only in the regular oil level check and in its replacement with special oil after 1000 hours running at first time, fix periods as indication in instructions for replacement and be sure the oil level is on the middle position.

The grease-lubricated bearings must be cleaned each 1,500 hours running, and greased again by a new molybdenum bisulfide lubricant.

⚠CAUTION

Never mix the synthetic lubricants together or with mineral oils

7.5. WORKING TABLE PLANE ADJUSTING(fig32)

Please check the lognitudial and across level, table plane every 300working hours. Please accord this way to adjust the working table plane:

- Place a even ruler 6 to the datum plane 7 of the base of the machine.
- Up or down the working table, and make it touch the even ruler 6;
- Checking the contact way which the top plane of working table 1 of angle iron 2 with four bolsters with even ruler;
- Loosing bolt 4, turning sleeve 5, up and down working table until the working table plane has the same contact with even ruler 6 in four pos.;
- Tighten bolt 4.

7.6. ROLLER REPAIR (fig.33)

Adjusting the feeding plane, be sure that the feeding bed is all right, disassembly the sanding belt and take a wood with 60~80# sand paper over the feeding bed and under roller, the wood's width wouldn't be less than 200mm, and then start the sanding belt motor, lifting the working table, make the sand paper touch the roller gently. Moving the wood reposefully uniformity come-and-go along the length of the roller. Don't stop when moving the wood. When finish it, cleaning the dust and take the thickness adjuster to zero position.

维护要求 MAINTENANCE REQUIREMEN

P19

7.7. 润滑油表 LUBRICANTS LIST

序号 Serial No.	润滑部件名称 The name of lubricant workpiece	润 滑 要 求 The Request of Lubricant
1	升降传动链条 Lifting Chain Change Gear	仅在初次使用设备时的 40 小时后用适量的锂基 3 号润滑剂润滑即可. Only lubricate it after 40 hours at the first time with some No. 3 litho-lubricant.
2	升降立柱 Lifting Pillar	用适量的锂基 3 号润滑剂每 40 小时润滑一次. Lubricating it per 40 hours after with some No. 3 litho-lubricant.
3	送料驱动齿轮箱 Wheel Gear Box of Sending and Driving	详见减速器使用说明书. Please read the manual of retarder.
4	升降调节蜗轮箱 Lifting Snail Wheel	详见减速器使用说明书. Please read the manual of retarder.
5	变速装置 Worm Change Gear	详见减速器使用说明书. Please read the manual of retarder.
6	机床其余各工作面 Other Working Face	用适量的 20~40 号机油对各工作面每班进行润滑. Lubricating it after finishing work every day with some No.20~40 oil.
7	马达 Motors	用适量的二硫化钼润滑脂每 500 小时润滑一次. Lubricating it 500 hours with some molybdenum bisulfide.

7.8. 气动系统(图 34)

如果空气特别脏，筒 A 可能变得迟缓和阻塞。

这种迟缓或者阻塞由过滤器中的压力下降至下游告知，通过压力计 B 可以观察。

筒内的青铜溶渣可分解，裂开，如果有必要，用汽油或三氯乙烯清洗。并按下列时机进行保养：每班检查，清除凝结物；每工作 40 小时检查，清除凝结物，并给压缩空气油雾器注足润滑油；每工作 300 小时后拆开并清洗压缩空气过滤器。

Fig.34

7.8. PNEUMATIC SYSTEM (fig.34)

If the air is particularly dirty, the A cartridge might get slowly and gradually clogged.

This inconvenient is signaled by the pressure drop downstream the filter, as detected by the B pressure gauge. The sintered bronze cartridge can be disassembled, blown and, if necessary, washed with gasoline or trichloroethylene.

Please maintain them by this ways:
Each working day check and clean the coagulation. Each 40 working hours check and clean the coagulation and full the lubricating oil to oil filter Each 300 working hours check and clean the coagulation.

Hongtai 维护要求 MAINTENANCE REQUIREMEN

P20

7.9. 砂带的保存

砂带必须小心管理，以便使用时能够达到其最高的功效。

任何不适应的贮存条件，改变捆扎物和支撑方式将危及产品的性能。

最适宜的贮藏条件是：

— 相对湿度在 40%~50%。

— 温度在+15°~+20℃。

太高的湿度能导致砂带的支撑有变形和凹面，砂磨内侧。

高湿度使砂带运行时以不规则地路线运动使工作带控制困难。相反，相对环境条件（低湿度），引起相反的现象：砂带趋向相对方向弯曲，而且产品失去了弹性，变得易碎。

建议在最后时刻打开包裹，这样可防止砂带弯曲，断裂，最好沿着砂带边缘撕开包装。

如果工作方式与贮藏的砂带有很大的不同，在使用前，将的砂带放在机床附近一到两天。用完后，将砂带放置在架子上，图35。

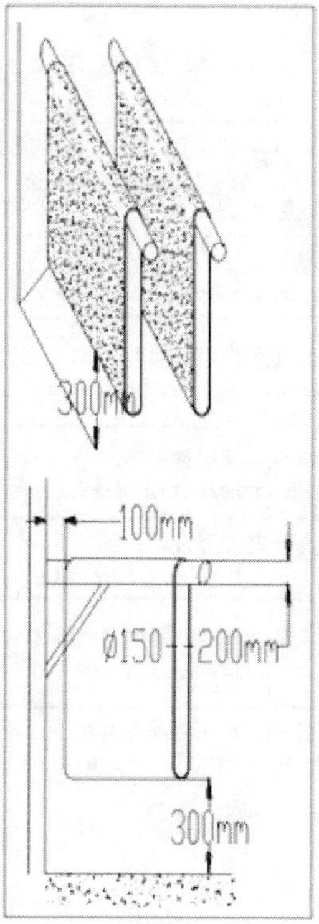

7.10. 其他要求

机床的运行的其他要求：

—海拔高度最大为1000m；

—额定电压为0.9...1.1；额定频率为0.99...1.01；系数为0.2。

—环境温度为-5~40℃；

—环境湿度 50%@40℃~90%20℃；

—运输和储存的环境温度应在-25℃~55℃以内，运输中在短期内温度接近70℃时间不得超过24小时，并采取防潮，防震，防撞击的措施。

Fig.35

7.9. SANDING BELT PRESERVATION

The sanding belts must be handled with care in order to be used at their top efficacy.

Any unsuitable storage conditions alter their binding and supports, thus compromising the product performances.

The optimum storage conditions are:

- relative humidity between 40 and 50%

- temperature between +15° to +20℃.

A higher humidity percentage causes a concave deformation of the supports with the abrasive inside.

The high humidity alters the development in an irregular way, and makes the working belt control difficult.

Inversely, the opposite environmental condition (low humidity percentage), originates the contrary phenomenon: the sanding belts tend to bend in the opposite direction, and, furthermore the product looses its flexibility and becomes more fragile.

It is recommended to open the packages at the very last moment. This will prevent any belt bending or will prevent any belt bending or breaking, as well as cracks along the belt edges.

If the working environment is very different from the storage one, leave the belt near the machine for one or two days before using them.

After their utilization, place the belts on suitable rests, as shown in fig.35.

7.10. OTHER REQUIREMENT

Other requirement for machine running:

—Up to 1000m above mean sea level;

—Nominal votage:0.9....1; Nominal frequency :0.99.01;Harmonics:0.02.

—Air temperature:-5~40℃;

—Humidity:50%@40℃~90%20℃;

— Transportation and storage temperatures within a range of -25℃ to 55℃ and for short periods not exceeding 24h at up to 70℃. Suitable means shall be provided to prevent damage from humidity, vibration and shock.

故障指南 TROUBLE-SHOOTING GUIDE

P21

8.1.可能发生的故障 原因和解决措施

出厂前对机床进行了彻底的检验，因此应当没有缺点。

长时间运转、错误的操作或意想不到的事件可能导致一些故障。对每个故障，必须弄清原因，并且对每个原因都考虑相应的解决办法。

故障

当按动控制电源时，机床不启动

原因

机床没有供电。

解决措施

用检测器检查电源是否正常。本机床主电源是三相 AC 415V，50Hz；控制电源单相AC 220V，低压控制电源直流 24V。

原因

自动保护开关已动作。

解决措施

检查电路所有的自动保护开关。在检查无故障的情况下，复位自动保护开关。

原因

蘑菇形急停按钮按下。

解决措施

顺时针旋转蘑菇急停按钮，使前后急停开关都复位。

原因

砂带没有张紧或没有到位。

解决措施

用真空阀 A 张紧砂带（图36）。使砂带张紧开关复位（开关在砂带右侧）。

8.1. POSSIBLE TROUBLES, CAUSES, MEASURES

The machine has been thoroughly tested before shipment, therefore it should be faultless.

In the long run, a wrong machine operation, or any unexpected occurrence might Cause some trouble. For every trouble, the Cause will be made clear, and for every Cause, the corresponding intervention will be considered.

TROUBLE
WHEN PUSHING THE START CONTROL, POWER SUPPLY. THE MACHINE DOES NOT START

Cause

Lack of electric power supply on one or more phases.

Measure

Check the power supply by means of a tester. The main power is three phases AC 415V, 50Hz. The control power single-phase AC 220V lower voltage direct current 24V.

Cause

Auto-protect switch has on

Measure

Check the condition of all Auto-protect switch.
If no trouble, please reset the Auto-protect switch.

Cause

Mushroom-head emergency button on.

Measure

Switch the emergency off, by turning the mushroom-head button clockwise, and make sure to reset all emergency switches

Cause

Sanding belts without tension or in a wrong position.

Measure

Tension the belt by means of the A strap valve (fig.36).
Made the switch of sanding belt tighten replaced. (the switch is on the right of the sanding belt).

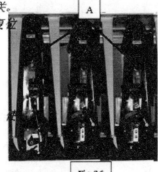

Fig.36

Honstai 故障指南 TROUBLE-SHOOTING GUIDE

P22

原因
砂带不合适，太大或太小。
解决措施
按本说明书规定的方式装配新的砂带。
注意：砂带的位置不要挡住两边的光
电开关的光线。

原因
没有工作气压。本机床设置了无工作
气压或气压低无法正常启动功能。
解决措施
检查工作压力为0.6MPa。

原因
侧门打开。侧门处于打开状态时，控
制电源不连接，避免机床运转给人带
来伤害。
解决措施
关闭侧门。

故障
机床在工作期间停止

原因
线路断开或电线损坏。
解决措施
检查各保护开关看是否完整，检查线
路是否有断开的或电线破损的，必要
时予以更换。

原因
砂带断裂或不在适当的位置。
解决措施
换砂带或调整到适当的位置。

原因
压力下降或气路断开。
解决措施
检查工作压力为0.6MPa。检查气路是
否完整。

原因
工作部件损坏。
解决措施
请与经销商联系更换部件。

Cause
Unsuitable belt with too much or too
less development.
Measure
*Mount a new belt with the prescribed
development.*
*Notice: the position of the sanding belt shall
not stop the ray of photoelectric switch*

Cause
Lack of work pressure. The machine won't
work without no work pressure or low pressure.
Measure
*Check and make sure the working
pressure is 0.6MPa.*

Cause
Side doors were open. When the side
doors were open, the control power
supply isn't connected in order to avoid
being hurt people.
Measure
Close the side door.

TROUBLE
THE MACHINE STOPS DURING WORKING.

Cause
Circuit is open or the line was spoiled
Measure
Check the condition of all protect switch
and line, if necessary, replace them.

Cause
The sanding belt is broken or out of place.
Measure
Replace and /or position it correctly.

Cause
Pressure drop or gas cut.
Measure
*Check that the working pressure is
0.6MPa.*
Check the pipes air and be sure they are good.

Cause
Working unit breakdown.
Measure
Contact your dealer to change new parts.

 故障指南 TROUBLE-SHOOTING GUIDE

故 障

砂带不摆动

原因
纠偏阀不工作。

解决措施
对着光电盒吹风或检查电磁阀是否损坏，如果不行，请与经销商联系。

原因
缺乏空气。

解决措施
检查工作压力为 0.6MPa，对压缩空气系统进行常规检查，检查证实如果横梁的气压显示为 0.2~0.25MPa，有必要通过调节器进行调整或检查电磁阀是否正常。

原因
横梁损坏。

解决措施
向经销商请求帮助。

原因
砂带不良。

解决措施
按照§5.2.的规定装配新的砂带。

故 障

砂带过早地停止

原因
在砂带和经校准的砂光辊之间有因不良的抽气泵而产生的灰尘。

解决措施
检查抽气系统。
每小时的所需用气量见§4.7的有关规定。

原因
灰尘或树脂粘住了上面的振荡辊。

解决措施
用稀释清洁上面的辊子。彻底干燥。

原因
砂带边缘有细小的撕裂。

解决措施
修理砂带以消除细小的撕裂，或按照§5.2.的规定更换砂带。

TROUBLE

THE SANDING BELT DOES NOT OSCILLATE.

Cause
The valve doesn't work.

Measure
Blow against the holes of photoelectric switch or check the electromagnetism valve. If this is not enough, contact your dealer.

Cause
Air lack.

Measure
Check that the working pressure is 0.6MPa. Check the general air compressed system. Check traverse unit pressure gauge indicates whether the 0.2~0.25MPa. If necessary, adjust by means of the adjuster.

Cause
Traverse unit breakdown.

Measure
Contact your dealer.

Cause
Faulty sanding belt.

Measure
Mount a new sanding belt, as indicated in §5.2.

TROUBLE

THE SANDING BELTS BREAK TOO EARLY

Cause
Faulty suction produced dust formation between the belt and the calibrating/sanding roller.

Measure
Check the suction system.
The hour capacity is indicated in the table in §4.7.

Cause
Dust or resin formations stick to the upper oscillating roller.

Measure
Clean the upper roller with thinner. Dry well.

Cause
Tiny tearings on the belt edge.

Measure
Trim the belt in order to eliminate the tearings, or replace it as indicated in §5.2.

 故障指南 TROUBLE-SHOOTING GUIDE

P24

原因
由压缩空气推动的压力不足。
解决措施
打开机床，检查压力计，让压力恢复正常。

原因
砂带接合点有缺陷。
解决措施
检查砂带接合处的质量，必要时按§5.2.的规定更换砂带。

原因
由压缩空气电路提供的压缩空气不足。
解决措施
检查导管部分是否损坏或软管是否严重弯曲。

原因
机床输送空气导管的横截面不足。
解决措施
更换气管或增大压力。

原因
砂带太潮湿或太干燥。
解决措施
在适宜的环境下贮存砂带。

原因
刹车系统不能再用。
解决措施
检查刹车电磁阀是否损坏，如果不行，向经销商请求帮助。

8.2. 工作中常见的故障

长时间运转，不正确的操作机床或疏忽维护可能导致工作期间的出现一些故障。

砂削的工件不平整 (图 37)
— 锁紧装置没有适当拉紧。
— 锁紧装置和输送带下有灰尘。
— 输送带不平行。
— 砂光辊磨损得不规则。
— *砂光垫磨损得不规则。*

Cause
The pressure of the tensioning pneumatic circuit is not enough.
Measure
The machine on, check the pressure gauges and return a normal pressure.

Cause
Faulty sanding belt junction.
Measure
Check the sanding belt junction quality. If necessary, replace them as indicated in §5.2.

Cause
The delivered compressed air is not enough for the pneumatic circuit.
Measure
Check that no pipe is partially clogged, or that no hose is badly bent.

Cause
The cross-section of the machine feeding pneumatic pipe is not enough.
Measure
Change the pipe or augment pressure.

Cause
Too humid or too dry belts.
Measure
Store the belts in suitable environments.

Cause
Worn out braking system.
Measure
Check the brake's electromagnetism valves if the valve is spoiled contact your dealer.

8.2. TROUBLES DURING WORKING

In the long run, a wrong machine operation, or a careless maintenance might cause some trouble during working.

THE WORKPIECE IS NOT PARALLEL (fig.37)
- Locking is not well tightened.
- Dust under the locking or under the feed belt.
- The feed belt is not parallel.
- Roller irregular wearing.
- Pad irregular wearing.

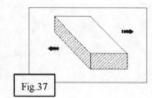
Fig.37

故障指南 TROUBLE-SHOOTING GUIDE

定厚砂光后有凹坑(图 38)

— 输送带下面有残留物。

— 定厚辊磨损得不规则

— 检查砂带是否有问题

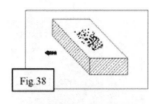
Fig.38

CALIBRATING PRODUCES DEPRESSIONS (fig.38)

- Residuals under the feed belt.
- Roller irregular wearing.
- Check the sand belt.

有横向直线波纹(图 39)

— 砂带连接不良。

— 砂光辊偏心。

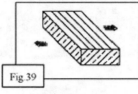
Fig.39

CROSS BEAT (fig.39)

- Faulty belt junction.
- Eccentric roller.

有一条纵向的波纹槽(图 40)

— 砂带损坏。

— 砂带连接不良。

— 砂带砂粒有缺陷。

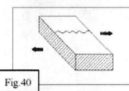
Fig.40

CORRUGATED LONGIGUDINAL GROOVE (fig.41)

- Clogged belt.
- Faulty belt junction.
- Unsuitable or irregular belt grain.

有一条纵向的直线槽(图 41)

— 砂光辊上有锯齿状的残留物。

— 砂光垫上有锯齿状的残留物。

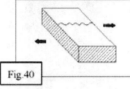
Fig.41

STRAIGHT LONGITUDINAL GROOVE (fig.42)

- Residual material notched roller.
- Residual material notched

有纵向凸起的划线(图 42)

— 砂光辊必须修理。

— 砂光垫必须修理。

— 划伤的石墨布应更换。

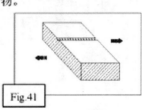
Fig.42

RAISED LONGITUDINAL SCORING (fig.42)

- The roller must be reconditioned.
- The pad must be reconditioned.
- Scratched cloth to be replaced.

有纵向凸起的波纹划线 (图 43)

— 砂带损坏。

— 砂带有切口。

— 砂带磨损严重。

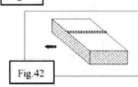

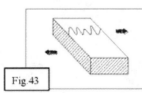
Fig.43

RAISEDAND CORRUGATED LONGITUDINAL SCORING (fig.43)

- Clogged belt.
- Notched belt.
- Worn belt.

注意：经常清洁能够预防工作故障

Remark: A regular cleaning can prevent many working troubles.

⚠ 警 告

△CAUTION

避免加工带钉子的工件，若必须加工，则把钉子敲低。或使用铝钉或夹子取出钉子。

Avoid machining frames with nails. If necessary, drive the nails down or use aluminium nails or clips.

更换备件 SPARE PARTS REPLACEMENT

P26

9.1. 砂带的更换

万一砂带断裂或不能用了，请遵循说明书§5.2的规定更换砂带。

一旦更换，按下阀A(图44)再次张紧砂带。

如果装好的砂带厚度与以前的不同，有必要对各工作单元进行校准。

9.2. 三角皮带的更换

为更换传动带遵循下列说明：在工作台上放一块经校准的中密度板。升起工作台直到接触到砂光辊为止。

第1砂头（图45）：松开刹车支架A上的螺栓卸下刹车，松开螺栓B升起电机，松开三角带C，松开螺丝钉D取出套筒E，然后从缝隙中将不能用的三角带取出，用新的替换它们。

第2,3砂头（图46）：松开刹车支架上的螺栓A，卸下刹车，松开螺栓B升起电机，松开三角带C，从机架缝隙D处取出旧带更换新带即可。

皮带更换完成后，依次装上所卸下的部件，并再次用螺栓B张紧皮带，注意：在皮带的中心给约10kg压力可产生15mm弹性伸缩。

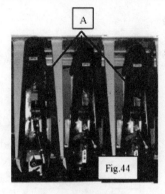
Fig.44

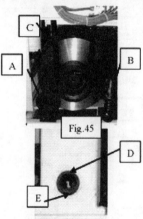
Fig.45

Fig.46

⚠ **警告**

传动带不要拉得太紧，以防止异常操作，并且防止在同一处磨损太快。装皮带前须将中心距稍微缩短，使皮带可以不费力地装配好。在任何情况下，绝不容许将皮带撬入皮带轮槽内。用尖锐工具拉伸皮带使它套入轮槽的作法容易损坏皮带和皮带轮槽。

9.3. 易损件清单

2620mm×1315mm　砂带 3 条
第 1 砂头三角带　5V830　4 条
第 2，3 砂头三角带　3V790 4 条×2
毛刷三角带　Z-580　1 条
1350mm×130mm 石墨布 2 条
上述配件请自备或与经销商联系。

9.1. REPLACEMENT OF THE SANDING BELT

In case the sanding belt is to be of breaking or wearing, follow the instructions given in §5.2.

Once replaced, tension the belt again by pushing on the A strap valve (fig.44).

If the thickness of the belt to be mounted is different from the previous one, it will be necessary to operate the working unit alignment.

9.2. REPLACEMENT OF THE DRIVING BELTS

In order to replace the belt follow the instructions below:

Place a medium density, calibrated chipboard panel on the working table. Lift the working table until it touches the roller.

1st unit(fig.45): Loosen screw A on the support of brake and take it out, loosen the bolt B to up the motor in order to loosen the belt C. Loosen D and take the E sleeve and then take the worn belts out from the gap, and replace them by the new ones.

2nd and 3rd unit(fig.46): Loosen screw A on the support of brake and take it out, loosen the bolt B to up the motor in order to loosen the belt C and then take the worn belts out from the gap D, and replace them by the new ones.

After finishing all, please install all parts and tension belts again by means of the B nuts. Please notice: By an approx 10kg pressure in the center of the belts, they will yield by approx 15mm give.

⚠ **CAUTION**

Do not tension the belts too much, in order to prevent any operational anomaly and in order to prevent a fast wearing of the same belts. Before fitting the strap, must reduce the center distance in order to instead the strap effortless. Under any condition, does not allow the strap prize into the pulley groove. If use sharp tool to pull the strap, the way that will damage strap and pulley groove

9.3. DAMAGEABLE PARTS LIST

2620mm×1315mm abrasive belt 3PCS
1st Unit V-belt 5V830　4 PCS
2nd and 3rd Unit V-belt 3V790 4 PCS×2
Brush unit V-belt Z-580　1PC
1350mm×130mm plumbaginous cloth 2 PCS
Please provide all of them for yourself or contact your dealer.